国家出版基金项目
NATIONAL PUBLICATION FOUNDATION

有色金属理论与技术前沿丛书

强干扰区大地电磁探测技术与应用
——以庐枞矿集区为例

汤井田　周聪　李广　李晋 ◇ 著

中南大学出版社
www.csupress.com.cn
·长沙·

内容简介 / Introduction

　　我国中东部人烟稠密、交通通信发达、工业化程度高，电磁干扰严重，对天然场源的大地电磁法的数据质量有巨大影响。本书以安徽庐枞矿集区的大地电磁及音频大地电磁数据采集为例，详细讨论了强干扰区大地电磁信号及其干扰的时间域、频率域和空间域特征，数据质量评价方法，以及提高数据质量的数据采集措施、数据处理方法，提出了一系列信号处理新方法、阻抗估计新方法和时空阵列大地电磁数据处理方法等，形成了强干扰区大地电磁探测技术体系，对我国中东部深部电磁探测具有重大意义和应用前景。

　　本书可作为地球物理专业相关科教从业人员的参考书，也可供研究生、工程技术人员参考。

作者简介 / About the Author

汤井田，男，1965 年出生，博士，中南大学教授，博士研究生导师。1992 年毕业于中南工业大学，获工学博士学位。1994年晋升教授，1998 年被评为博士研究生导师，同年作为高级访问学者留学美国劳仑兹（伯克利）国家实验室；中国地球物理学会会员，美国勘探地球物理学家协会（SEG）会员。主要从事电磁场理论、应用及信号处理方面的研究，已发表学术论文 200 余篇。主持国家科技专项、国家"863"高技术研究发展计划、国家自然科学基金重点及面上项目、湖南省自然科学基金等科研项目近 30 项。

周聪，男，1987 年出生，博士，东华理工大学讲师，硕士研究生导师。2009 年获中南大学学士学位，2016 年获中南大学博士学位，2016 至 2018 年在中南大学进行博士后研究，并于 2018年完成美国俄勒冈州立大学访学。目前任职于东华理工大学，开展教学科研工作，致力于电磁法理论、应用及数据处理方面的研究，近 5 年发表学术论文 10 余篇，获发明专利 6 项，主持国家自然科学基金、中国博士后科学基金及国家重点实验室开放基金等科研项目 8 项。

李广，男，1988 年出生，博士，东华理工大学讲师，硕士研究生导师。2018 年毕业于中南大学，获工学博士学位。主要从事压缩感知、机器学习及其在电磁法信号处理中的应用等方面的研究，以第一作者或通信作者在 *EPS*、*JAG*、《地球物理学报》等杂志上发表 SCI 论文 8 篇，申请专利 10 余项，登记软件著作权 20 余项。主持国家自然科学基金、江西省自然科学基金等科研项目 3 项。

李晋，男，1981 年出生，博士，湖南师范大学副教授，硕士生导师，湖南省普通高校青年骨干教师，澳大利亚阿德莱德大学访问学者，湖南师范大学"世承人才计划"青年优秀人才。2012年毕业于中南大学，获地球探测与信息技术工学博士学位。主要从事矿集区大地电磁强干扰压制及信噪辨识方面的研究，主持国家自然科学基金、湖南省自然科学基金、中国博士后科学基金等多项科研项目，发表 SCI、EI 论文 30 余篇，ESI 高被引论文 2 篇，ESI 热点论文 1 篇，出版学术专著 1 部，授权国家发明专利 4 项。

学术委员会
Academic Committee

国家出版基金项目
有色金属理论与技术前沿丛书

主 任

王淀佐　中国科学院院士　中国工程院院士

委 员（按姓氏笔画排序）

于润沧	中国工程院院士	古德生	中国工程院院士
左铁镛	中国工程院院士	刘业翔	中国工程院院士
刘宝琛	中国工程院院士	孙传尧	中国工程院院士
李东英	中国工程院院士	邱定蕃	中国工程院院士
何季麟	中国工程院院士	何继善	中国工程院院士
余永富	中国工程院院士	汪旭光	中国工程院院士
张懿	中国工程院院士	张文海	中国工程院院士
张国成	中国工程院院士	陈景	中国工程院院士
金展鹏	中国科学院院士	周廉	中国工程院院士
周克崧	中国工程院院士	钟掘	中国工程院院士
柴立元	中国工程院院士	黄伯云	中国工程院院士
黄培云	中国工程院院士	屠海令	中国工程院院士
曾苏民	中国工程院院士	戴永年	中国工程院院士

编辑出版委员会

Editorial and Publishing Committee

国家出版基金项目
有色金属理论与技术前沿丛书

主　任

周科朝

副主任

邱冠周　　郭学益　　柴立元

执行副主任

吴湘华

总序 /

当今有色金属已成为决定一个国家经济、科学技术、国防建设等发展的重要物质基础，是提升国家综合实力和保障国家安全的关键性战略资源。作为有色金属生产第一大国，我国在有色金属研究领域，特别是在复杂低品位有色金属资源的开发与利用上取得了长足进展。

我国有色金属工业近 30 年来发展迅速，产量连年来居世界首位，有色金属科技在国民经济建设和现代化国防建设中发挥着越来越重要的作用。与此同时，有色金属资源短缺与国民经济发展需求之间的矛盾也日益突出，对国外资源的依赖程度逐年增加，严重影响我国国民经济的健康发展。

随着经济的发展，已探明的优质矿产资源接近枯竭，不仅使我国面临有色金属材料总量供应严重短缺的危机，而且因为"难探、难采、难选、难冶"的复杂低品位矿石资源或二次资源逐步成为主体原料后，对传统的地质、采矿、选矿、冶金、材料、加工、环境等科学技术提出了巨大挑战。资源的低质化将会使我国有色金属工业及相关产业面临生存竞争的危机。我国有色金属工业的发展迫切需要适应我国资源特点的新理论、新技术。系统完整、水平领先和相互融合的有色金属科技图书的出版，对于提高我国有色金属工业的自主创新能力，促进高效、低耗、无污染、综合利用有色金属资源的新理论与新技术的应用，确保我国有色金属产业的可持续发展，具有重大的推动作用。

作为国家出版基金资助的国家重大出版项目，"有色金属理论与技术前沿丛书"计划出版 100 种图书，涵盖材料、冶金、矿业、地学和机电等学科。丛书的作者荟萃了有色金属研究领域的院士、国家重大科研计划项目的首席科学家、长江学者特聘教授、国家杰出青年科学基金获得者、全国优秀博士论文奖获得者、国家重大人才计划入选者、有色金属大型研究院所及骨干企业的顶尖专家。

国家出版基金由国家设立，用于鼓励和支持优秀公益性出版项目，代表我国学术出版的最高水平。"有色金属理论与技术前沿丛书"瞄准有色金属研究发展前沿，把握国内外有色金属学科的最新动态，全面、及时、准确地反映有色金属科学与工程技术方面的新理论、新技术和新应用，发掘与采集极富价值的研究成果，具有很高的学术价值。

中南大学出版社长期倾力服务有色金属的图书出版，在"有色金属理论与技术前沿丛书"的策划与出版过程中做了大量极富成效的工作，大力推动了我国有色金属行业优秀科技著作的出版，对高等院校、研究院所及大中型企业的有色金属学科人才培养具有直接而重大的促进作用。

前言 / Foreword

大地电磁法（magnetotelluric，MT）假设天然电磁场以平面波形式垂直入射大地表面，在地表观测相互正交的电磁场切向分量，计算波阻抗电阻率（Tikhonov，1950；Cagniard，1953）。由于MT具有理论简单、探测深度大、采集装置轻便、易于穿透高阻层等诸多优点，已成为矿产资源勘查、地下水和地热勘探、油气普查、地震预报、地壳及岩石圈深部结构探测等领域不可或缺的重要地球物理方法之一（Kaufman and Keller，1981；Simpson and Bahr，2005；Chave and Jones，2012）。

强噪声环境是电磁勘探最重要的应用场景之一。随着人类文明的发展，人文电磁噪声的影响日益严重，特别是在我国中东部和华南的矿集区，经济发达，矿山密布，人烟稠密，矿山开采的大功率直流电机车、高压电网、电视塔、各种金属管网、广播电台、雷达、通信电缆及信号发射塔等构成了多类型高强度的复杂电磁强噪声环境，我们将这一类地区统称为"强干扰区"。顾名思义，"强干扰区"的主要特点就是噪声强度大，形成了强电磁干扰。噪声是关系地球物理数据采集质量的长期话题。电磁噪声通常可分为人文环境噪声、观测系统噪声和地质噪声等。在强干扰区，人文噪声的影响最为突出，其电磁场源主要包括输电网络、交通网络、电力设备以及其他人文活动等。我国工业输电网络的频率为50 Hz，因此输电网络对电磁场的影响主要为50 Hz及其高次谐波，同时输电线路荷载的动态变化将引起低频调幅干扰。交通网络中的电气化铁路系统是另一重要的干扰源，电气化铁路常采用交流－直流结合型电力机车作为牵引动力，供电回路中嵌入路基的铁轨会向地下持续泄漏游散电流，造成高强度大范围的背景噪声。

强干扰会极大影响MT观测及解释数据质量。由于MT的假设前提是天然电磁场以平面波形式垂直入射大地表面，而在强干扰区，人文电磁噪声通常为非平面波，其存在使得这一假设不再成立。而另一方面，天然电磁场信号微弱，极化方向随机，极易受各类电磁噪声的干扰。毫无疑问，强干扰会引起 MT 响应数据的严重畸变，降低观测数据的质量，影响反演模型精度，并导致错误的地质解释结果（如 Wei et al.，1991；Junge，1996；Iliceto et al.，1999；李桐林等，2000；汤井田等，2012）。

为压制强干扰区内的噪声，首先需回答"什么是噪声"。即研究强干扰区内的天然场特征和含噪数据的特征，对信号与噪声进行识别。随着人文活动区电磁观测数据案例的增多，对信噪特征的研究逐渐加强，给出了许多含噪数据实例。但这些研究通常只关注单个测站时间序列的形态特征或阻抗视电阻率、相位曲线的畸变特点等信息，缺乏从时间域、频率域至空间域的系统分析。我国东部地区的天然场具有什么特征？含噪数据的时间序列有哪些特征？高噪与低噪环境的电磁场时频谱有何异同？噪声的影响频带有哪些？噪声的空间分布与哪些因素相关？这些问题有待进一步厘清。

如何压制噪声，提高强干扰区电磁探测质量？这是电磁地球物理学家重点关注的问题。经过半个多世纪的发展，大地电磁法在压制噪声影响方面已经取得了很大进展（Chave and Jones，2012）。

数据采集技术是改善数据品质的最直接方式。张量观测（Sims et al.，1971）的提出，使得 MT 方法走向实用。远参考（Gamble et al.，1979）、T－MT（telluric-magnetotelluric）（García et al.，2005）、ELICIT（estimation of local transfer-functions by combining interstation transfer-functions）（Campanyà et al.，2014）等一批基于参考道的采集方案，改善了 MT 的数据质量，拓展了数据采集的思路。然而，参考道的数据质量与信号相关性决定了此类方法的适用范围。EMAP（electromagnetic array profiling）（Torres-Verdin et al.，1992）、小面元（He et al.，2010）、多站叠加（Jiang et al.，2013）等观测方式更注重静态效应的压制，对强干扰的压制仍需研究。基于多道同步的阵列电磁观测方案越来越受到人们的重视，Egbert（2002）、Varentsov（2006）总结了阵列电磁观测的施工设计及数据处理方法，是矿集区大地电磁发展的重要趋势。

数据处理技术是提高数据质量的最重要手段。张量阻抗估计是获取高质量转换函数、阻抗视电阻率及相位等 MT 解释参数的最重要方法。Sims(1971)、Vozoff(1972)通过观测两组正交的水平电场与磁场，定义了二阶阻抗张量，并在谱分析基础上采用最小二乘法，得到阻抗张量的 6 种算法；Kao 等(1977)提出利用互功率谱和自功率谱的平均值来重新估算阻抗以压制噪声。在噪声平静或以高斯随机噪声为主的地区，最小二乘法可以获得近乎无偏的阻抗估计。但是当存在复杂或强噪声时，最小二乘估计结果往往会出现严重的偏畸，因此稳健估计逐渐成为 MT 阻抗估计的主流方法(Egbert et al.，1986，1996；Chave et al.，1987，1989，2004；Sutamo et al.，1989，1991；Smirnov，2003；张全胜等，2002；柳建新等，2003；张弛，2013)。稳健阻抗估计方法多样，但都是通过自适应加权来降低"畸异值"在阻抗估计中的作用，其效果依赖于受干扰信号在整个数据中的占比。一般地，当噪声贯穿大部分甚至整个观测时段时，稳健估计方法就失效了。Jones et al.(1989)、Sutarno(2008)及汤井田等(2013)分别对稳健阻抗估计方法进行了综述和对比。

远参考道阻抗估计是提高 MT 数据质量的可靠方法。Goubau 等(1978)提出了完全不用自功率谱而仅用互功率谱进行阻抗估算的方法；Gamble 等(1979)又提出一种远参考道大地电磁测深法。该方法要求在距离测点一定范围内观测磁场信号的变化，并与勘探点的资料进行相关处理，以压制非相关噪声。随后，很多学者对远参考法进行了大量研究，促进了该方法的应用和发展(Ritter 等，1998；熊识仲，1990；杨生等，2002；陈清礼等，2002)。目前，张量观测、远参考和稳健阻抗估计已成为 MT 的标准方法，并得到了进一步的丰富和发展，如大地电流－大地电磁法(García et al.，2005)，"伪远参考"(Munoz et al.，2013)及组合站间转换函数(Campanyà et al.，2014)等基于测站间电磁场分量相互关系的采集处理方案。

提高 MT 数据质量的另一类策略是先在时间域进行数据删选或信噪分离，再进行阻抗估计，其效果取决于对信号和噪声的识别程度。Weckmann 等(2005)提出可利用能量、阻抗在复平面上的分布、估计误差、相干度和极化方向等多种参数进行信噪识别；汤井田等(2012b)指出，矿集区强干扰数据的时间域特征为幅值大，形态相对规则；Kappler(2012)提出了通过方差比识别噪声的方法；Escalas 等（2013）使用小波分析了天然场和人工场不同的时频域极化特征，并利用其差异进行信噪识别。数据删选是在信噪识别后直接剔除含噪时段，适用于非持续性干扰（Weckmann et al.，2005；Manoj et al.，2003；Bielecka et al.，2009；范翠松，2009；Tang et al.，2013；王大勇等，2010，2015）；信噪分离则是通过各种滤波算法提取信号或噪声，对噪声予以剔除或进行降权处理（Fontes et al.，1988；Hattingh，1989；Larsen et al.，1996；Ritter et al.，1998；Oettinger et al.，2001；Sokolova et al.，2005；Varentsov，2006；Lesniak et al.，2009；Kappler，2012；汤井田等，2009，2012a，2013，2014，2015）。

时频分析方法是对时间域信噪分离方法的延续和改进，主要包括小波分析（Trad 等，2000；何兰芳等，1999；徐义贤等，2000；刘宏等，2004；严家斌等，2007；范翠松，2008）、希尔伯特 – 黄变换（汤井田等，2008；白大为等，2009；Cai 等，2009，2013，2014；于彩霞等，2010；覃庆炎等，2011；Chen 等，2012；罗皓中等，2012；Neukirch 等，2014）和 S 变换等（陈海燕等，2012；景建恩等，2013）。由于大地电磁信号和噪声的非平稳性，现代功率谱估计也可以提高 MT 数据处理的效果（Tzanis 等，1989；Zhang 等，1997；王书明等，2004；王通等，2006）。

频率域的各种预测、插值、外推、光滑化处理也是压制单点或窄带畸变的有效手段之一。利用视电阻率、相位数据的转换关系（Weidelt，1972），可以实现相位参数对视电阻率曲线畸变的校正（杨生等，2001；谭洁，2014）；Dplus 及 Rhoplus 方法（Parker，1996）通过对"好"数据的反演获得地电模型，再以模型的正演响应预测畸变频段上的数据，在一维分析中应用广泛（Beamish 等，1992；Fischer 等，1991；Spratt 等，2005），并可以很好地校正音频大地电磁的"死频带"畸变（周聪等，2015）。

随着空间阵列同步数据采集技术的应用（Egbert，2002；He 等，2010；魏文博等，2010；Jiang 等，2013；Bedrosian 等，2014；Cherevatova 等，2015），利用多个同步测站的观测数据压制各种复杂及相关噪声也日渐受到关注。一些学者尝试利用时间域多道数据以压制噪声（Kappler 等，2012；Cui 等，2013；王辉等，2014）；Egbert（1989，1997，2002）提出了 MT 多站阵列数据处理的基本方法；Smirnov et al.（2012）进一步开发了数据不完全同步时的 MT 阵列数据处理程序；Giuseppe et al.（2018）给出了该方法进行信噪分离的实例。该方法利用多道多时窗数据整合压制输出端噪声，一般通过测道、时窗数据的删选压制输入端相关噪声，能够达到优于单站处理的效果。但同样，当相关噪声影响多数测站或贯穿大部分观测时段时，数据删选策略失效，进而导致处理结果畸变。

2008 年以来，笔者及团队在中国东部地区开展了大量大地电磁及音频大地电磁探测工作，获得了一批具有研究价值的科学数据，也取得了丰富的矿集区电磁勘探工作经验。先后提出了 Hilbert-Huang 变换（汤井田等，2008），数学形态滤波（汤井田等，2012），Rhoplus"死频带"校正方法（周聪等，2015），稀疏分解类（Li et al.，2017；汤井田等，2017）的信号处理方法、信噪辨识噪声压制法（李晋，2015，2017，2019）及时空阵列电磁数据处理技术（周聪，2016；周聪等，2019）等专门针对强干扰区的系列电磁数据处理新方法。本书以庐枞矿集区探测为例，较为详细地总结了笔者及团队在矿集区开展的大地电磁探测工作，包括电磁场数据特征研究、数据采集的困难及对策、提高数据质量的措施、强干扰的信号分析方法及压制方法、死频带数据校正方法、时空阵列数据处理技术、数据反演与解释等。主要内容如下：

第 1 章：基于庐枞矿集区大量实测 AMT 数据，从功率谱特征、时变规律以及未知人文场源的影响等几个方面统计庐枞矿集区音频电磁场信号特征。

第 2 章：以庐枞矿集区为例，讨论了矿集区大地电磁数据特征；分析了典型噪声干扰类型、噪声源、矿集区大地电磁数据特征、噪声对大地电磁响应数据的畸变影响。

第 3 章：提出并讨论了几类大地电磁信号处理新方法，包括自适应滤波、Hilbert-Huang 变换、数学形态滤波、基于稀疏分解的信号处理方法等，讨论了这些方法的去噪原理，利用仿真及实测数据对方法的有效性进行了论证。

第 4 章：讨论了几类强干扰下大地电磁阻抗估计方法，包括稳健阻抗估计、频率域数据删选处理、远参考处理等，讨论了这些方法的噪声压制原理，利用仿真及实测数据对方法的有效性进行了论证。

第 5 章：讨论了几类多频点多测点数据处理方法，包括相位校正法、基于 Rhoplus 的 AMT"死频带"数据校正方法等，讨论了这些方法的原理、适用性及关键技术，利用实测数据对方法的有效性进行了论证与评价。提出了时空阵列数据处理方法，给出了该方法的基本理论与实施方案，阐述了基于场源的响应分离方法，利用模拟及实测数据对方法的有效性进行了论证。

第6章：以音频大地电磁法为例，讨论了矿集区电磁数据采集的主要难点及应对措施。针对测站布设，以实例分析了不同观测参数对数据的影响；总结了矿集区强干扰条件下提高观测质量的常用采集技术。

第7章：以庐枞矿集区为例，进行了矿集区大地电磁（MT）及音频大地电磁（AMT）探测应用示范；详细阐述了矿集区 MT/AMT 数据采集、数据评价、数据处理及反演解释等流程；获得了矿集区及典型矿床尺度的三维电性结构，揭示了区内构造边界、侵入岩及火山机构等地质体的空间分布，为该区深部成矿预测等地质问题提供了重要的基础资料。

本书的数据及文字材料主要来源于笔者及团队成员的研究成果，包括汤井田、周聪、李广、李晋、王显莹、王通、化希瑞、蔡剑华、余灿林、徐志敏、谭洁、张弛、刘祥及刘晓琼等人的学位及学术论文成果。汤井田、周聪、李广、李晋组织撰写了本书的大纲及内容。本书中的实验数据主要由国家公益性行业基金（SinoProbe – 03）、国家 863 计划（2014AA06A602）、国家自然科学基金（41904072，41904073，41904076，41404111）及中国地质调查局"深部矿调"示范（1212011120868，1212011120857）等项目资助，安徽省自然资源厅、安徽省地质调查院等单位在野外施工期间给予了指导和帮助；中南大学肖晓、张林成、王显莹、原源、徐志敏、梁宏达、薛帅、潘伟、李灏、刘祥、谭洁、张超、刘子杰、胡双贵、张弛等参与了野外施工和数据处理等工作，特此一并致谢。

笔者
2020 年 3 月

目录 / Contents

第 1 章　长江中下游地区的 大地电磁场特征

长江中下游地区(middle and lower reaches of the Yangtze River region，MLYR)是中国东部重要的铜铁金多金属矿产资源生产基地，素有东部"工业走廊"之称，对中国东部的经济发展具有举足轻重的意义，也是中国研究程度最高的资源产地之一。本章以该地区为立足点，研究该区内天然音频电磁场的频谱特征和变化规律。期望对在该地区开展电磁勘探提供参考，同时为强干扰区电磁信噪特征的分析提供数据支持。

为查明长江中下游地区音频电磁场的信号功率谱特征，经过多次寻找与反复试验，在该区内选择了 2 个干扰源少、噪声平静的地点布置远参考站，分别位于庐枞与铜陵地区。观测时间段为 2012 年 6 月 9 日—2012 年 12 月 19 日以及 2013 年 7 月 11 日—2013 年 7 月 31 日。除去每天更换电源的时间，以及部分雨雪雷电气候的日期，在可能的时间段内进行数据的连续采集。此外，在庐枞和铜陵两个大型矿集区内布设数千个流动测站，每个流动测站的观测时间不低于 1 小时，观测时间段为 2011 年 6 月—2013 年 12 月。

上述观测记录了大批高质量的天然电磁场数据，尽管天然电磁场具有时变性和随机性(Chave et al.，2012)，但对大量数据的统计仍可以表征长江中下游地区天然音频电磁场的总体功率谱特征。由于该观测试验采集时间跨度较大，数据集中包含许多时段的观测数据，可对不同时段的天然音频电磁场进行深入比较。

1.1　长江中下游地区电磁环境

研究区(长江中下游地区)位于中国东部，经纬度范围为北纬 30.6°—31.4°，东经 117.0°—118.0°，属亚热带季风气候，温和湿润，四季分明。该地区的整体海拔一般在 300 m 以下，地势相对平缓，大部分为低山丘陵区。

研究区内交通发达，由高速、各级公路、铁路、水运等构成了复杂的交通网络。此外，区内人烟稠密，城镇密布，电网交错，构成了复杂而多变的人工电磁噪声源。以往在本区开展的大量电磁勘探工作(Chen et al.，2012；Tang et al.，2013；强建科等，2014；肖晓等，2014；张昆等，2014)表明，区内电磁干扰强烈，天然电磁场受到了严重的污染，信噪比极低，甚至可能湮没了天然场信号，导致无法得到有效的地电信息或得到错误的结果。

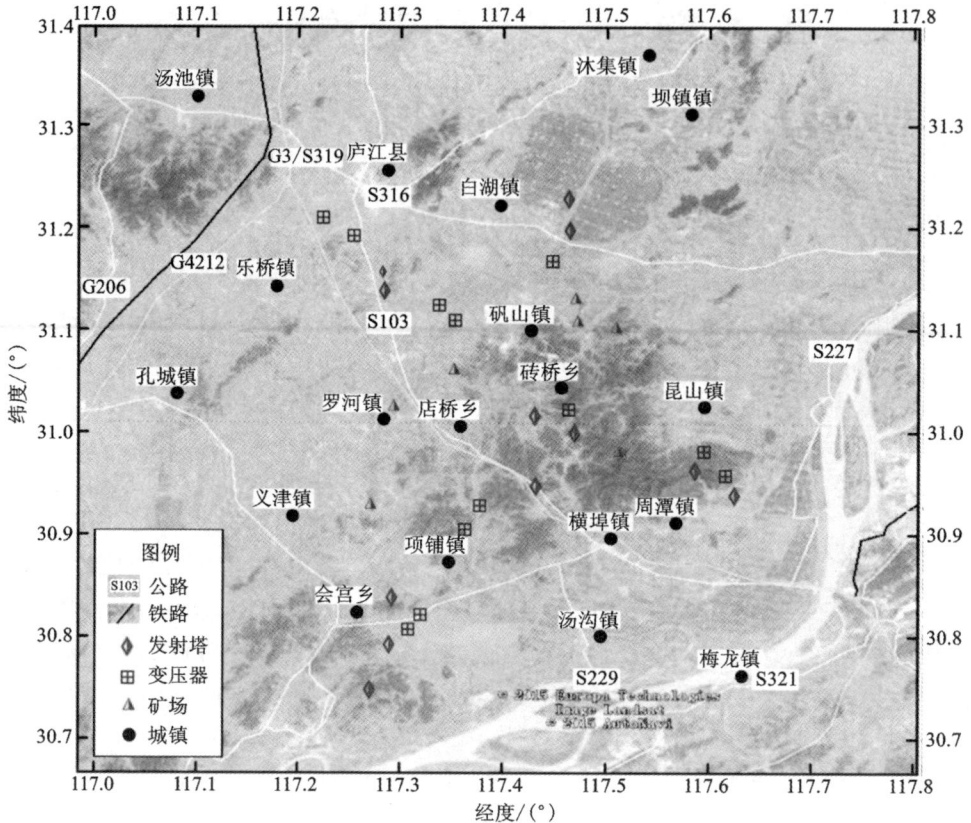

图1-1　庐枞矿集区干扰源调查图

为查明本区主要电磁干扰源的分布情况，对工区进行了实地调查。调查结果如图1-1所示，不难发现：(1)庐枞矿集区内相关噪声场源类型多样，分布密集，以矿场为例，工区内存在龙桥、泥河、罗河铁矿、砖桥、矾山等多处正在开采的大型井下矿山，井下矿石运输采用的是大功率直流电力牵引机车，一般机车工作电流在50 A以上，且回路为直接嵌入基岩的铁轨，在直流电力牵引机车工作过程中可形成大规模的持续性的地下游散电流；(2)噪声源按活动时长可分为三种类型，即持续性噪声源，如变压器、发射塔等；间歇性噪声源，如铁路、公路及开采中的矿场等；随机性噪声源，如城镇人文活动、某些大型电器的开闭等；(3)噪声源按空间结构可分为三种类型，即点状噪声源，如变压器、发射塔等；线状噪声源，如铁路、公路等；面状噪声源，如城镇人文活动、城镇电网等。

1.2　信号总体频谱特征

对功率谱数据的统计方案为,对每天的数据分日间和夜间(按上文中的时间点分界)进行单点处理,得到 E_x、E_y、H_x 及 H_y 各道的电磁场功率谱密度随频率的分布。再利用中值估计方法对各单日测量数据的各道进行统计,得到所需要的平均电磁场功率谱分布数据。对于需要多道平均的统计,采用公式 $\overline{H} = \sqrt{\overline{H_x}^2 + \overline{H_y}^2}$ 及 $\overline{E} = \sqrt{\overline{E_x}^2 + \overline{E_y}^2}$(其中,$\overline{H_x}$、$\overline{H_y}$、$\overline{E_x}$ 及 $\overline{E_y}$ 为各道的中值估计值)进行求取。

利用上述处理和统计手段,得到了长江中下游地区天然音频电磁场的功率谱随频率的分布,并与全球平均电磁场振幅谱值(Campbell,1967;Kaufman et al.,1981;李金铭,2005)进行了对比,如图 1-2 所示,该结果为认识本区天然音频电磁场提供了许多有意义的信息。

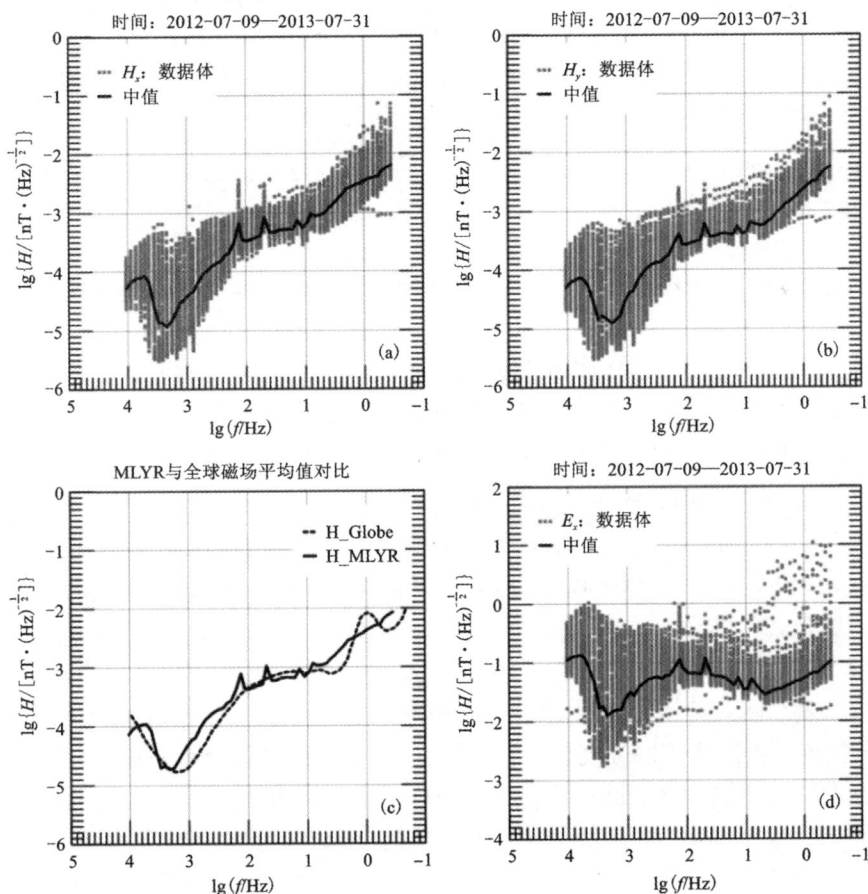

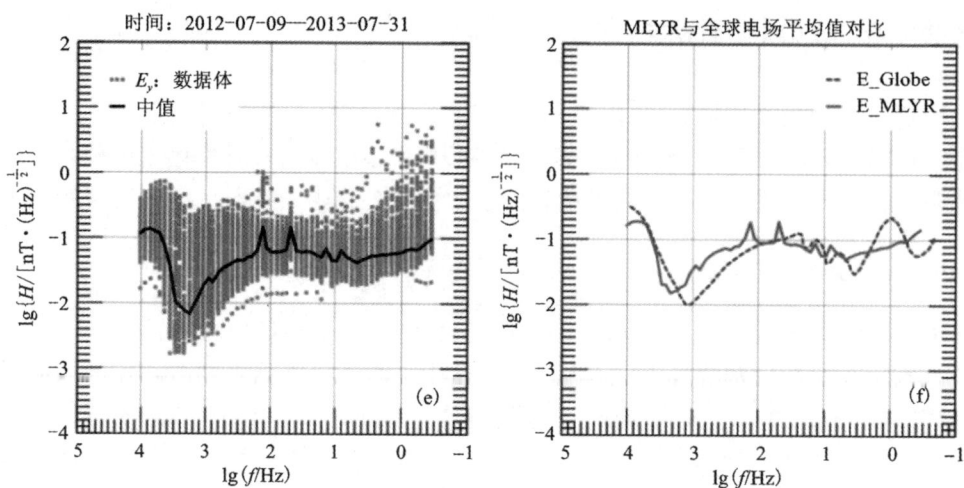

图 1-2　研究区天然音频电磁场的功率谱密度随频率的分布与对比

(a)、(b)、(d)、(e)分别为 H_x、H_y、E_x 及 E_y 各道的电磁场功率谱密度随频率的分布,其中灰色实心圆点为数据集总体的分布,黑色实线为中值统计值;(c)、(f)分别为长江中下游地区(MLYR)天然音频磁场及电场平均值与全球(globe)平均(Campbell,1967;Kaufman et al.,1981;李金铭,2005)的对比,其中,磁场平均值 $\overline{H} = \sqrt{\overline{H_x}^2 + \overline{H_y}^2}$,电场平均值 $\overline{E} = \sqrt{\overline{E_x}^2 + \overline{E_y}^2}$,$\overline{H_x}$、$\overline{H_y}$、$\overline{E_x}$ 及 $\overline{E_y}$ 分别为各道的中值估计值

可以看出,在 10 kHz 至 0.35 Hz 的频率范围内,本区的天然电磁场具备以下特点:

(1)整体数据集中。从所有数据的分布来看,整体上,数据相对集中,除部分频段外,多数频段的数据最大最小值差异基本不超过 1 个数量级,并且在平均值处所集中的数据最多,表明本区天然电磁场强度具备一定的稳定度,也说明所得到平均值对本区天然电磁场勘探具备参考价值。

(2)局部数据离散。数据体中有不少天数的数据较为离散,与数据体平均值相差较大,如 5 kHz~1 kHz 频段和 10 Hz~0.35 Hz 频段,这正说明了天然电磁场的非平稳性和时变性。

(3)分频带数据特征迥异:在 10 kHz~5 kHz,功率谱数据整体较集中,中值表现较平稳,随频率降低略有增强,表明本频段数据相对较稳定;在 5 kHz 到 1 kHz 范围内,数据体离散程度最大,单频点的最大最小值间相差可达 2 个数量级,中值存在明显的极值区,极小值在 2200 Hz 左右,表明本频段内天然电磁场的稳定性较差,易受观测时段的影响,且信号强度极低,此即所谓 AMT "死频带"(Garcia,2002);在 1 kHz 到 10 Hz 的频率范围内,数据体相对集中,随频率的降低，磁场的功率谱中值主要表现为持续增强，而电场中值表现为先增强后减弱，表明本频段数据相对较稳定；在 10 Hz 到 0.35 Hz 的频率范围内，数据整体虽较为集中，但存在多日离散数据，电场表现更为明显，随频率的降低，磁场的功率谱中值主要表现为持续增强，而电场则表现先减弱后增强，中值曲线呈"V"形展布，并在 4.7 Hz 处存在极小值，表明这一频带数据稳定性变差，并且电场信号强度降低，此即所谓 MT 的"死频带"（Egbert，1996；Iliceto et al.，1999）。

（4）部分频点极值明显；从功率谱中值曲线上可分辨出几处极值，具体为：50 Hz 及 150 Hz 处存在两个明显的极大值，这是本区的工业用电频率及其 3 次谐波干扰的表现；8 Hz 与 14 Hz 处存在两个明显的极大值，这是舒曼谐振频率（Schumann，1952）在本区的表现；780 Hz 处，电场存在一个明显的极小值，磁场在该处虽无明显极小值，但也能辨别出不连续异常，同时，从磁场的所有单日数据中也能看出在该频率处多日数据极小，这一现象的原因需进一步的研究。

（5）与全球平均（Campbell，1967；Kaufman et al.，1981；李金铭，2005）相比，功率谱幅度整体数量级基本相当，说明了本次统计结果的合理性，也说明本区天然电磁场符合全球平均统计所得的基本规律；而局部则有很大不同，在 2 kHz 至 100 Hz 范围内，本区天然场相比全球平均电磁场幅值更高；在 10 kHz 至 2 kHz 以及 100 Hz 至 10 Hz 范围内，本区天然场幅值与全球平均相当，但细节信息更多，说明本次观测具备一定的局部精度；而在 10 Hz 至 0.35 Hz 范围内，本区天然场相对更平稳，未观测到显著的 Pc1 型地磁脉动（Campbell，1967；Kaufman et al.，1981；Chave et al.，2012）。

相干度是表征电磁场信噪比的重要参数，多用作数据质量评价的依据和数据处理的参考（Reddy et al.，1974；Egbert，1996；Seiss，1999）。因为随机噪声一般是随机不相关的，所以理论上对于有线性关系的两个信号，它们的相干度越高，则信噪比也越高。天然电磁场的两组正交电磁信号在理论上是具有线性关系的，所以可以根据实测信号的相干度来鉴别信号质量。

为进一步分析长江中下游地区天然音频电磁场的总体特征，对电磁场正交场分量的相干度也进行了统计，绘制了相干度随频率的分布图（图 1-3）。可以看出：①本区天然电磁场正交场分量的相干度值总体较高，除部分频段外，大部分数据集中于 0.8 以上，表明本区具备采集高信噪比天然电磁场信号的条件，也有可能得到高质量的阻抗张量数据；②本区天然电磁场正交场分量的相干度值具有明显的频带分区特征；10 kHz～5 kHz 频段以及 1 kHz～10 Hz 频段，数据整体相对稳定集中，中值数值较高（大于 0.8），表明这两个频段天然电磁场信号相对稳定，信噪比相对较高；在高频"死频带"（5 kHz～1 kHz）内数据总体离散，中值数据虽相对较高（大于 0.8），但仍为局部极小值，表明本频段数据稳定性较差；相对较高的中值数据并不代表本频段数据具备高信噪比，而是由于总数据体中含有大量夜间和夏季的观测数据，而这些数据受高频"死频带"低信号强度、低信噪比的影响较小，它们将相干度中值数据拉升到了相对正常的位置，这一问题在后文会继续讨论；在低频"死频带"（10 kHz～0.35 kHz）内，数据整体离散，相干度中值数据随频率降低而持续变小，表明该频段内天然场信号相对不稳定，信噪比相对较低；③同功率谱分布图相似，在相干度分布图中，可以在中值曲线上明显分辨出 8 Hz、14 Hz、50 Hz 以及 150 Hz 处的数个极值来，其中舒曼谐振频率（8 Hz、14 Hz）处表现出的是极大值，进一步证明了本区天然场舒曼谐振频率的信噪比较高；值得注意的是，工频及其 3 次谐波（50 Hz、150 Hz）处相干度中值曲线表现出不一样的特征，50 Hz 处为极小值，而 150 Hz 处为极大值，E_y/H_x 中值曲线的表现尤为明显；极小值表明信号中含有一定强度的不相关噪声，使得正交电磁场的相干度较低（Seiss，1999），而极大值表明含有较强的相关噪声（Chave et al.，1989；Sokolova et al.，2005），并且其强度可能超过了信号强度；此处两个工频频点表现出不同的相干度特征，其原因尚待进一步研究；④图（c）为两个方向正交电磁场相干度的对比，其主要差异在中低频段（50 Hz～0.35 Hz），E_x/H_y 两道的相干度比 E_y/H_x 的更高。

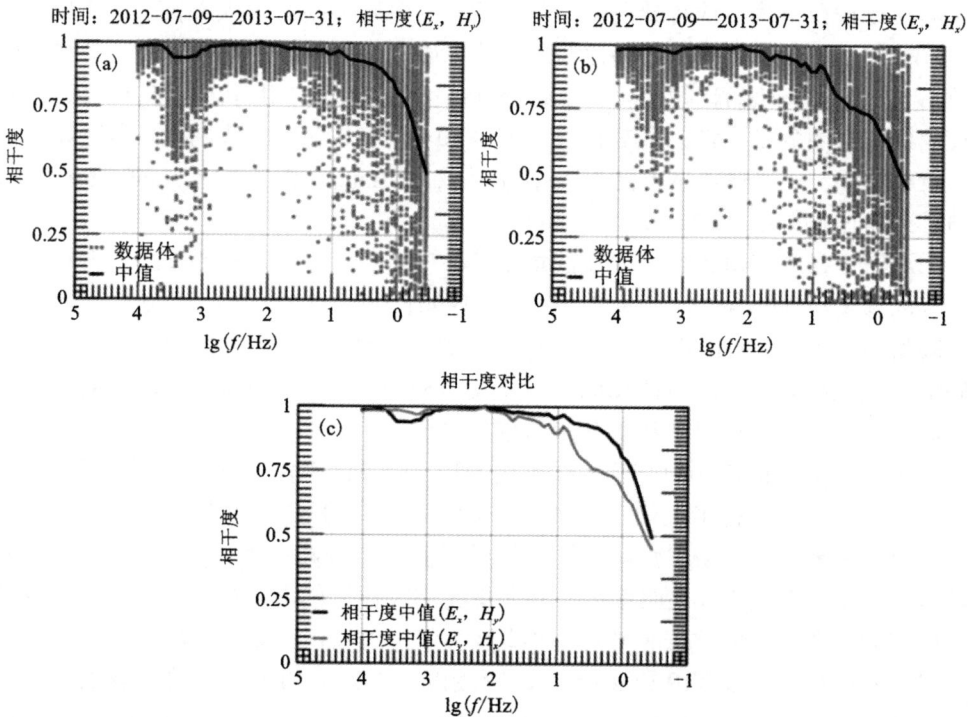

图 1 - 3　研究区天然音频电磁场的正交场分量相干度随频率的分布与对比

（a）、（b）分别为两组正交场分量相干度随频率的分布，其中灰色实心圆点为数据集总体的分布，黑色实线为中值统计值，图名为采集时间段与统计正交场分量；（c）为两组正交场分量相干度中值的比较

1.3　信号频谱的时变特征

从长江中下游地区天然音频电磁场的总体功率谱特征虽然能得到相当丰富的信息，但由于数据离散程度较大，对局部的数据特征仍有进一步挖掘的必要。其中，一个较大的不同在于不同的观测时段数据具备不同的特征，并且存在一定的变化周期和统计规律。所幸数据集中包含连续整日、数日、数月乃至不同季度的观测数据，为研究提供了进一步比较与分析的基础。本节将主要对本区天然场日间和夜间、夏季和秋冬季的表现进行比较。

图 1-4 给出了长江中下游地区不同时段内天然音频电磁场功率谱的对比。由图可知：①观测数据集［图（a）、（b）、（d）、（e）］中数据整体在各个频率均较为集中，除高低频两个"死频带"及个别频点外，其他频点数据离散程度不超过半个数量级，表明本次观测数据具备统计学价值，对其所进行的比较是可信的；②图（c）为秋冬季日夜间功率谱中值数据的对比，可以看到，主要的差异在 6 kHz 至 100 Hz 频段范围内，日间的电磁场功率谱比夜间低，差异最大的频点为 2200 Hz，其差异接近一个数量级；图（f）为夏季日夜间的对比，其主要的差异在 6 kHz 至 800 Hz 频段范围内，日间的电磁场功率谱比夜间低，差异最大的频点为 1800 Hz，其差异约为半个数量级；总体上，图（c）、图（f）中日夜数据趋势基本一致，部分频段（100 Hz ~ 1 Hz）基本重合，而对 AMT"死频带"，无论在日间观测还是夜间观测，功率谱幅度均处于极弱区，而日间数据尤甚，表明在 AMT"死频带"，天然电磁场源信号强度更弱，且日、夜变化，存在周期性，而其他的频率范围内，场源信号强度日夜基本一致，相对稳定；③对比图（c）和图（f）可知，秋冬季日夜间的差异明显大于夏季，无论是影响的频段或差异的数值，一般认为，"死频带"夜间影响较弱（Garcia，2002），如果以信号功率谱日夜间的差异来理解 AMT"死频带"的话，不难发现，AMT"死频带"的频率范围其实为一个动态的概念，并没有确切的边界，而一般所指的 5 kHz ~ 1 kHz 则为其影响最甚的频段；④图（g）为日间 H_x 道数据在不同季节的对比，图（h）为日间 E_y 道数据在不同季节的对比，图（i）为夜间 H_x 道数据在不同季节的对比；显而易见地，无论对于日间还是夜间、电场或磁场，夏季功率谱数据几乎在所有频段上均强于冬季，表明本区天然音频电磁场源在夏季活动更为强烈，这与北半球的平均场源活动特征（Garcia，2002）一致；不同季节间的差异在频率范围内并不一致，中高频段（10 kHz ~ 100 Hz）差异较大，而中低频段（100 Hz ~ 1 Hz）差异则相对较小，表明高频信号源受季节的影响更为明显；⑤此外，一个引人注意的情况是，LZS 的工频信号较强，且其 3 次谐波处（150 Hz）信号功率谱的幅值更大于工频（50 Hz）本身的幅值，而更高次的谐波则几乎无影响，这一现象在夏季的观测中更为明显，在后文会对其继续讨论。

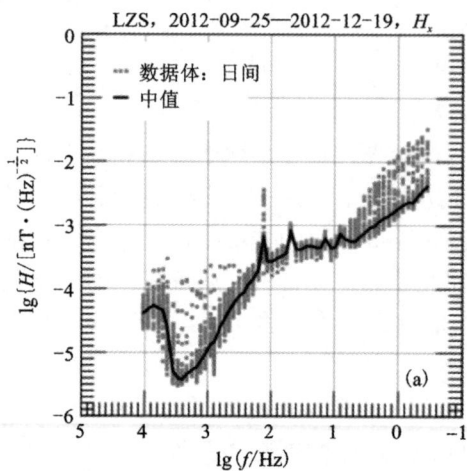

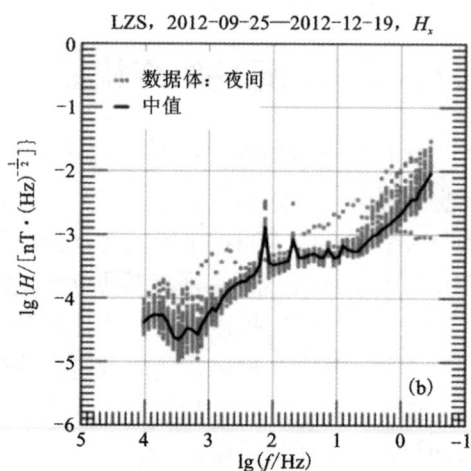

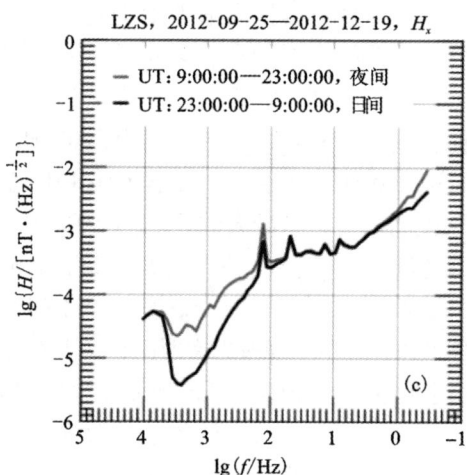

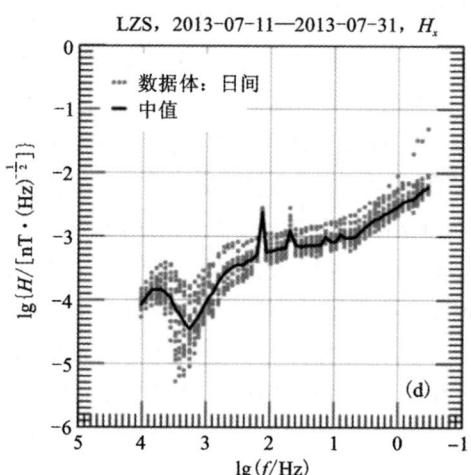

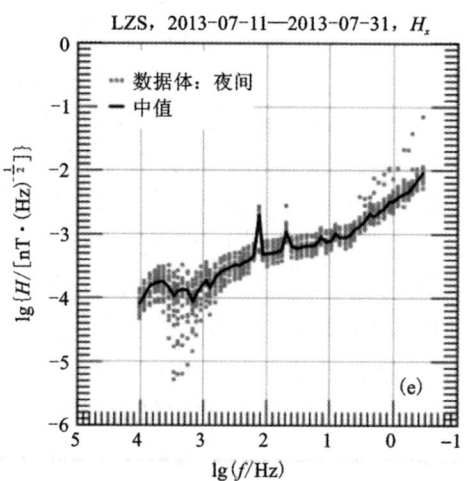

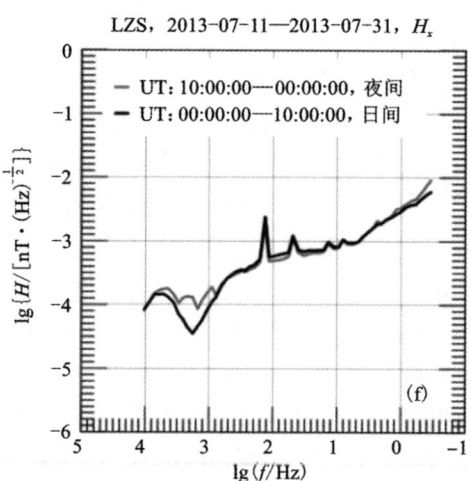

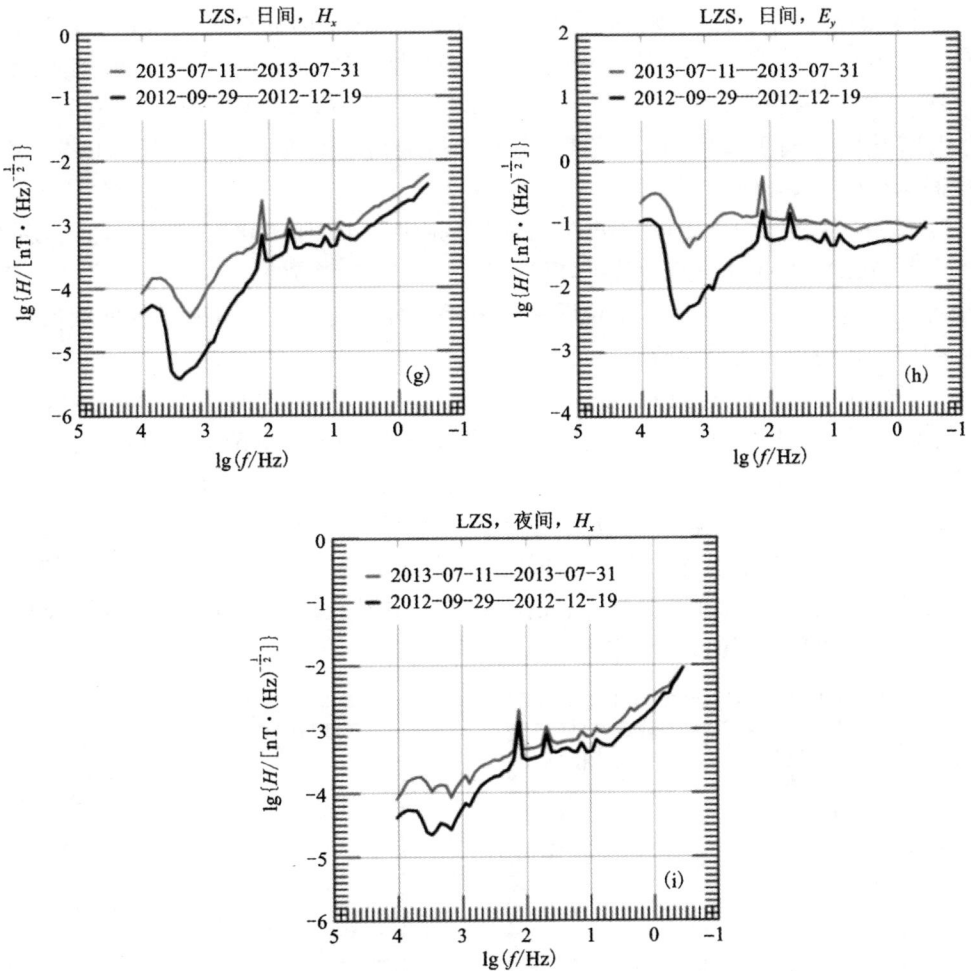

图 1-4　不同观测时段天然电磁场功率谱的比较

（a）、（b）、（d）、（e）分别为不同观测时段 H_x 道的电磁场功率谱密度随频率的分布，（a）、（d）为日间观测结果，（b）、（e）为夜间观测结果，其中灰色实心圆点为数据集总体的分布，黑色实线为中值统计值；（c）、（f）分别为不同季节日、夜间 H_x 道中值统计数据的对比；（a）～（f）中图名为观测站、观测时段与记录道，图例说明了观测时段；（g）、（h）分别为日间 H_x、E_y 道数据在不同季节的对比，（i）为夜间 H_x 道数据在不同季节的对比，（g）～（i）中图名为观测站及记录道，图例说明了观测时段

　　同样，为进一步分析天然电磁场在不同观测时间段的场源特征，给出了正交电磁场相干度的比较（图 1-5）。相干度的数据集中度比功率谱数据差，特别在低频，不同日期间相干度数据离散程度较大，并且其中值统计稳健性也有所降低，中值曲线出现不光滑现象［如图 1-5(j)］，使得其对于细节信息的分辨率降低。

总体上,可以看出以下几个明显的特征:

(1)对秋冬季,在高频"死频带",日间正交电磁场的相干度数据[图1-5(a)、(d)]总体离散,中值统计数值处局部极小区,最小值小于0.75;而夜间正交电磁场的相干度数据[图1-5(b)、(e)]总体集中,中值统计数值较大(>0.9),表明在该频段,日间天然电磁场信噪比较低,可能得不到高质量的天然场信号,而夜间则可能不受影响。

(2)秋冬季另一个不同之处在低频"死频带"(10 Hz~0.35 Hz),此时夜间[图1-5(b)、(e)]的相干度数据反过来比日间[图1-5(a)、(d)]更离散,中值统计更低[图1-5(c)、(f)],说明在秋冬季,对于天然音频电磁场的低频信号,夜间信噪比更低,可能会降低观测质量。

(3)对夏季,日间数据[图1-5(g)、(j)]整体更加离散,而夜间数据[图1-5(h)、(k)]更为集中,中值统计则日夜相当[图1-5(i)、(l)],包括高低频两个"死频带";中值数据[图1-5(i)、(l)]在10 kHz~10 Hz频段(包含高频"死频带")有较高数据,E_x、H_y道的相干度数值甚至接近于1,在10 Hz~0.35 Hz频段中值数值稍低,但均大于秋冬季的观测数据;这一结果表明,长江中下游地区天然电磁场在夏季信号能量强,信噪比高,更易获取高质量的天然场观测数据,包括高频和低频的"死频带"。

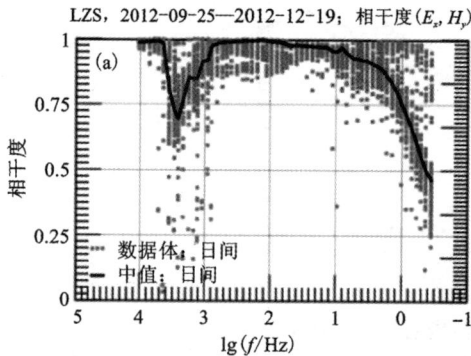

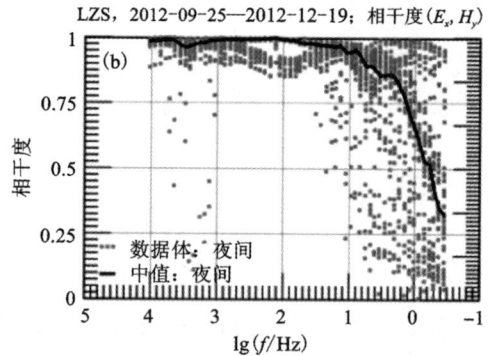

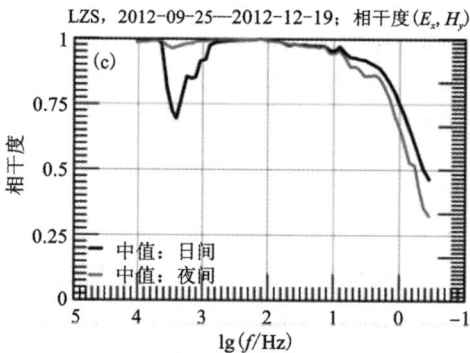

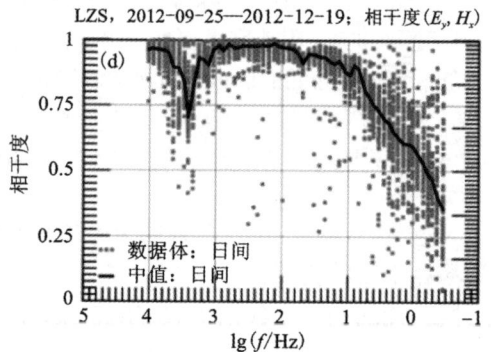

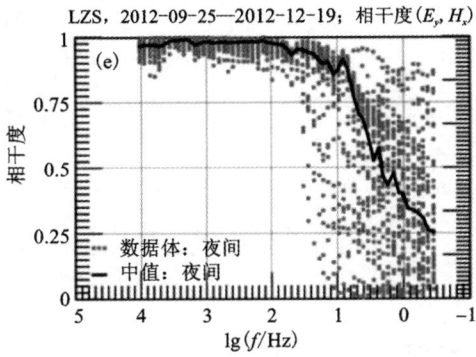

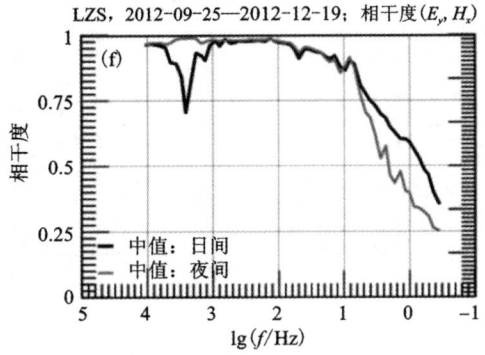

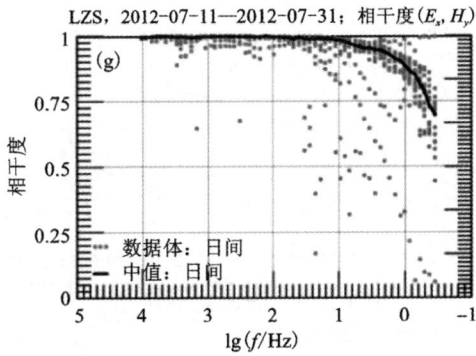

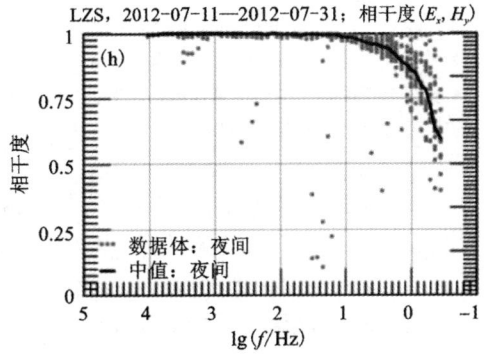

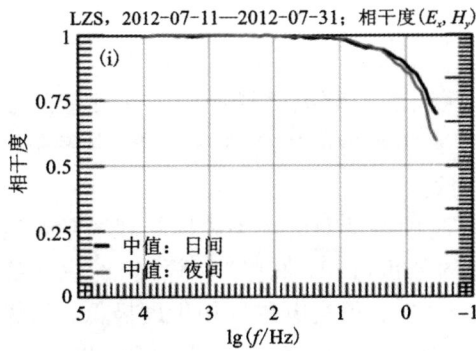

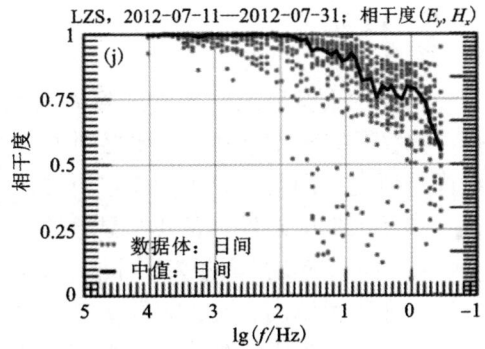

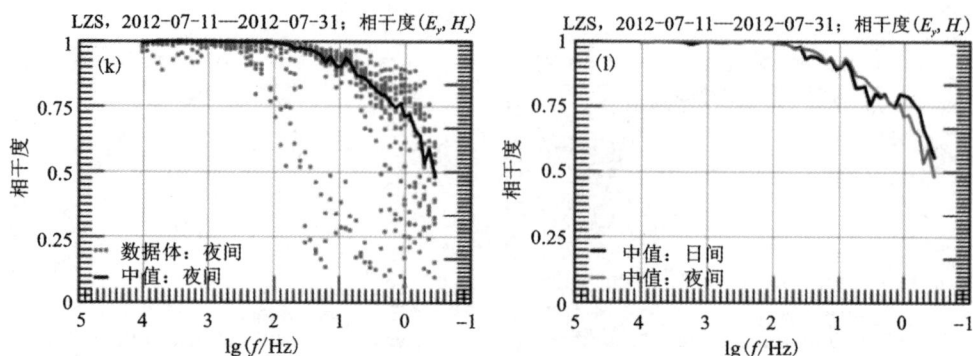

图 1-5 不同观测时间段正交电磁场相干度的比较

(a)、(b)、(d)、(e)、(g)、(h)、(j)和(k)分别为不同观测时段正交电磁场分量的相干度随频率的分布,(a)、(d)、(g)和(j)为日间观测结果,(b)、(e)、(h)和(k)为夜间观测结果,其中灰色实心圆点为数据集总体的分布,黑色实线为中值统计值;(c)、(f)、(i)和(l)分别为不同观测时段日、夜间正交电磁场分量的相干度中值统计数据的对比;各图中上方的图名标出了观测站,观测时段和正交电磁场道,图例说明了图中点或线的含义

(4)无论在秋冬季[图1-5(c)、(f)]还是夏季[图1-5(i)、(l)],两个正交方向间电磁场相干度数值均存在差异,在 10 Hz 至 0.35 Hz 的范围内,E_x/H_y 两道的相干度中值统计比 E_y/H_x 的更高,这与总体数据的统计(图1-2)一致,表明本区音频场低频的噪声源位置相对固定,且其影响时段延续全年。

1.4 讨论

长江中下游地区的观测试验为认识本区天然音频电磁场提供了部分基础数据,对数据的统计分析及对比得到了一些富有实际价值的结果与认识,也存在一些尚待研究的问题。以下简单进行评述与讨论。

本区天然电磁场具备几个显著的特征,这些特征对电磁场数据的观测影响显著。其一是高频的"死频带"问题。由前文的分析可知,高频"死频带"的主要特征是其频带范围内,天然电磁场功率谱强度极低,正交电磁场相干度极低,信噪比极低;这一特征必然导致对观测数据的影响,且该影响存在周期性变化规律,日间受影响显著,夜间则受影响较小,秋冬季受影响显著,而夏季则受影响相对较小;并且其影响频率范围并不固定,随着季节更替而变化,秋冬季影响频率范围大,而夏季影响频率范围小,5 kHz 至 1 kHz 的频率范围受影响最为严重,为一般意义上的 AMT"死频带"。

其二是低频的"死频带"问题,主要特征是电场功率谱密度的频率范围内存在极低值，正交电磁场相干度极低，信噪比极低；这一特征的影响同样与观测时段有关联，在秋冬季，对低频信号，夜间数据的相干度数值更低，而夏季则无此差异，其影响频带集中于 10 Hz ~ 0.35 Hz，为一般意义上的 MT"死频带"。

讨论"死频带"问题具有明确的实际意义，特别是对于利用天然场进行勘探的方法（如 AMT 或 MT）而言。因为"死频带"内天然场的低信号强度、低信噪比，极有可能影响到阻抗数据的估计，进而影响到反演模型和解释的精度，甚至可能导致勘探任务的失败。频域测深法中，观测频率对应着探测深度，而高、低频的两个"死频带"往往对应着勘探人员所关心的探测目标深度。例如，不失一般性，假设地下介质为 $\rho_0 = 100\ \Omega \cdot m$ 的均匀半空间，则根据有效探测深度公式 $\delta = 356\ \sqrt{\rho_0/f}$（Simpson et al.，2005），其中 δ 为有效探测深度，f 为测深频率，5 kHz 至 1 kHz 频率范围对应着 50 m ~ 113 m 的有效探测深度，而 10 Hz ~ 0.35 Hz 对应着 1.1 ~ 6.0 km 的有效探测深度；如果地下介质的电阻率平均值更大（如庐枞矿集区），则影响深度更大。当然，这只是直接受影响的深度，事实上，其影响深度和规模可能要宽广得多，因为在 2D 及 3D 反演中，模型电阻率的确定需要所有测站全频段数据的参与，而部分数据的畸变极可能引起模型的畸变。显然无论是对于浅部勘探还是深部探测，这样的影响都是需要慎重考虑的。

如前所述，"死频带"的影响会随时间、季节而周期变化，这给野外施工提供了参考。通过合理的设计，可以有效地提高数据质量。在长江中下游地区，夏季天然场信号更强，而秋冬季高频"死频带"信号夜间更强，低频"死频带"日间相干度更高，因此，对于利用天然场作为场源的方法（如 AMT），在夏季施工是最优选择，当需要在秋冬季开展采集工作时，则可根据勘探目标设计观测方案，如主要关心浅部（0 km ~ 1 km）地电结构，则采集夜间信号更佳，如更关心深部（1 km ~ 3 km）地电结构，则需要考虑将日间、夜间信号均加以利用。对于利用人工源作为场源的方法（如 CSAMT），情况则恰好相反，在秋冬季的日间施工无疑是最佳方案，此时可以获得更高质量的信号。当然，实际工作中，由于各种原因，施工设计往往难以如此调整，此时就必须要考虑到采集到的数据在"死频带"可能会不精确，如其数据质量较低，则应当进行相应的处理和校正。

其三，是人文噪声问题。本区观测试验的结果表明，长江中下游地区存在较强的人文噪声，特别是对工频（50 Hz）及其 3 次谐波频率（150 Hz）以及低频"死频带"（10 Hz ~ 0.35 Hz）的干扰最为严重。工业频率干扰是人文噪声的重要特征，也是衡量噪声的常用参数，常常会使得阻抗等转换函数在相应频率及其奇次谐波频率处出现明显的飞点（Junge，1996；Pellerin et al.，2004）；另外人文噪声常常会引起阻抗数据的畸变（Junge，1996），如所谓"近源干扰"问题（Wei et al.，1991；何继善，1991；汤井田等，2012a）；低频"死频带"信噪比低，是最易受"近源干扰"影响的频段之一。本区的高人文噪声背景条件，对开展电磁勘探（无论人工源或被动源电磁法)提出了更高的要求。

需要特别注意的是,低频"死频带"也是极易受到其他干扰影响的频段,如激发极化的频率一般为 $n \times 0.01 \sim n \times 10$ Hz($1 \leqslant n \leqslant 9$)。在电磁环境比较安静的地区,激发极化效应的影响可以忽略,但在人文电磁场强烈地区,激发极化效应可能会有较大影响。另外,不极化电极的稳定性(温漂和时漂)、磁棒的频率特性和噪声特性、仪器的通频带及本底噪声等也必然影响低频段的数据质量。

其四,是舒曼谐振频率(8 Hz, 14 Hz)在本区的表现。如前所述,无论日夜、夏秋,舒曼谐振频率都表现出明显的高功率谱幅度、高正交电磁场相干度特征。舒曼谐振是天然电磁场的重要特征,是指示电磁场场源的重要参数,在天然场源电磁勘探中应用广泛(Slankis et al., 1972; Tzanis et al., 1987; Toledo-Redondo et al., 2010)。本区舒曼谐振频率的明显极大值特征说明了本区虽然存在较强的人文干扰,但仍具备开展天然电磁场勘探的条件。并且,可以进一步考虑将舒曼谐振频率处的功率谱极大值用于 AMT/MT 方法的数据质量评价和数据处理过程中。此外,本次观测表明在长江中下游地区可以利用天然场的舒曼谐振现象开展诸如气候研究(Heckman et al., 1998)、地震预报研究(Hayakawa et al., 2005)等工作,至少在其直接观测方面具备可操作性。

本项研究不仅获得了一些较为明确的认识,也观测到了一些相对异常的现象,其中一些现象所指示的问题目前难以解释,或者难以找到其内在的原因,这些现象值得进一步的研究。以下对这些问题稍加评述,以期抛砖引玉。

首先,是电磁场功率谱数据集中所存在的部分高离散度数据。尽管天然电磁场具有时变性,但是在部分频段(如 1 kHz ~ 10 Hz)内,其功率谱仍是相对稳定的,高离散度数据的出现必然伴随着相应场源的异常变化。如功率谱密度随频率的分布图中电道数据在 1 kHz 至 10 Hz 范围内明显有一串突出的离散点,而与之相应的磁场则无此异常。经查实,这一数据来源于庐枞矿集区观测站 LZS 在 2012 年 10 月 11 日的观测结果。从数值上看,当日电场出现了异常极小,并导致了阻抗转换函数数据的变化,一种猜测是由人为或其他因素造成了电极接地环境的变化,并导致了电场数据的异常。野外采集记录中当日并未有电极的异常,并且在未做处理的情况下又恢复了正常,因此上述猜测也难作完全解释。这些异常数据的成因及其所指示的意义值得进一步的深究,也可能需要其他诸如气象观测等数据的综合分析。

其次,是天然电磁场功率谱中值曲线在 780 Hz 处所存在的极小值,在前文所示的功率谱密度中均有反映,电场、磁场均受其影响,并随采集时段、采集地点以及观测方向的不同而表现出变化差异。这一问题同样值得深究。

第三,本区工频干扰的变化与影响。如果说工频干扰是人文噪声的标志,那为什么工频干扰的极值会与季节相关?其原因是否是本区的人文噪声源也具有季节变化性？此外，为什么 3 次谐波的功率谱幅度在某些日期甚至大于工频本身？

第四，是垂直大地构造方向(x 方向)和平行大地构造方向(y 方向)间的差异问题。具体来说，在中低频段(50 Hz ~ 0.35 Hz)，E_x/H_y 两道的相干度比 E_y/H_x 的更高。一般地，天然电磁场的极化方向是随机的，而人工噪声极化方向往往更为明确(Weckmann et al.，2005)，信号与噪声这种极化方向的差异也必将导致电磁信号相干度在各个方向的差异，该结果表明，本区天然音频电磁场中所含的高频噪声对各方向数据影响均较小(高频"死频带"除外)，而中低频噪声则有较大影响，且噪声源的方向或类型不一致；一种可能的推测是，在 y 方向(平行构造走向方向，NE45°)上含有更多不相关噪声，或者在 x 方向(垂直构造走向方向，NW45°)上含有更多相关噪声，又或者两种情况都满足。

1.5　本章小结

长江中下游地区的电磁场在 10 kHz 至 0.35 Hz 范围内具有显著的频域特征，总结如下。

(1)在频域，本区天然音频电磁场具有明显的分带特征：10 kHz ~ 5 kHz 及 1 kHz ~ 10 Hz 频段内，天然电磁场功率谱幅值稳定，正交电磁场相干度数据极高，是天然场信噪比较高的频段；存在高频"死频带"，其特征是功率谱强度极低，正交电磁场相干度极低，且与观测时段关系密切，5 kHz ~ 1 kHz 频带内该特征最为明显；存在低频"死频带"，其表现集中于 10 Hz ~ 0.35 Hz 频段，特征是正交电磁场相干度极低，电场功率谱密度极低，且与观测时段相关，秋冬季信噪比更低。

(2)部分频点极值明显：工频及其奇次谐波处(50 Hz 及 150 Hz)存在极大值；舒曼谐振频率处(8 Hz 及 14 Hz)存在极大值；780 Hz 处存在极小值；

(3)本区天然音频电磁场具有分时段特征：夏季与秋冬季相比，在整个频段内功率谱密度均更强；夜间与日间相比，在"死频带"功率谱密度更强，其他频段相当。

本章研究结果为该区开展电磁法勘探提供了参考。如对天然电磁场进行观测，在夏季施工更加合理；而对人工源电磁场观测，在秋冬施工可以获得更高的信噪比。

第 2 章　强干扰区大地电磁干扰特征与评价

噪声是强干扰区的主要特征因素。以往的研究中通常只关注单个测站受噪声影响的时、频数据畸变信息，强干扰区数据在时间域、频率域至空间域的含噪特征仍需进一步厘清。本章尝试以庐枞矿集区为例，回答以下问题：强干扰区的电磁噪声源有哪些？含噪数据的时间序列有哪些特征？高噪与低噪环境的电磁场时频谱有何异同？噪声的影响频带有哪些？最重要的数据畸变类型是哪一种？畸变数据的空间分布与哪些因素相关？如何评价强干扰区的含噪电磁数据质量？

2.1　强干扰区的电磁噪声源

电磁噪声可分为人文环境噪声、观测系统噪声和地质噪声等。观测系统噪声和地质噪声常可以通过改进观测方式、数据处理和反演算法等进行压制，对原始观测数据质量的影响相对较小。所谓"强干扰"一般指强人文电磁噪声，是影响电磁场观测数据质量，造成数据畸变最重要的一类噪声。本节以安徽省庐江—枞阳（庐枞）矿集区为例，对强干扰区的电磁噪声源进行归纳分析。

庐枞矿集区位于中国东部，是长江中下游七大矿集区之一。庐枞矿集区矿产资源丰富，拥有多个大中型矿床，是我国重要的铁、铜、铅锌矿产区。该地区的整体海拔一般在 300 m 以下，地势相对平缓，大部分为低山丘陵区。火山岩盆地区内广泛分布着相对低阻的火山岩地层和高阻的侵入岩。区内交通发达，由高速、各级公路、铁路、水运等构成了复杂的交通网络；人烟稠密，城镇密布，电网交错，构成了复杂而多变的人文电磁噪声环境。以往在本区开展的大量电磁勘探工作表明，受噪声影响，观测电磁场信号受到了严重的污染，增加了数据处理与解释的难度。

为查明庐枞矿集区内主要电磁干扰源的分布情况，对工区进行了实地调查。调查结果如图 2-1 所示。人文噪声源的主要类型可总结如下。

（1）噪声源按频率成分可分为三种类型：①直流电及游散电流。电气化铁路常采用交流 - 直流结合型电力机车作为牵引动力，矿集区内诸多矿场的井下矿石运输多采用大功率直流电力牵引机车，供电回路包含铺设于地面或直接嵌入基岩

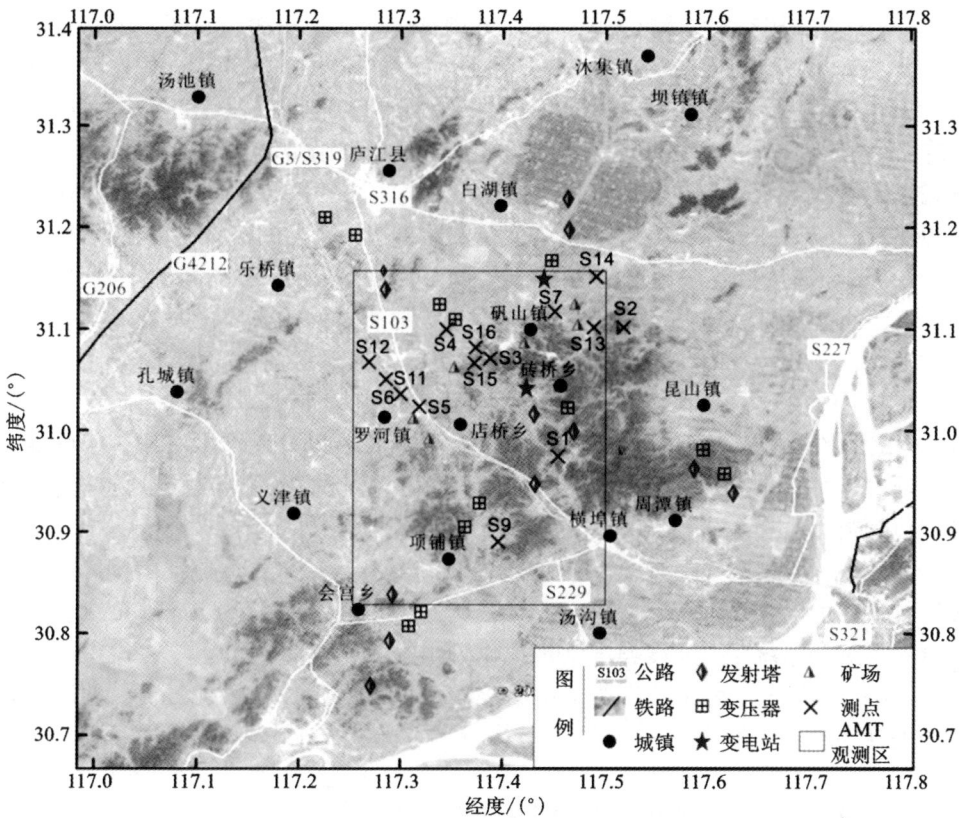

图 2 - 1　庐枞矿集区干扰源调查图及观测试验点的位置分布

图中底图为地形图，各试验测站采用张量观测，布极方向均相同，E_x、H_y 方向为 NW45°，E_y、H_x 方向与之水平正交；AMT 观测区内总体以 2 km×0.2 km 网度部署了 2593 个流动 AMT 测站

的供电轨道，在直流电力牵引机车工作过程中可形成大规模的持续性的下游散电流，其电流可达几十到数百安培（Pádua et al，2002；Villante et al.，2014），其传播过程中低频成分衰减较慢，影响范围大。②宽频交流电。变电站、变压器、大型电力设备的启停及高压输电网络的荷载变化都将形成具有丰富频率成分的感应电磁场（张良怀等，1998）。③工频交流电。包括高压线、工业及民用供电网络，在我国主要影响 50 Hz 的窄带及其高次谐波等频点（李桐林等，2000）。

（2）噪声源按活动时长可分为三种类型，即持续性噪声源，如变压器、高压线及输电网络；间歇性噪声源，如铁路、公路及开采中的矿场等；短时性或随机性噪声源，如城镇人文活动、某些大型电器的开闭等。随着噪声活动时长的增加，对观测数据的影响也更为严重。根据噪声源的活动时长，合理安排观测施工方案,可有效提高观测信噪比。

(3)噪声源按空间结构可分为三种类型,即点状噪声源,如变压器、发射塔等;线状噪声源,如地下金属管线、铁路、高压线等;网状噪声源,如城镇人文活动、城镇电网等。强干扰区内这些噪声源密集分布,常构成覆盖工区的立体干扰网络。一般而言,噪声源的空间结构越复杂,对电磁场观测的影响也越大。由于电磁场传播的能量会随空间距离的增大快速衰减(汤井田等,2005),因此根据噪声源的空间结构和分布,优化布极位置与方向,是提高观测信噪比的手段之一。

(4)噪声源按位置属性可分为两种类型,即固定场源和移动场源。顾名思义,固定场源主要包括变电站等位置固定的电力设施,它们的影响常具有持续性,强度常具稳态特征;而移动场源主要包括火车、矿场电力机车及汽车等交通工具的运动,它们的影响常具有间歇性或随机性,观测强度常具非稳态特征。一般而言,固定场源的影响频率相对较窄,而移动场源的影响时段常常有限,因此通过布设远参考站、延长采集时间、采用时频域联合分析的方式对数据进行精细处理可望提高数据质量。

此外,噪声源按其在观测系统中的定位,可分为输入端场源和输出端场源。大地电磁法的输入场源为天然场源,人工源电磁法的输入场源为可控人工场源。在这两类观测系统中,人文噪声常被视作输出端噪声而进行处理,往往得不到满意的结果。实际上,强干扰区内的电磁噪声源更应被视作输入端场源,并开发相应的处理手段。

2.2 含噪电磁场数据的时频域特征

什么是噪声?它与信号有什么区别?这是进行电磁数据处理,开展噪声压制、信噪分离工作的首要问题。本节以典型含噪数据为例,通过分析含噪电磁场的时间序列、时频功率谱、电磁场极化方向以及频域曲线等数据,总结噪声的时频域特征。

2.2.1 含噪电磁场数据的时间域特征

时间序列是野外观测的第一手资料,噪声在时间序列的表现原始且直观。图2-2~图2-5给出了庐枞矿集区内典型含噪测站的时间序列截取数据及其时频谱。从形态、强度及结构等方面,分析含噪电磁场的时间域序列数据,可总结噪声的特征如下。

(1)形态明显。噪声在时间域常具有显著可辨的形态(汤井田等,2012;朱威等,2011),主要包括类脉冲噪声、类充放电噪声、类方波噪声、类三角波噪声、类阶跃噪声等。脉冲是强干扰区最为常见的时间域噪声之一,在电道和磁道中都可以观察到这类噪声。如图 2 - 2 所示，测站 S1（其位置如图 2 - 1 所示）4 个测道中均包含明显的脉冲波。类方波噪声是影响强度最大的噪声之一，常出现于电道数据中。如图 2 - 3 所示，测站 S2 电道数据中包含明显的类方波，而相应的磁道表现为类三角波。类充放电噪声在矿集区内极为常见，显然与矿场内的电力机车、大型设备的工作相关。如图 2 - 4 所示，测站 S3 电道、磁道中均包含类充放电波形。阶跃波一般与大型供电设备的启停相关，造成观测电磁场振幅的剧烈变化，常出现在电道中。如图 2 - 5 所示，测站 S4 电道数据中包含明显的类方波，而相应的磁道表现为类三角波。根据噪声的这一特点，可以将具有上述明显畸变形态特征的数据视作噪声，采用数学形态学方法，提取出噪声的形态，进行信噪分离（汤井田等，2012；李晋等，2016）。

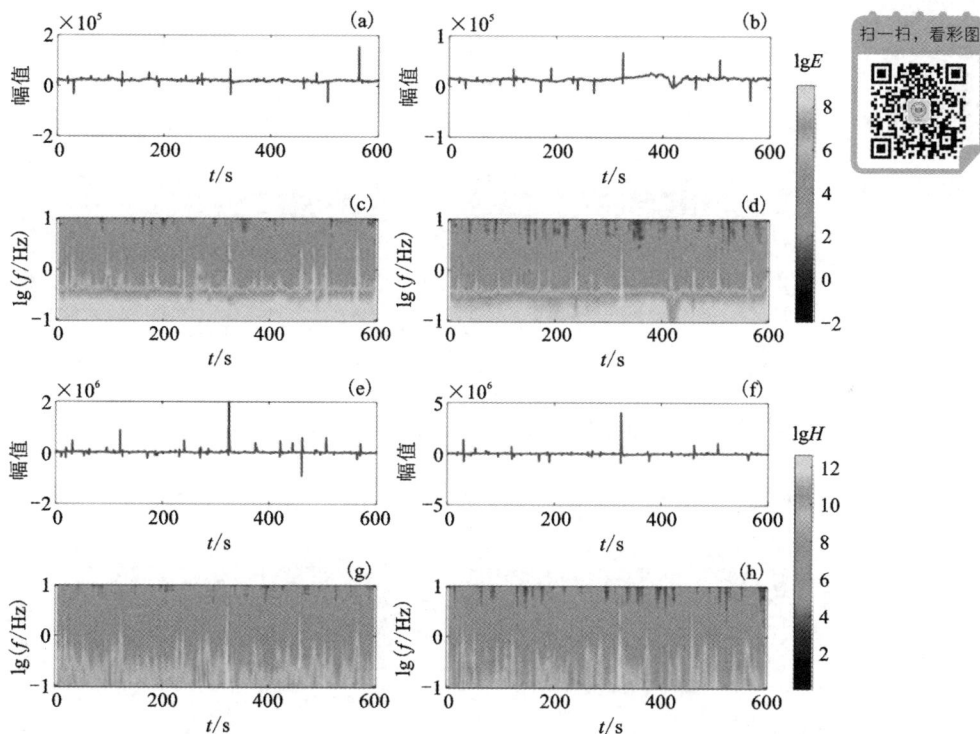

图 2 - 2　测站 S1 时间序列数据中的类脉冲波噪声及其时频谱

测站 S1 位置如图 2 - 1 所示，本示意图中时间序列为原始采集数据，其振幅和时频谱强度均未量纲化，因此未标明单位，以下各图类似；本例数据采样率为 24 Hz；（a）、（b）、（e）、（f）分别为 E_x、E_y、H_x、H_y 波形；（c）、（d）、（g）、（h）分别为 E_x、E_y、H_x、H_y 的时频谱

（2）振幅突出；"强干扰"之"强"，主要是指噪声的能量强，在时间域的表现即为观测电磁场振幅远高于天然电磁场信号。图2-2~图2-5所示的时间域信号中，都可以看出具有明显畸变形态的含噪时段振幅显著强于其他时段。例如，类脉冲的幅值是正常信号的若干倍甚至几个数量级（图2-2）。更清晰的对比是图2-4（f）所示的 H_y 测道，在所截取的观测时段内，前半段信号振幅较低；后半段受类充放电噪声的影响，时间序列的强度呈数量级式飙升，直接淹没了正常信号。根据这一特点，结合噪声形态，可以从时域中识别出噪声信号，继而采用数据挑选（Tang et al.，2013）、人机交互（范翠松，2009）、阈值法（蔡剑华等，2013）、数据替换法（Kappler，2012；王辉等，2019）等方法进行去噪处理。

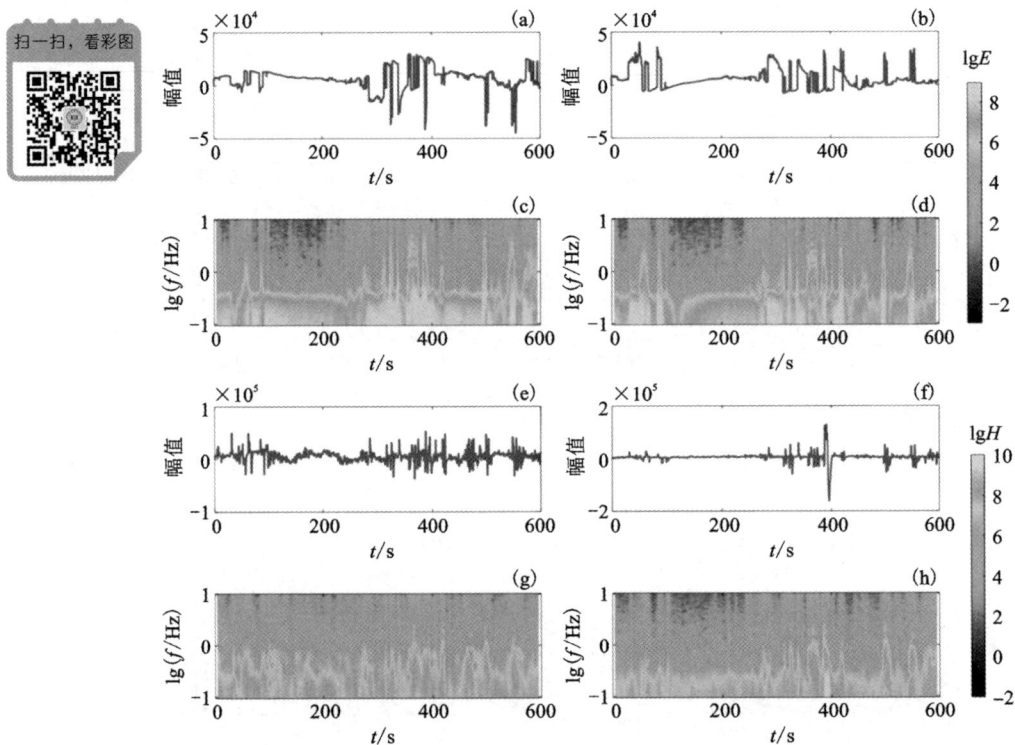

图 2 - 3 测站 S2 时间序列数据中的类方波、类三角波噪声及其时频谱

数据采样率为24 Hz；（a）、（b）、（e）、（f）分别为 E_x、E_y、H_x、H_y 波形；（c）、（d）、（g）、（h）分别为 E_x、E_y、H_x、H_y 的时频谱

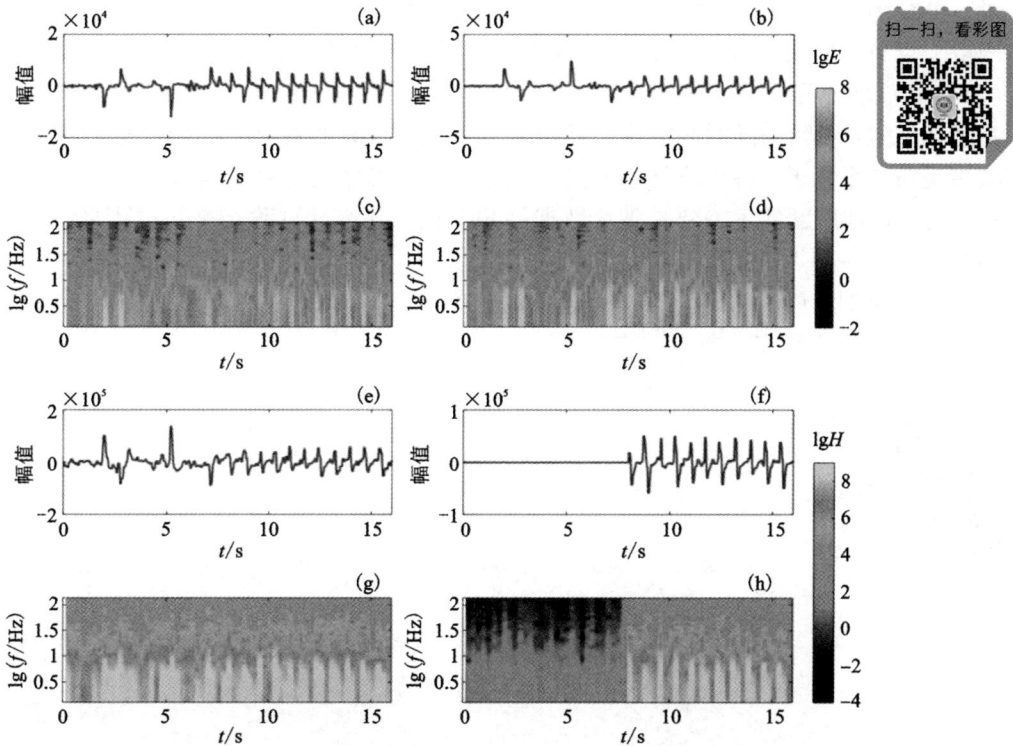

图 2 - 4　测站 S3 时间序列数据中的类充放电波噪声及其时频谱

数据采样率为 320 Hz；(a)、(b)、(e)、(f)分别为 E_x、E_y、H_x、H_y 波形；(c)、(d)、(g)、(h)分别为 E_x、E_y、H_x、H_y 的时频谱

　　(3)结构稀疏；天然电磁场一般为随机信号，而强人文噪声常常具有一定的规律，噪声的畸变结构可望通过更为简单的方式进行表达。最为典型的例子是工频噪声，其在时间序列中表现为连续的正弦波，形态规则，幅值较大，甚至可能完全湮没天然电磁场信号；但转化到频率域以后，它的影响一般限于工业频率及其谐波频率。类方波、类充放电噪声、类脉冲噪声在实测数据中也是反复出现，表现出一定的规律性，如图 2 - 2～图 2 - 4 所示。根据这一特点，可以将这些相似的结构通过一定的特征结构进行稀疏表示，进而采用基于稀疏表示类的处理方法进行信噪分离(Li et al.，2017；汤井田等，2017，2018)。

　　(4)相关性高；强电磁干扰多为相关噪声，这种相关性不仅体现在同一测站不同测道间，也体现在不同测站之间。在有限的观测尺度范围内，不同测道、不同测站间常共享同一类信噪场源环境，因此强相关噪声的影响绝不仅存在于单一测道或单一测站。如图 2 - 2～图 2 - 5 所示，噪声在同一测站不同测道间的出现时刻具有高度的吻合性。图 2-6 给出了测站 S5、S6 的同步时间序列及时频谱片段。结合图 2-1 可知，S5、S6 均位于罗河铁矿附近，其数据可能均受到了矿场内电力设备的影响，S5 距矿区相对更近。尽管 S5 的观测数据[图 2-6(a1)~(a4)]强度明显高于 S6[图 2-6(b1)~(b4)]，但两个同步测站的时间序列具有高度的相似性，频谱随时间的变化趋势基本一致。现有的各类时间域数据处理方法多是对各个测道、各个测站数据进行独立处理，实际上忽略了信号和噪声间的相关性，处理尺度的不一致易破坏数据的相关性，引入新的系统噪声。针对信噪的相关性这一特点，开发同时处理多个测道、多个测站的时间域信噪分离算法，例如压缩感知类(汤井田等，2018)和盲源分离类(曹小玲等，2018)算法等，是具有可预见前景的研究方向。

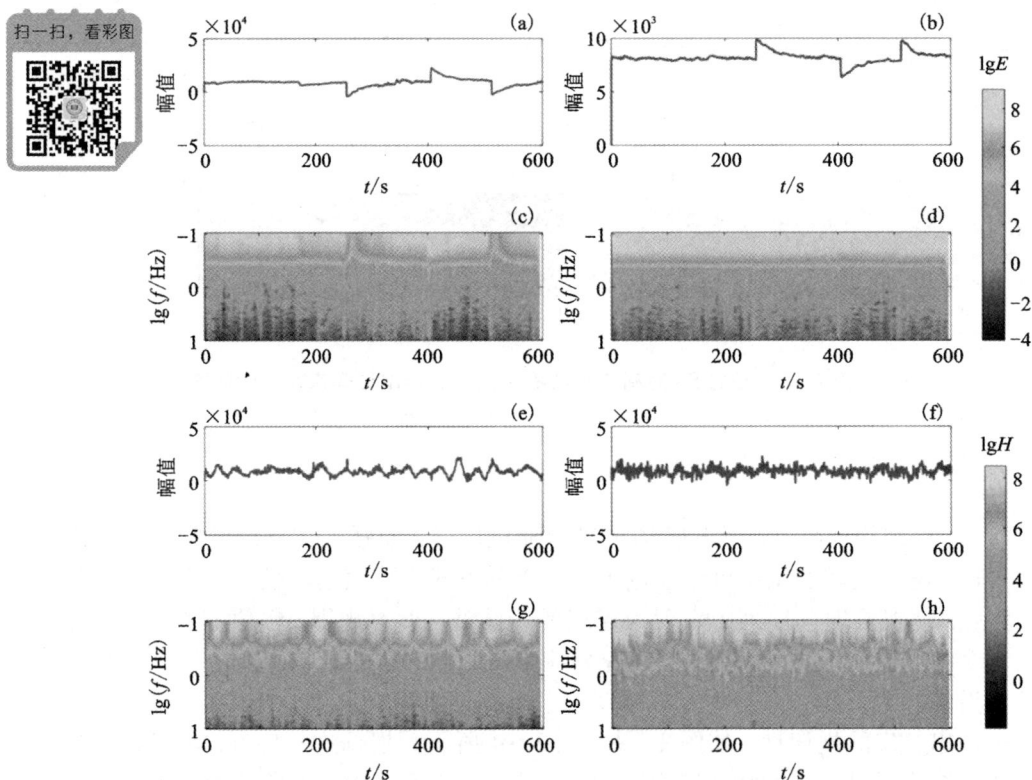

图 2-5 测站 S4 时间序列数据中的类阶跃、类三角波噪声及其时频谱

数据采样率为 24 Hz；(a)、(b)、(e)、(f)分别为 E_x、E_y、H_x、H_y 波形；(c)、(d)、(g)、(h)分别为 E_x、E_y、H_x、H_y 的时频谱

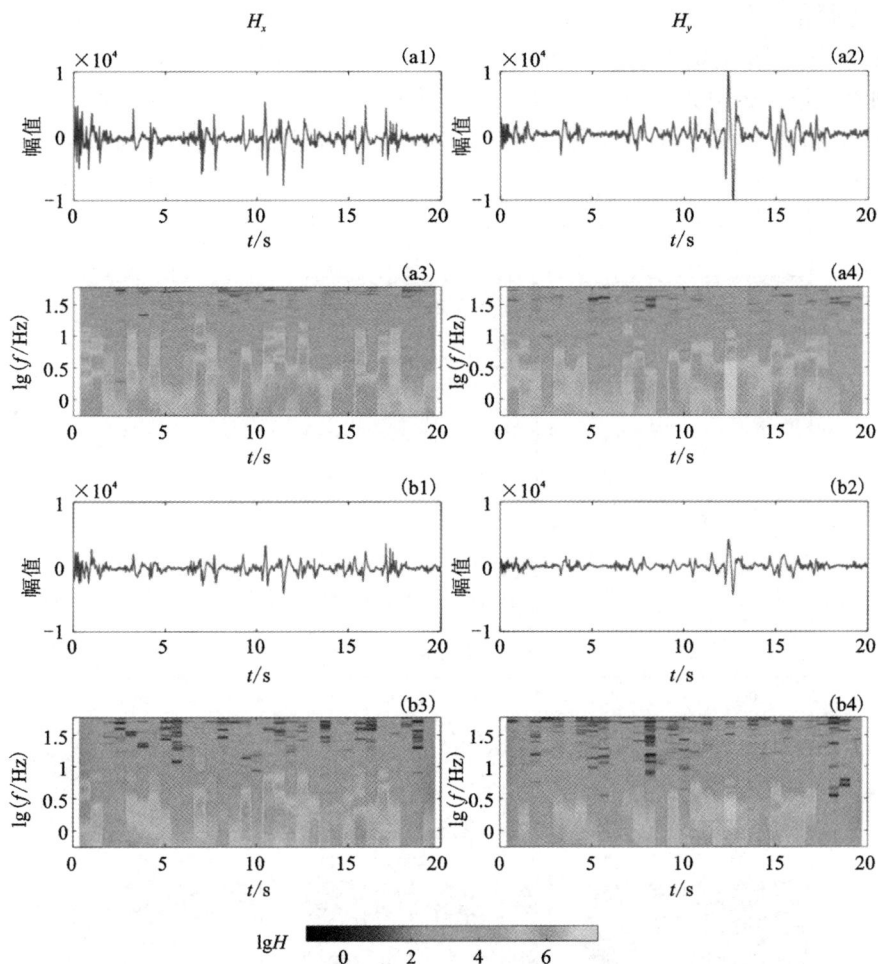

H_x　　　　　　　　　　　　　　H_y

图 2-6　测站 S5、S6 的同步时间序列及时频谱

两测站相距约 2 km，数据采样率为 150 Hz；(a1)、(b1) 为 H_x 波形；(a2)、(b2) 为 H_y 波形；(a3)、(b3) 为 H_x 时频谱；(a4)、(b4) 为 H_y 时频谱

2.2.2　含噪电磁场数据的时频谱特征

时间序列数据经过时频转换，可以获得数据的时频谱。从数据时频谱中，可以获得关于信号与噪声的更为丰富的信息。例如，利用电场和磁场的频谱数据，可以计算出电磁场信号的极化方向(Weckmann et al.，2005)。一般来说，天然场源的极化方向是随机且均匀的，没有明确的极化方向。而相对的，噪声源的极化

方向往往更为稳定，不同时段的极化方向数据易呈现出相对集中的特点。因此，极化方向是进行信噪识别的重要参数。

针对测站 S1 ~ S6 的时间序列，我们采用常规快速傅立叶分析方法，计算出含噪数据的时频谱，如图 2 - 2 ~ 图 2 - 6 所示。同时，图 2 - 7 给出了典型低噪测站 S0、含噪测站 S7 和 S8 的时频谱及极化方向对比。含噪电磁场数据的时频谱特征可总结如下。

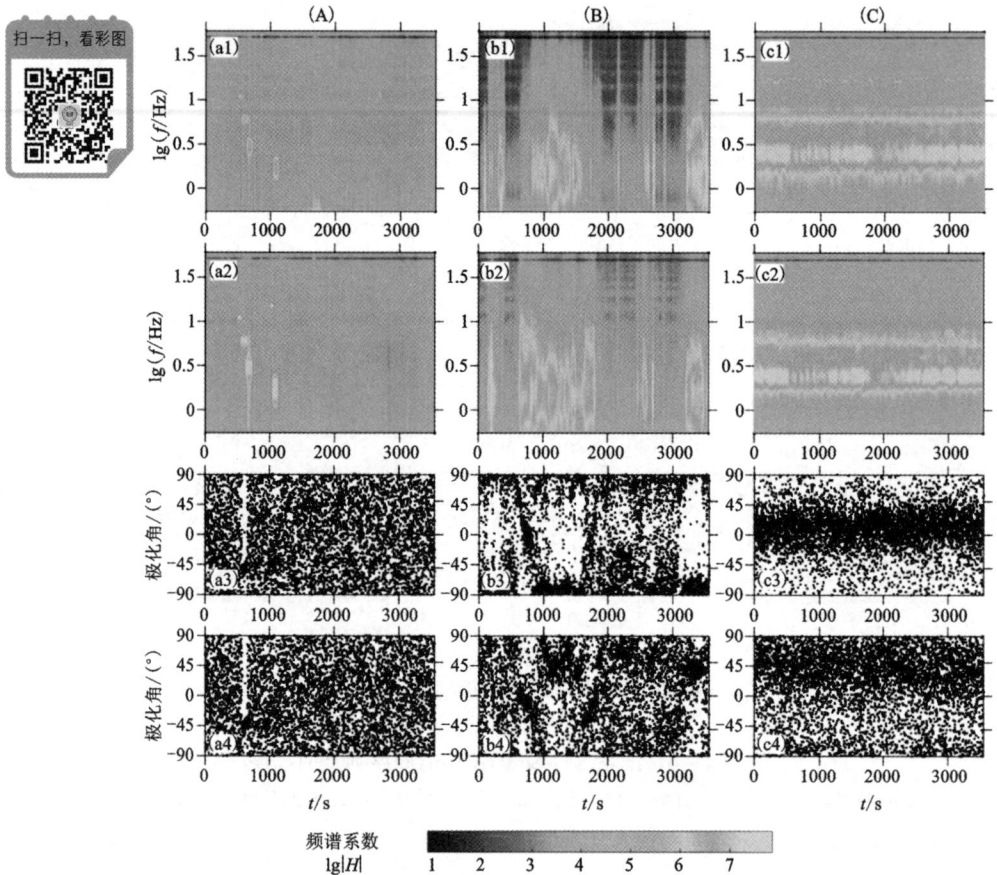

图 2 - 7 典型含噪测站的时频谱及极化方向

（A）安徽黄山地区某 AMT 测站 S0；（B）安徽庐枞矿集区内某 AMT 测站 S7；（C）安徽霍山地区某 AMT 测站 S8；（a1）、（b1）、（c1）为 H_x 时频谱；（a2）、（b2）、（c2）为 H_y 时频谱；（a3）、（b3）、（c3）为 $f = 5$ Hz的电场极化方向；（a4）、（b4）、（c4）为 $f = 5$ Hz 的磁场极化方向

（1）在 10 Hz ~ 0.1 Hz 频带内，噪声功率谱强度远高于天然场强度，且随频率降低而增大。我们知道，天然电磁场的强度在 10 Hz ~ 0.1 Hz 频带内处于低谷（Simpson et al.，2005）。然而，从图 2 - 2 ~ 图 2 - 7 反映的结果来看，除低噪环境测站 S0 外，含强噪声数据的频谱几乎都是从高频到低频强度越来越大。显然，这是噪声的频谱强度远超天然电磁场所致。这说明，强噪声的影响频带覆盖了天然电磁场 10 Hz ~ 0.1 Hz 的低谷带，必然造成该频段范围内天然场响应的畸变，下文还将继续讨论这一问题。

（2）不同类型时间域噪声的功率谱规律不同。如图 2 - 2 ~ 图 2 - 7 所示，功率谱变化的时刻一般与时间序列出现剧变的时刻一致，并且噪声的时间域幅值越大，其频谱能量越强。类脉冲波的影响频率极宽，几乎可以贯穿整个目标频带；但影响时段相对较窄，仅在脉冲激励的时段范围内造成功率谱显著增强。类方波不仅影响频带宽，而且影响时段长，在方波存在的时段内，中低频信号几乎全被噪声覆盖。类充放电和类阶跃噪声的影响与脉冲类似，但影响时段相对更宽。关于时间序列噪声结构、幅度及宽度对频域数据影响的规律将在下节详述。

（3）短时性或随机性噪声的影响时段相对有限。当环境背景噪声相对较低时，电磁场的极化方向不明显；天然或低噪电磁场的功率谱在频率域呈现出一定的分带性，即在时频谱图中表现出相对可辨的横向条带，其标志是舒曼谐振频率的相对高值。当环境中出现短时性高强度噪声时，电磁场的极化方向相对集中；含噪时段电磁场噪声的能量显著增强，常常掩盖天然场的频率分带性；在时频谱图中表现为明显的纵向条带，条带的宽度表征了含强噪声的时段、长度表征了噪声的影响频带范围。如图 2 - 7（A）所示，测站 S0 处于低噪环境中，其 1000 ~ 3000 s 时段信噪比较高，700 s 左右时段受到了高强度短时性噪声的影响。可以看出，低噪时段电磁场极化方向均匀分布；电磁场功率谱在舒曼谐振各频率点（如 7.8 Hz）处为相对高值，并且在时间上具有连续性，即在各时段内不同频率成分的相对强弱保持稳定。这些特征均符合天然电磁场规律。而高噪时段极化方向相对集中，功率谱在时频图上表现为横向的条带转变为纵向的条带。由于短时性或随机性噪声的影响时段相对有限，因此其处理相对容易，可通过延长采集时间及稳健阻抗估计（Smirnov，2003）等方式提高数据质量。

（4）间歇性噪声的功率谱和极化方向呈现出分段特征，其存在增加了低频信息的获取难度。含间歇性噪声数据在低噪和高噪时段内的时频谱与极化方向分布特征与上述短时性或随机性噪声相似。所不同的是，间歇性噪声具有反复性，在有限的观测时段内，大比例的时段都受到了影响。这使得低频信息的获取变得困难，因为低频功率谱的计算有赖于更长时段观测数据的参与。如图 2 - 2 ~ 图 2 - 5 所示，受噪声影响，高频段功率谱中尚可分辨出功率谱的时变信息，低频段则几乎完全被噪声功率谱淹没。图 2 - 7（B）中 S7 测站受到了间歇性噪声的影响，低噪和高噪时段内的极化方向分别呈现出离散和相对集中的形态,而功率谱则分别呈现出可分辨的横向条带和纵向条带。针对间歇性噪声的特点,根据信噪间的差异,可以选择合适的参数,进行含噪功率谱数据识别,然后通过数据删选或加权的方式进行噪声压制(Weckmann et al.,2005)。在时频分析过程中,可采用小波分析、Hilbert-Huang变换、S变换等方法,改进时频谱的频率分辨率和时间定位能力,继而提高信噪识别的效果(景建恩等,2012;凌振宝等,2016;蔡剑华等,2016)。通过引入远参考数据,还可利用含噪数据与远参考数据间的相关性分析(张刚等,2017),识别出信噪比较高的频谱数据,继而进行功率谱删选或加权,如RRMC方法(Sokolova et al.,2005)。

(5)持续性噪声一般极化方向明确,能量随时间平稳变化。噪声功率谱强度远高于天然场强度,且呈现出频率分带性。如图2-7(C)所示,S8测站受到了持续性噪声的影响,在整个观测时段内,极化方向均相对集中,噪声的功率谱掩盖了天然场的功率谱特征,且随时间变化分布相对均匀。部分频段及频点的功率谱强度大且在时频谱上表现出横向条带特征。持续性噪声常贯穿整个观测时段,含噪数据比例远远超过稳健估计的"崩溃点"(Smirnov,2003),也难以通过数据挑选获得信噪比较高的频谱数据。因此,常规的"数据挑选和稳健估计"的策略往往无法达到去噪效果,即使引入远参考也难得到满意的处理结果(见图2-9)。针对这类噪声,仍需开发更为有效的处理手段。

2.2.3 含噪电磁数据的分频带畸变特征

对功率谱数据进行挑选和稳健估计后,可以获得叠加功率谱及系统的频域响应。频域的常用响应参数包括叠加电磁场的功率谱及其相干度、阻抗视电阻率、相位、误差及相位张量等。利用这些数据,我们对含噪数据的分频带畸变特征进行了总结。

在频率域,含噪响应数据具有明显的分频带畸变特征。图2-8给出了典型含噪AMT测站S9和MT测站S10的频域响应数据。图2-9给出了含噪AMT测站S7和S8的频域响应数据。可以看出,在AMT及宽频MT的观测频率(10 kHz ~10^{-3} Hz)范围内,主要存在以下几个畸变频带。

(1)AMT"死频带"畸变。在5 kHz至1 kHz范围内,天然电磁场信号强度极低,此即所谓AMT"死频带"(Garcia et al.,2002)。由于观测数据信噪比的降低,该频段内电磁场相干度呈现局部极小,视电阻率、相位曲线出现"飞点"或脱节,相位张量产生畸变,如图2-8(A)所示。一般而言,AMT"死频带"畸变与测站的空间位置无关,而与观测时间密切相关,利用夜间观测可以显著提高数据质量。在强干扰区,因背景噪声的强度更大,观测数据信噪比更低,故AMT"死频带"畸变的影响更为显著。通常AMT"死频带"的畸变频带相对较窄,采用Rhoplus处理一般可以得到令人满意的处理结果(周聪等,2015)。

(2)工频畸变。其影响主要集中于 50 Hz 的窄带范围内。而其高次谐波的能量相对较弱,经过稳健功率谱估计处理后影响较小。由于采集仪器常针对工频进行了硬件陷波设计,使得这一窄带的观测信号较为复杂。受其影响,频域数据一般表现出信号强度极大、相干度极小、视电阻率、相位及相位张量产生畸变,如图 2-8(A)所示。由于影响频带窄,畸变常以"飞点"的形式出现。窄带畸变在频率域的处理相对简单,利用频域圆滑算法,如 Rhoplus 等方法即可处理(周聪等,2015)。

(3)MT"死频带"畸变。在 10 Hz ~ 0.1 Hz 的频率内,天然场信号强度极低,数据信噪比下降,即所谓的 MT "死频带"(Iliceto et al.,1999)。在强干扰区,由于噪声的存在,该频段内电磁场信号强度常不会出现极小值。如果噪声相关性偏低,则电磁场相干度常表现出低值,视电阻率、相位数据较为离散,误差大,相位张量无规律,如图 2-8(A)所示。如果噪声强相关,则相干度常表现出高值,视电阻率、相位曲线相对连续,误差小,相位张量呈规律畸变,如图 2-8(B)所示。由于 MT"死频带"内天然场信号的强度过低,甚至低于采集仪器的本底噪声,因此各种处理算法即使能压制噪声,也很难提取到有效信号。而可控人工源在该频段内常常会进入过渡区或近区,并受到场源效应影响,故目前还没有令人满意的针对性处理方法。更合适的处理方式是进一步提高采集仪器的性能,降低传感器的本底噪声,首先保障观测数据中有可用的天然场信号,再开发相应的信噪分离算法。

(4)"近源"型畸变。由相关噪声引起,受影响频段与干扰源频率成分和距离关系密切,一般影响中低频段,影响频段范围很宽,高频畸变频点可达数百赫兹甚至更高,低频可达 0.01 Hz 甚至更低。"近源"型畸变的程度主要取决于数据的信噪比,信噪比越低,畸变越明显,因此,其畸变频段常覆盖 MT"死频带"或与其重叠。"近源"型畸变的阻抗视电阻率数据在等间隔双对数坐标系中常以 45°角随频率的降低而升高,而相位则随频率降低渐趋于 0,曲线常有较好的连续性,误差小,电磁场相干度常呈现高值,如图 2-8(B)、图 2-9 所示。图 2-9 给出了常规稳健估计和远参考处理"近源"型畸变的示例。结合图 2-7 分析可知,由于含噪时段比例超过了稳健估计的"崩溃点",因此稳健估计处理结果出现了严重的"近源"型畸变。当观测数据中的噪声为间歇性噪声、待处理测道与远参考测道的相关性较好时,采用远参考处理可以较好地改善数据质量,如图 2-9(A)所示;而当观测数据中的噪声为持续性噪声、待处理测道与远参考测道的相关性较差时,远参考处理的改善效果极为有限,如图 2-9(B)所示。采用改进的数据挑选(Weckmann et al.,2005),RRMC(Sokolova,2005),数据替换(王辉等,2019),双远参考(Oettinger et al.,2010)等方法可进一步改善含间歇性噪声的"近源"型畸变数据;而对持续性噪声,可尝试采用时间域处理(汤井田等,2018,2019)、阵列处理(周聪,2016)等。

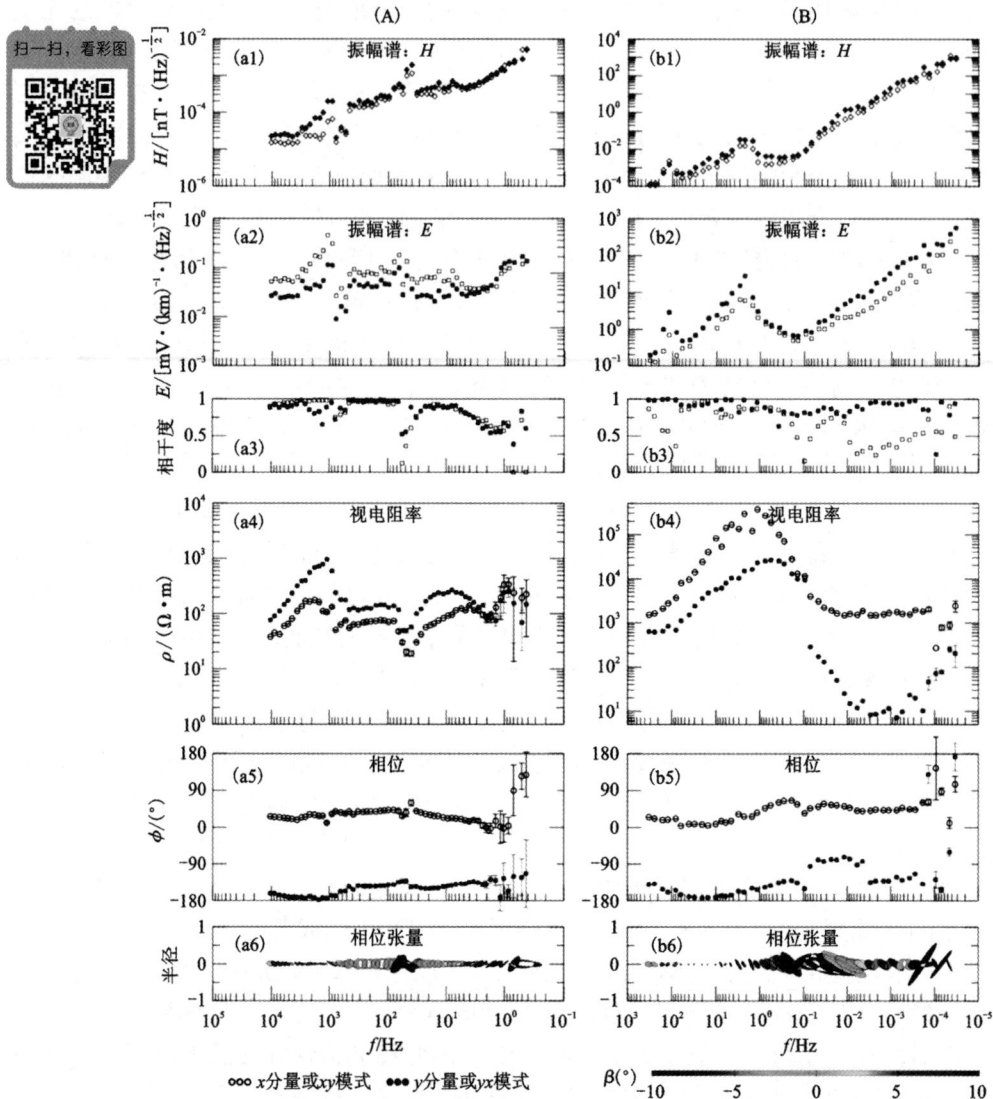

图 2-8 典型含噪测站的频域数据

(A)安徽庐枞矿集区内某实测 AMT 数据 S9;(B)安徽霍山地区某实测 MT 数据 S10;
(a1)、(b1)为磁场平均振幅;(a2)、(b2)为电场平均振幅;(a3)、(b3)为正交电磁场分量信号
的相干度;(a4)、(b4)为阻抗视电阻率;(a5)、(b5)为阻抗相位;(a6)、(b6)为相位张量

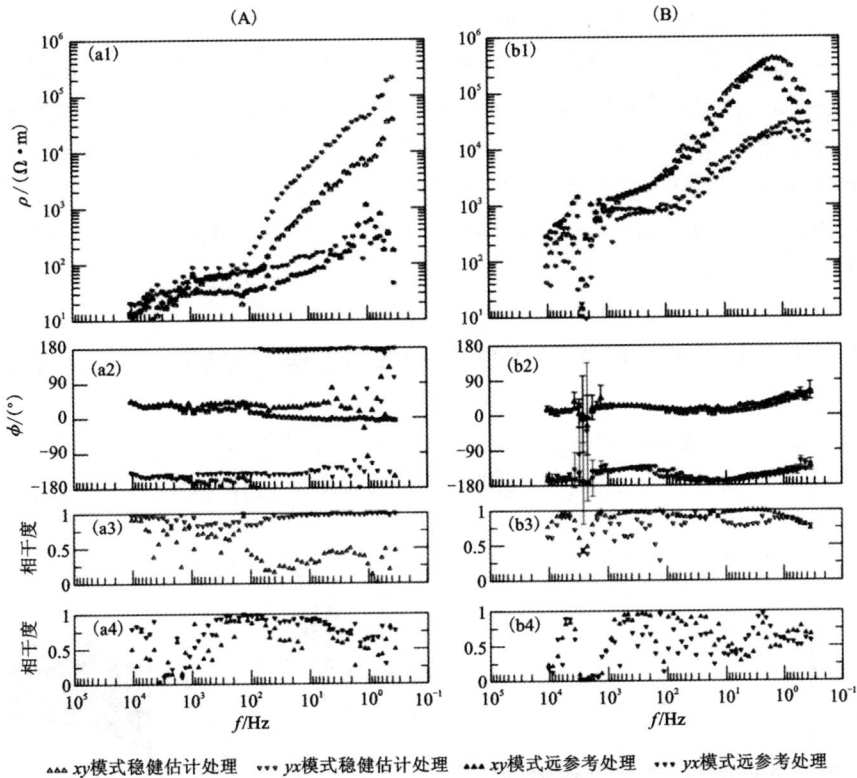

图 2 - 9　含"近源"型畸变的典型频域数据

（A）、（B）分别对应图 2 - 7 中的（A）、（B）测站 S7 和 S8；

（a1）、（b1）为阻抗视电阻率；（a2）、（b2）为阻抗相位；（a3）、（b3）分别为本地测道间的相干度 $Coh(E_x, H_y)$ 和 $Coh(E_y, H_x)$；（a4）、（b4）分别为本地与远参考测道间的相干度 $Coh(R_x, H_x)$ 和 $Coh(R_y, H_y)$

　　除上述常见畸变频带外，特定频率成分的强干扰可能造成其他频带、频点的畸变，不相关噪声还可能造成某频段数据的离散无形态，但一般不具有普遍性，此处不一一列举。

2.3　强噪声对大地电磁数据的畸变影响

2.3.1　类方波的影响

　　方波噪声在庐枞矿集区是影响强度最大的一类噪声之一，可造成数据严重畸变，且无规律，其幅度比宽度影响到更高的频率，而且当宽度变窄时，影响范围向高频段扩展，如果方波噪声大量出现于原始数据中时，计算得出的视电阻率曲线往往表现为严重的"近源"型畸变。

依据大地电磁规范对庐枞大地电磁测深数据进行挑选，选取了质量评价为一类点、数据的时间序列中基本不含有噪声波形以及视电阻率－相位曲线光滑连续的三个数据点作为实验点数据（B5799、C3482、D1139）。通过在实测数据中添加不同种类型的方波噪声信号来研究其对大地电磁数据的影响规律。下面是对实测数据添加方波噪声信号前后的时间序列、视电阻率－相位曲线和相干度以及信噪比对比分析。

添加噪声的过程分以下几步：

第一步：以 B5799、C3482、D1139 三个实测数据作为实验数据为后续添加噪声做准备。

第二步：将方波噪声数据添加到实验数据中，以 24 Hz 采样率数据为例，我们选择 11—19 时这 8 个小时内的数据做研究，如图 2－10 所示：

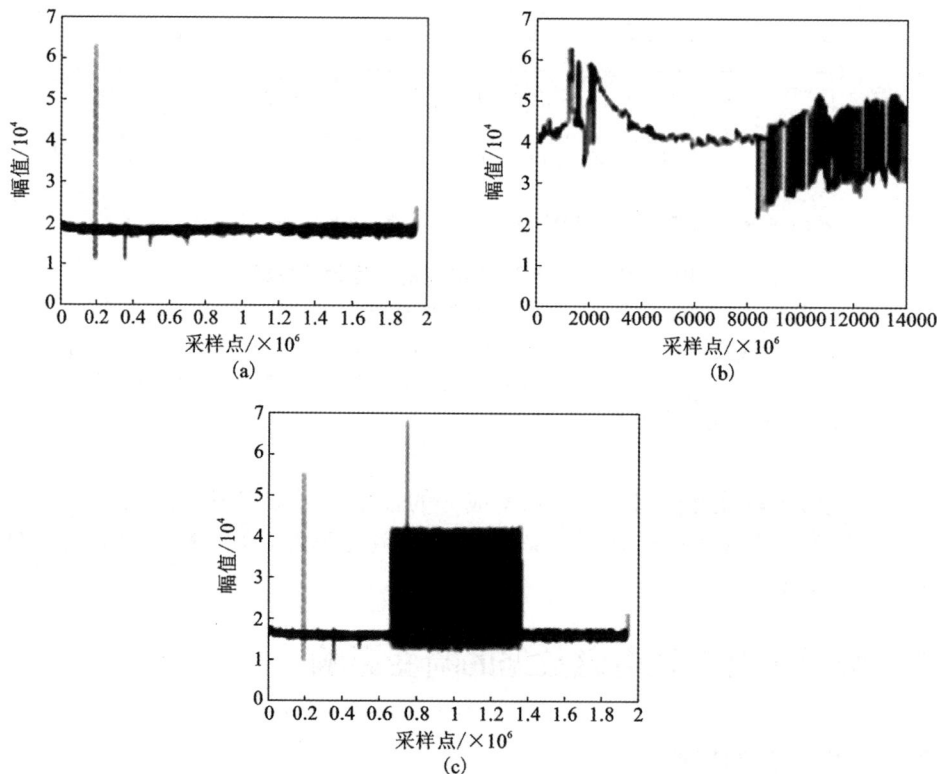

图 2－10　噪声添加过程示意图

（a）原始数据采样率时间序列曲线图；（b）方波噪声数据采样率时间序列曲线图；（c）数据添加方波噪声后采样率时间序列曲线图

　　第三步：将添加噪声后的数据应用 SSMT2000 进行处理，生成 MT 文件，进而进行噪声干扰对视电阻率 - 相位曲线变化的影响规律研究。

　　下面是实验数据添加了最大宽度为 100，最大幅值为 30000 mV 的方波噪声前后的时间序列图，如图 2 - 11 所示。

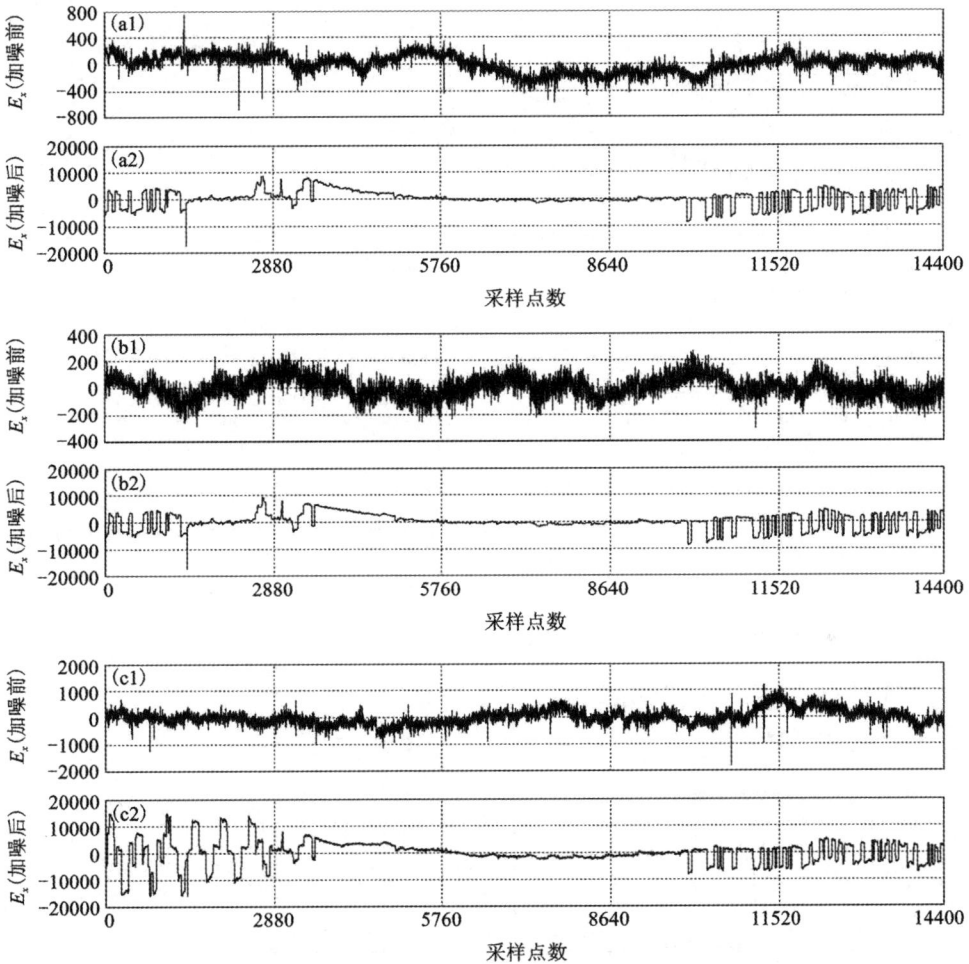

图 2 - 11　添加方波噪声前后的时间序列图

数据采样率为 24 Hz，(a1) B5799 时间序列；(a2) B5799 加入方波噪声后的时间序列；(b1) C3482 时间序列；(b2) C3482 加入方波噪声后的时间序列；(c1) D1139 时间序列；(c2) D1139 加入方波噪声后时间序列

由图 2 - 11 可知，三个实验点中加入方波噪声后，时间序列中包含了明显的方波噪声，达到了预期效果。

图 2 - 12 为实验点添加方波噪声前后视电阻率、相位曲线对比。

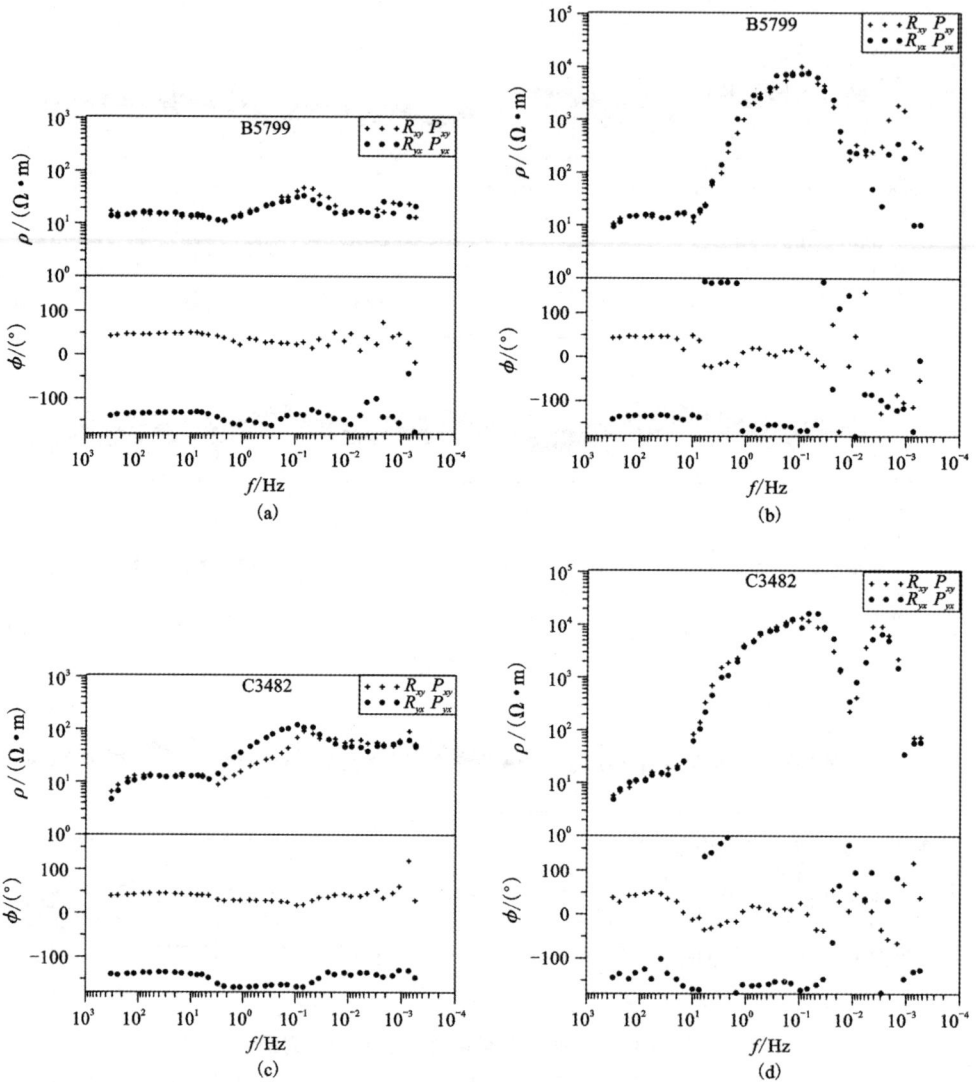

图 2 - 12

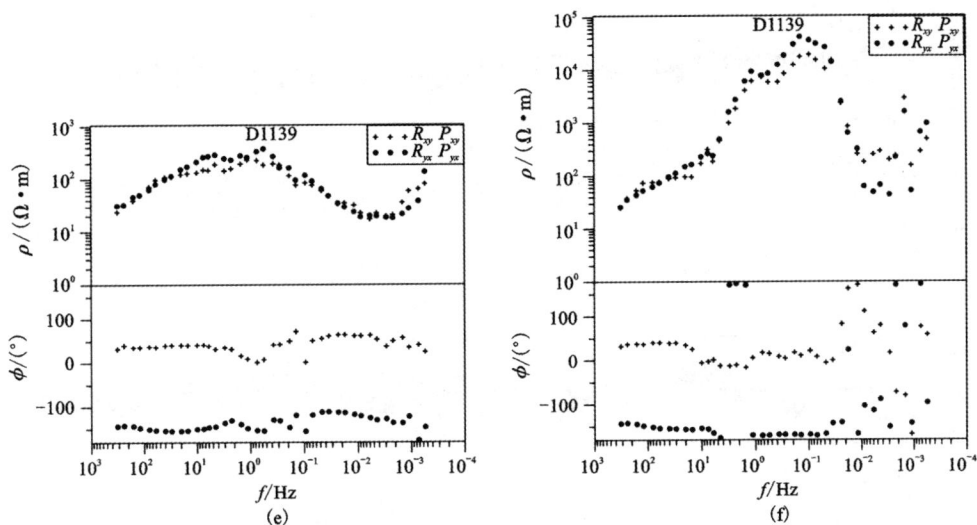

图 2 – 12　添加方波噪声前后数据的视电阻率 – 相位曲线对比

（a）B5799 原始视电阻率 – 相位曲线图；（b）B5799 添加方波噪声后视电阻率 – 相位曲线图；（c）C3482 原始视电阻率 – 相位曲线图；（d）C3482 添加方波噪声后视电阻率 – 相位曲线图；（e）D1139 原始视电阻率 – 相位曲线图；（f）D1139 添加方波噪声后视电阻率 – 相位曲线图

　　分析可知，添加方波噪声后，视电阻率曲线从 10 Hz 左右开始呈大于 45°的角度上升，相位趋于零，为典型的近源效应现象，视电阻率曲线在 0.1 Hz 附近达到最大值，上升了多达 2 个数量级。三个实验点视电阻率 – 相位曲线图中 0.01 Hz 左右均出现了下掉，三个实验点出现近源效应的频率并不一致，这与数据信噪比直接相关。

2.3.2　类三角波的影响

　　三角波噪声信号在庐枞矿集区是影响强度较大的一类噪声，一般伴随方波噪声出现于磁道信号中。如三角波噪声大量出现于原始数据中时，计算得出的视电阻率曲线也往往表现为严重的近源效应。

　　通过在实测数据中添加三角波噪声信号，可研究其对大地电磁数据的影响规律。

　　下面是实测数据（B5799、C3482、D1139）添加了最大幅值为 600000 mV，宽度为 300 的三角波噪声前后的时间序列图，如图 2 – 13 所示。三个实验点中加入三角波噪声后，时间序列中包含明显的三角波噪声，达到了预期效果。

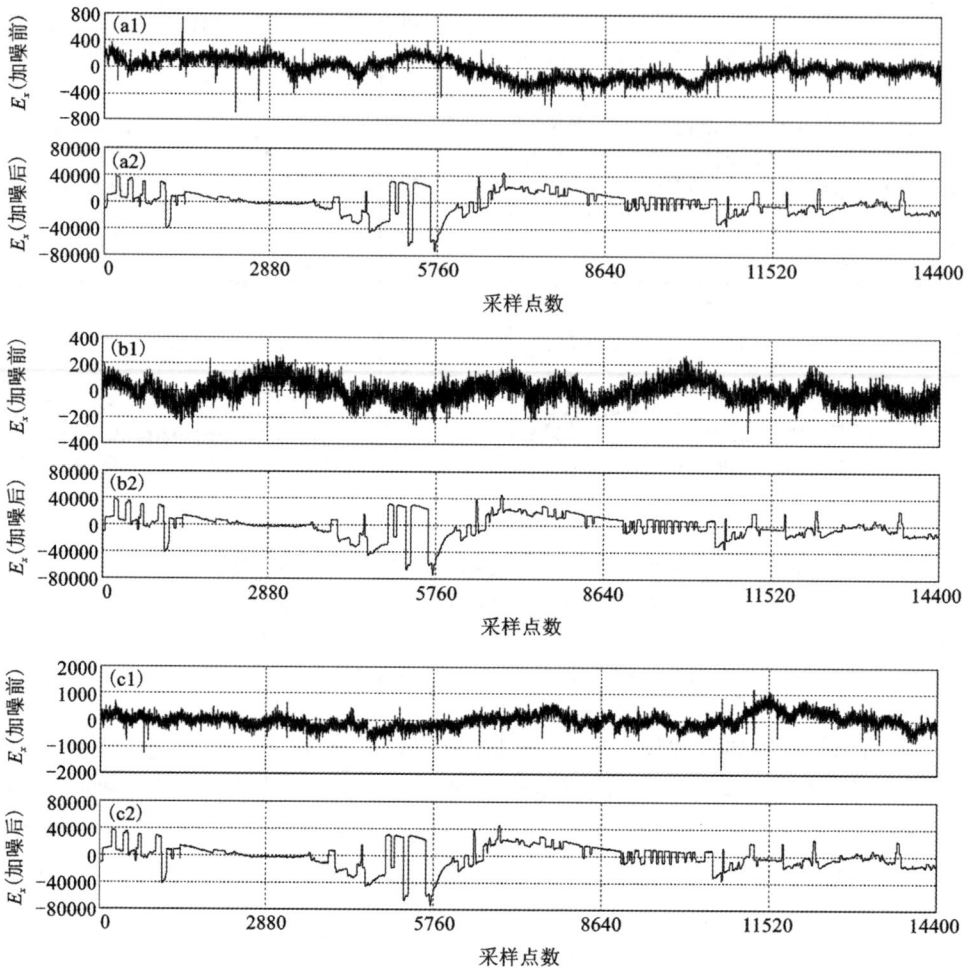

图 2-13 添加三角波噪声前后的时间序列图

数据采样率为 24 Hz，(a1)B5799 时间序列；(a2)B5799 加入三角波噪声后的时间序列；(b1)C3482 时间序列；(b2)C3482 加入三角波噪声后的时间序列；(c1)D1139 时间序列；(c2)D1139 加入三角波噪声后的时间序列

  图 2-14 为实验点添加三角波噪声前后视电阻率、相位曲线对比。分析可知，添加三角波噪声后，测点的视电阻率曲线从 20 Hz 左右开始呈 45° 以上的角度上升，相位趋于零。视电阻率曲线均在 0.1 Hz ~ 0.01 Hz 达到最大值，上升了多达 3~4 个数量级，曲线尾支均呈下降趋势，为 K 形曲线。三个实验点出现近源干扰的频率并不一致，导致视电阻率曲线起始畸变频率不同的原因是原始数据的幅值不同，即数据信噪比不同。

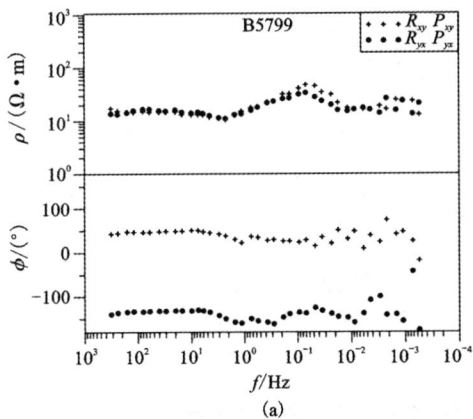

(a)

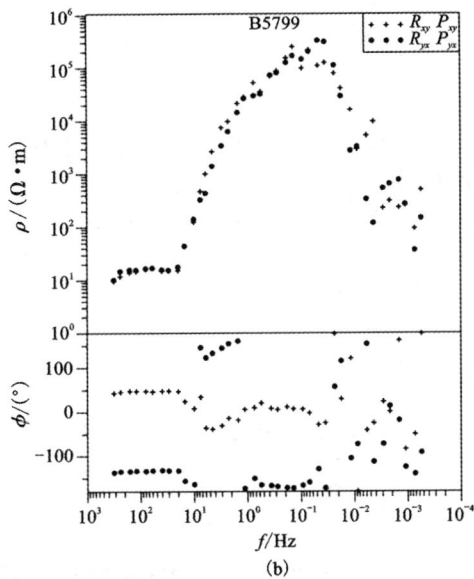

(b)

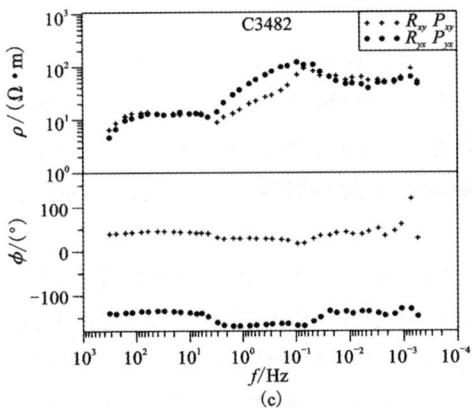

(c)

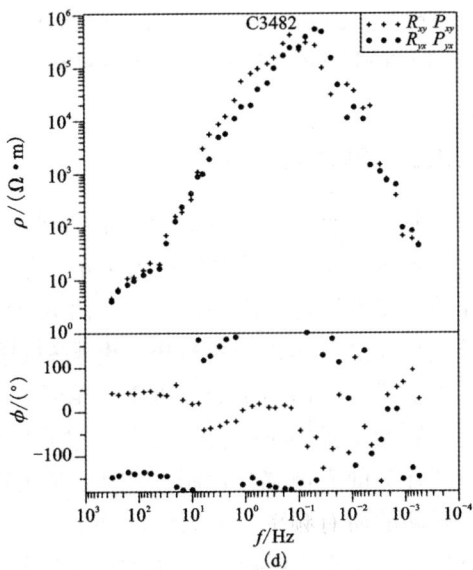

(d)

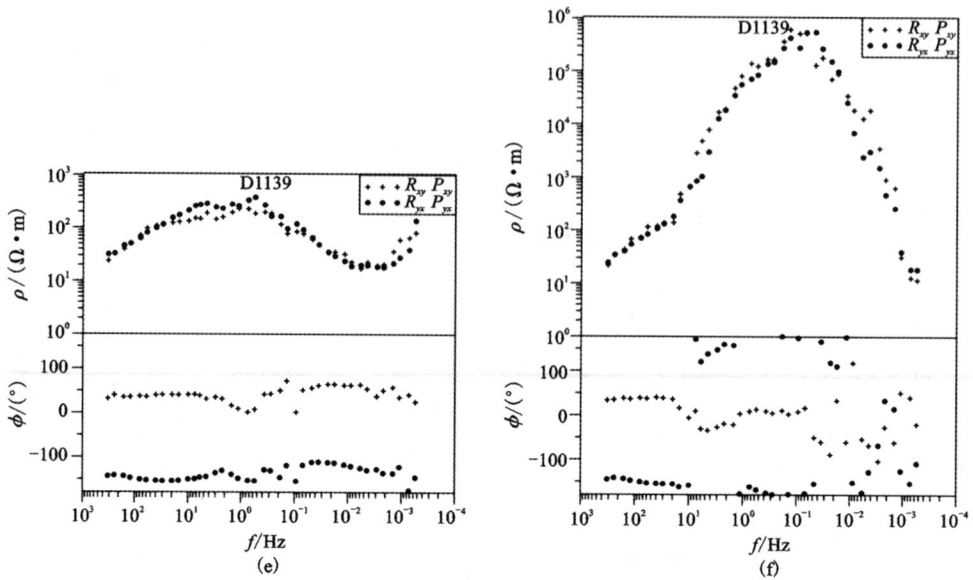

图 2 - 14　添加三角波噪声前后数据的视电阻率 - 相位曲线对比

（a）B5799 原始视电阻率 - 相位曲线图；（b）B5799 添加三角波噪声后视电阻率 - 相位曲线图；（c）C3482 原始视电阻率 - 相位曲线图；（d）C3482 添加三角波噪声后视电阻率 - 相位曲线图；（e）D1139 原始视电阻率 - 相位曲线图；（f）D1139 添加三角波噪声后视电阻率 - 相位曲线图

2.3.3　脉冲波的影响

　　脉冲干扰是电磁观测中经常遇到的干扰，多出现在电场中，磁场信号中时常也可见到，其特点是振幅远大于正常信号。电场中的脉冲干扰主要来自测点附近介质层中的脉冲型游散电流，这种电流多为测点周围接地用电动力设备的开、关或其负荷的突然改变所造成。电场和磁场中同时出现的脉冲干扰多来自较强的雷电干扰或人文活动中的电磁感应信号。

　　脉冲干扰的时间特性决定了它的频率范围非常宽，如果在它进入测量仪器的滤波环节前未被充分抑制，它对记录资料的影响会出现在仪器的整个通带内，影响观测的所有频率。在时间序列上看到的是一系列脉冲波形。这类干扰若出现在电场中，将使计算频率的阻抗幅值严重向上偏倚；若出现在磁场中，将使计算频率的阻抗幅值严重向下偏倚。

　　我们通过在实测数据中添加脉冲噪声信号来研究其对大地电磁数据的影响规律。实验数据来自前述高质量实测数据，下面是实验数据添加了最大幅值为 150000 mV 的脉冲噪声前后的时间序列图，如图 2 - 15 所示。

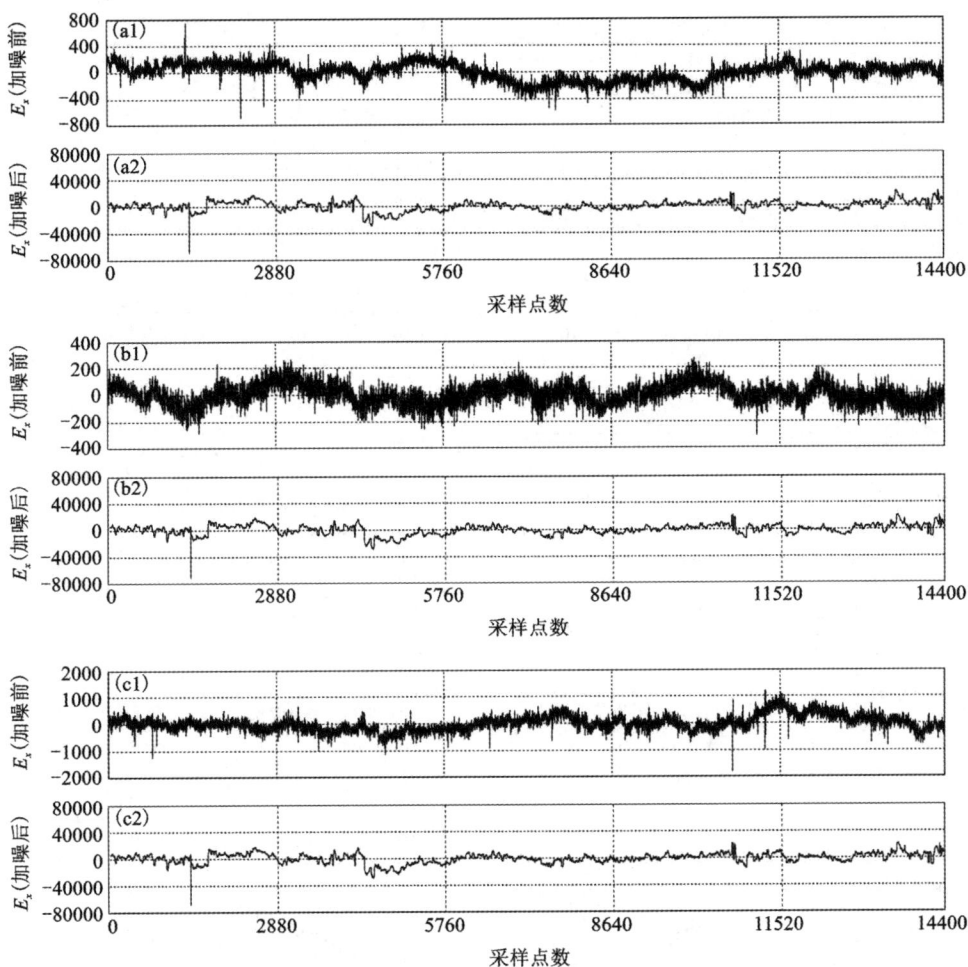

图 2 - 15　添加脉冲波噪声前后的时间序列图

数据采样率为 24 Hz，（a1）B5799 时间序列；（a2）B5799 加入脉冲噪声后的时间序列；（b1）C3482 时间序列；（b2）C3482 加入脉冲噪声后的时间序列；（c1）D1139 时间序列；（c2）D1139 加入脉冲噪声后的时间序列

　　分析可知，三个实验点中加入脉冲后，时间序列中出现了明显的脉冲噪声，达到了预期效果。

　　图 2 - 16 为实验点添加脉冲噪声前后视电阻率、相位曲线对比。分析可知，添加脉冲噪声后，视电阻率曲线均在 1 Hz ~ 0.01 Hz 出现了畸变，出现了一定程度的曲线分离，其中 0.1 Hz 左右有一个高值点，曲线全频段均有不同程度的飞点。

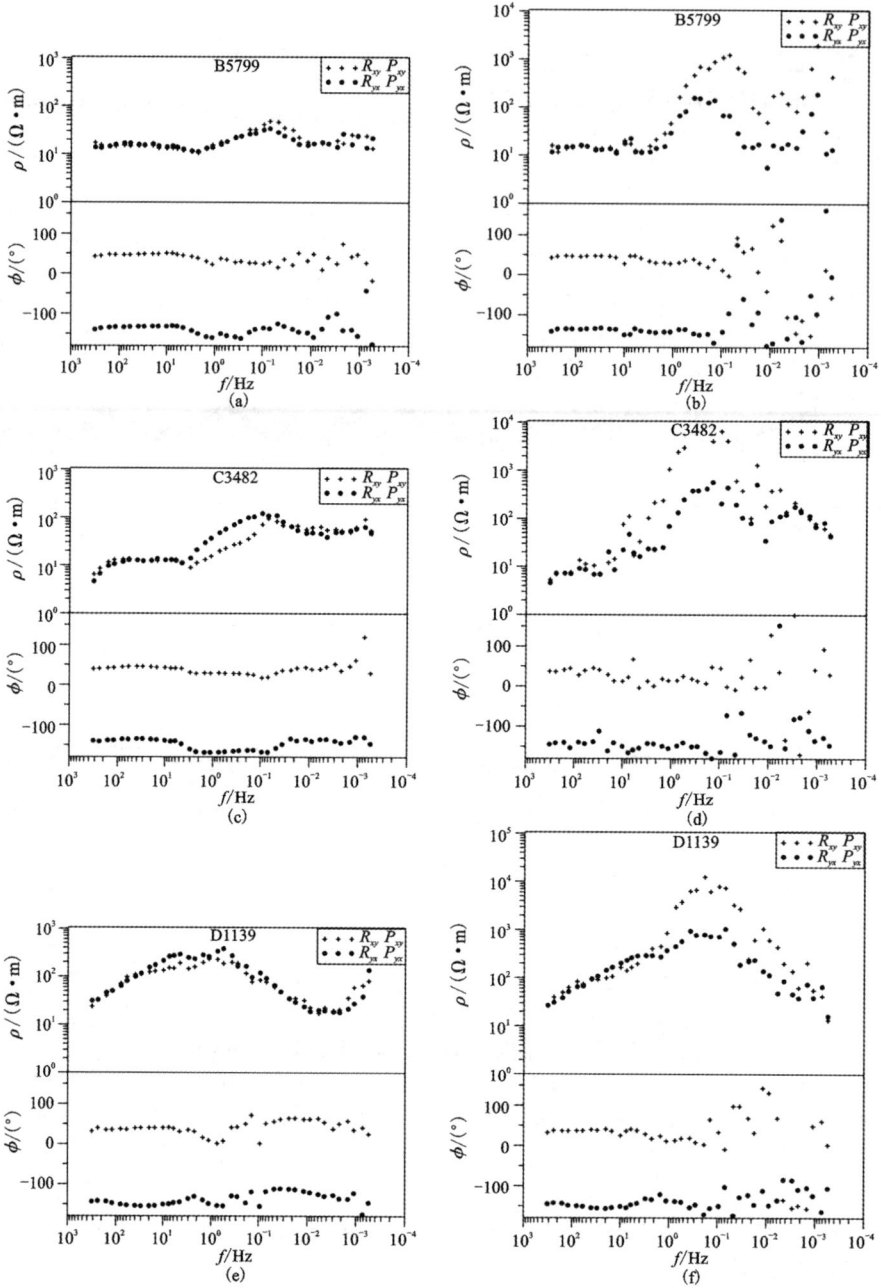

图 2 − 16　添加脉冲波噪声前后数据的视电阻率 − 相位曲线对比

（a）B5799 原始视电阻率 − 相位曲线图；（b）B5799 添加脉冲噪声后视电阻率 − 相位曲线图；（c）C3482 原始视电阻率 − 相位曲线图；（d）C3482 添加脉冲噪声后视电阻率 − 相位曲线图；（e）D1139 原始视电阻率 − 相位曲线图；（f）D1139 添加脉冲噪声后视电阻率 − 相位曲线图

2.4　"近源型"畸变数据的空间分布

上述含噪数据特征分析主要在空间单测站的时间域、频率域进行。实际上，噪声在不同测站间的分布并不是各自独立的。当空间上存在多个不同测站时，其电磁场数据中记录了噪声的空间分布特征。本节以庐枞矿集区内的大量 AMT 观测数据为例，以强干扰导致的"近源"型畸变为主要对象，从典型测站的含噪特征、流动测站畸变数据的频域统计、空间域分布等方面对庐枞矿集区相关噪声对平面波阻抗数据的畸变影响进行阐述。

2.4.1　典型测站的"近源型"畸变特征

庐枞矿集区内乡镇密集，各种矿山、采石场、超高压输电线等强干扰大量存在，成为 AMT/MT 数据采集的强干扰源，复杂的非平面波电磁场导致部分测站视电阻率、相位存在明显的近源干扰特征。

图 2-17 给出了实验区内几个受近源干扰典型测站的视电阻率和相位测深曲线。可以看出，①测站 EL161846A 和 FL20184A 两点 xy、yx 两个方向都受到了严重的近源干扰，在低频段 10 Hz ~ 0.35 Hz，电阻率曲线呈 45° 上升，相位趋近于 0。②测站 CL18191A 受到了严重的近源干扰，特别是 xy 方向，在 20 Hz 以下，电阻率呈 45° 上升，相位趋近于 0°；yx 方向，在 10 Hz 以下，电阻率开始呈 45° 上升，相位趋近于 0°；③测站 DLO6215A 的 xy 方向从 100 Hz 开始，电阻率呈 45° 上升，但相位则未趋近于 0°；yx 方向则不具备显著的畸变特征。④各测站两个方向的阻抗数据曲线均较光滑，数据误差棒小。

综上，结合其他大量实验点的观测结果，强相关噪声引起的"近源效应"对平面波阻抗数据畸变影响的一般特征可归纳如下：（1）相对于不相关噪声的影响，相关噪声引起的视电阻率、相位畸变曲线较光滑连续；（2）相对于不相关噪声的影响，相关噪声引起的视电阻率、相位畸变数据误差棒较小；（3）相关噪声引起的视电阻率畸变曲线在等间隔双对数坐标系中随频率的降低呈 45° 角上升 ；（4）相关噪声引起的相位畸变数据趋近于 0。

需说明，相关噪声的影响并不仅局限于"近源效应"一类，如工频干扰等也属于相关噪声，会造成固定频率（如 50 Hz）数据的畸变，在视电阻率、相位曲线中常表现为"飞点"。"近源效应"属于相关噪声中影响最严重的类别之一，其影响空间范围广、频段宽、时间长、规律性强，是本书重点研究的相关噪声。

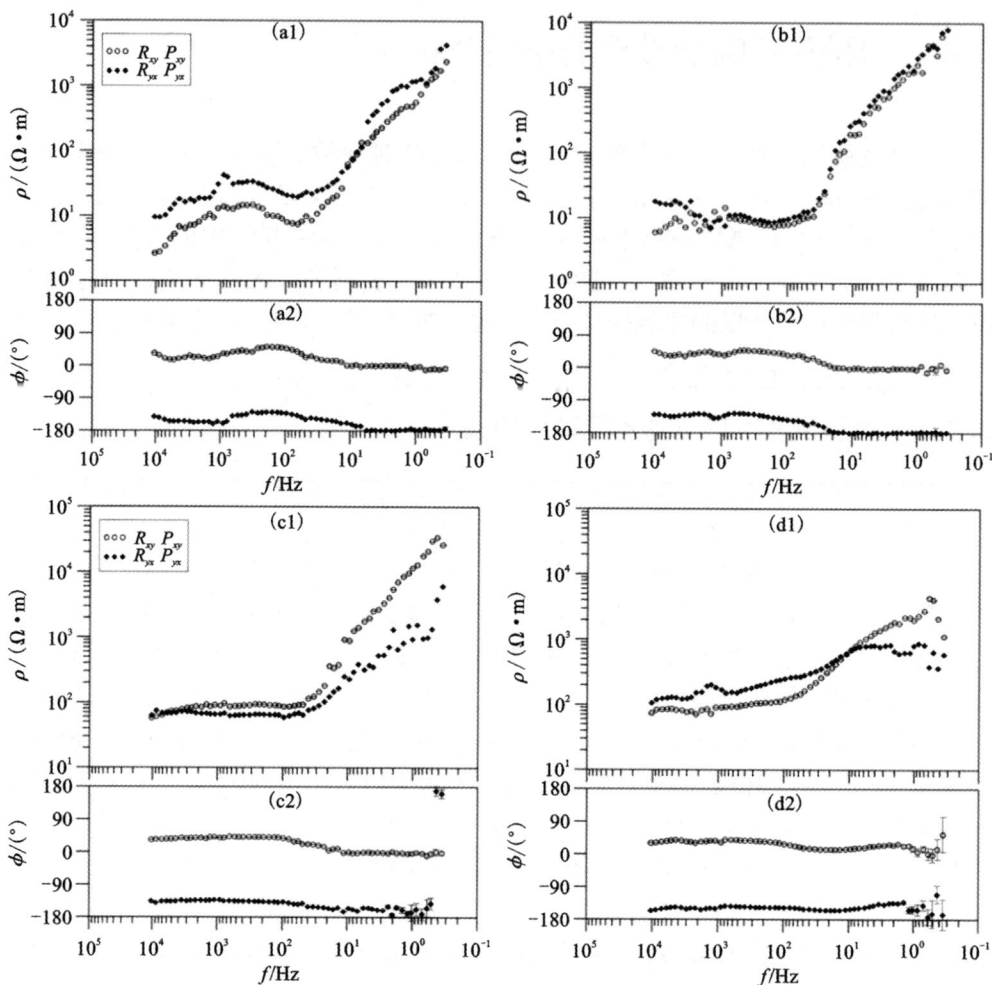

图 2 - 17　受近源干扰的典型测站视电阻率、相位测深曲线

（a1）、（a2）：EL16184A 视电阻率、相位；（b1）、（b2）：FL20184A 视电阻率、相位；（c1）、（c2）：
CL18191A 视电阻率、相位；（d1）、（d2）：DL06215A 视电阻率、相位

2.4.2　流动测站畸变数据的频域统计

为研究强相关噪声引起的"近源效应"对平面波阻抗数据畸变影响的频段，对
庐枞矿集区内的 AMT 流动测站进行了统计，利用上一小节所述的特征对"近源效
应"加以识别，结果如表 2 - 1 所示。

从表中不难看出，（1）庐枞矿集区内 AMT 数据受"近源效应"影响的频段主

要在 100 Hz 以下的中低频段；(2)起始畸变频点主要集中在 10 ~ 1 Hz 以及 100 ~ 10 Hz，这与图 2 - 17 所示的典型结果相吻合；(3)起始畸变频点在 1 Hz 以下的以及 100 Hz 以上的测站相对较少；(4)总体而言，庐枞矿集区内 xy 方向(电场 NW—SE 向)受"近源效应"的影响较 yx 方向(电场 NE—SW 向)大。

对于起始畸变频点的分布不难推测解释，首先，由于流动测站在布设时已注意避让明显的干扰源，因此，在高频段，信号中主要为天然场均匀平面波或噪声场的非均匀平面波，对阻抗数据的畸变作用有限，因此起始畸变频点大于 100 Hz 的测站较少。其次，在中频段，噪声主要为非平面波，会对阻抗数据造成显著的影响，因此受影响测站的起始畸变频点多集中在 100 Hz ~ 1 Hz；特别地，10 ~ 0.35 Hz 为天然音频电磁场的低频"死频带"，天然场信号极弱，进一步放大了非平面波噪声场的影响，这种影响常常从 10 Hz 以上即开始显现，如图 2 - 17 所示的几个典型测站，在 30 Hz 左右即出现明显的"近源效应"畸变。第三，起始畸变频点小于 1 Hz 的测站较少的原因是，低频"死频带"内信号极低，而非平面波噪声场相对较强，故多数含噪测站在 1 Hz 以上即已畸变，起始畸变频点大于 1 Hz；少量测站的起始畸变频点小于 1 Hz 可能是因距离相关噪声源较远所致。

此外，从表中可以看出，尽管庐枞矿集区内干扰源密布，但是仍有大于 1/3 的测站未受到"近源效应"的影响。这表明，通过合理的施工，寻找空间、时间间隙避让干扰源，并采取延长采集时间、大量复测等策略，仍可以在强干扰背景下获得一定数量的有效数据。对于受"近源效应"影响的数据，在后期，可采取更为精细的处理措施进一步提升其数据质量。

表 2 - 1　庐枞矿集区 AMT 原始数据受"近源效应"影响的统计

起始畸变频点 fd/Hz	xy 方向		yx 方向	
	测站数	比例/%	测站数	比例/%
无畸变	811	36.12	939	41.83
$0.35 \leqslant fd < 1$	9	0.40	9	0.40
$1 \leqslant fd < 10$	686	30.56	651	29.00
$10 \leqslant fd < 100$	654	29.13	583	25.97
$fd > 100$	85	3.79	63	2.81
总计	2245	100.00	2245	100.00

注：起始畸变频点并非畸变频段，一般地，在起始畸变频点以下的宽频段内都会受到"近源效应"不同程度的影响。

2.4.3　流动测站畸变数据的空间域分布

通过对实验区内 AMT 测站数据受"近源效应"影响的统计,还可以分析区内含噪数据的空间分布特征。如前文所述,一般地,"近源效应"的影响频段较宽,阻抗数据的畸变起始频点决定于相关噪声源与观测站的距离,而在起始畸变频点以下频段的数据几乎都会受到"近源效应"的影响。因此,起始畸变频点在一定程度上可代表数据的含噪程度以及相关噪声的空间分布。图 2 - 18 给出了测站阻抗数据受"近源效应"影响的起始畸变频点的等值线图。

从图 2 - 18 整体来看,在工区南部、东南部以及西北部,测站 xy、yx 两个方向受到近源干扰的影响较小,进入近区的频率基本在 1 Hz 以下,对 AMT 主要勘探频段 10000 Hz ~ 1 Hz 基本无影响;在测区中西部和东北部,测站 xy、yx 两个方向受到近源干扰较为严重,进入近区的频率基本在 10 Hz 左右,而这些地方都位于罗河铁矿、泥河铁矿,龙桥铁矿和矾山等大型正在开采的矿山,电磁干扰大。

从图中还可以看出,受"近源效应"影响的起始畸变频点较高的区域与庐枞矿集区深部侵入岩的空间分布整体上有相似之处。结合庐枞矿集区主要矿床的分布及侵入岩的高阻特征,不难解释这一现象。一方面在没有近源干扰的情况下,地下介质为高阻时,测深曲线会呈一定程度的上升,同时相位变小,是对地下介质的真实反映;另一方面,电磁波在高阻中衰减得比较慢,在受到同样近源干扰程度的前提下,相对于低阻,测站进入近区的频率较高。而在受近源干扰比较严重的矿区,岩体主要为高阻,二者叠加使得这些区域测站进入近区的频率更高。

需说明,由于强干扰区内噪声源众多且组合复杂,因此上述认识是基于大量数据的统计而得出的总体特征。实际条件下,不同测站的畸变情况仍需视其具体信噪环境而定。

2.5　强干扰区大地电磁数据质量评价

大地电磁数据质量评价是数据处理的核心问题之一。目前,MT/AMT 数据质量评价一般参考相关的行业规范,即中华人民共和国地质矿产行业标准——大地电磁测深法技术规程(DZ/T 0173—1997)和中华人民共和国石油天然气行业标准——石油大地电磁测深法技术规程(SY/T 5820—1999)。在这两份规程中,主要以视电阻率、相位曲线的连续性和数据的标准偏差作为评价参数。具体评价标准摘录于下。

全频段视电阻率曲线和相位曲线的质量评价:

(1) Ⅰ 级,85% 以上频点的数据,标准偏差不超过20%,连续性好,能严格确定曲线;

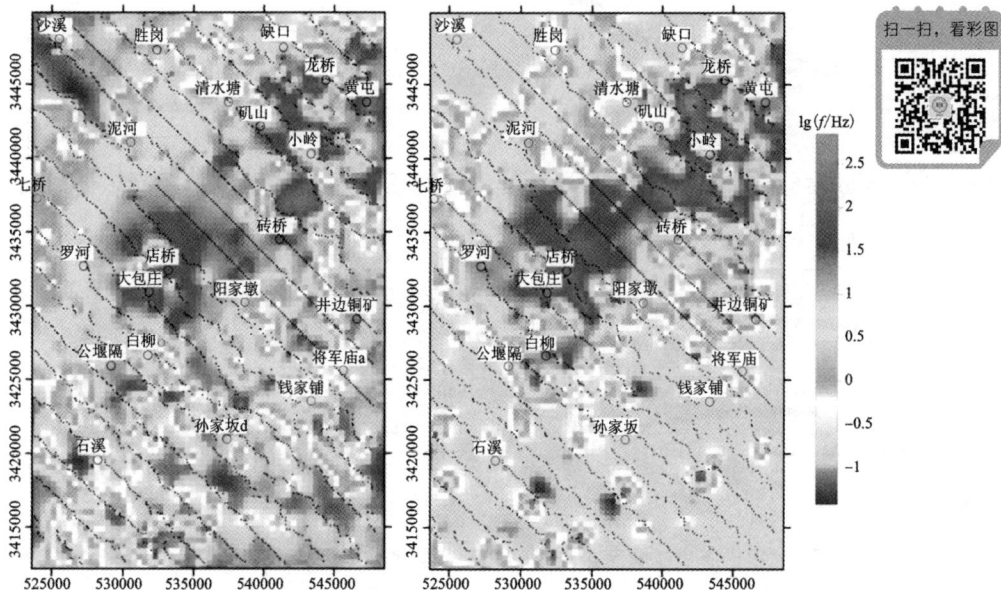

图 2-18　庐枞矿集区 AMT 观测区内"近源"型畸变的影响示意

AMT 观测区的范围如图中黑框所示,图中黑色实心圆点为 AMT 测站位置,空心圆点为主要城镇
的位置;"近源"型畸变的影响以测站阻抗数据起始畸变频点的等值线图进行表达;色标显示了
求对数后的起始畸变频点,-1 以下表示不受"近源"型畸变的影响;左:xy 模式;右:yx 模式

(2) Ⅱ级,75% 以上频点的数据,标准偏差不超过 40%,无明显脱节(不超过 3 个频点)现象,曲线形态明确;

(3) Ⅲ级(不合格),数据点分散,不能满足 Ⅱ级的要求。

观测点质量评价:

Ⅰ级:一个测点的视电阻率和相位四条曲线 Ⅰ级的不少于 2 条,且无 Ⅲ级,观测频段符合设计要求。

Ⅱ级:一个测点的视电阻率和相位四条曲线 Ⅱ级的不少于 3 条,起始频率和低频段符合设计要求。

Ⅲ级:不满足 Ⅱ级的要求。

总体而言,该规范的评价方案明确,在多数情况下是可行的。但是,在强干扰区内,依据该评价方案往往会导致错误的评价结果。如某些明显含噪的数据可被评价为 Ⅰ级点[图 2-19(a)],某些质量较高的点因为标准偏差较大而被评价为 Ⅱ/Ⅲ级点[图 2-19(b)]。显然,在强干扰区上述评价方案仍有改进余地。

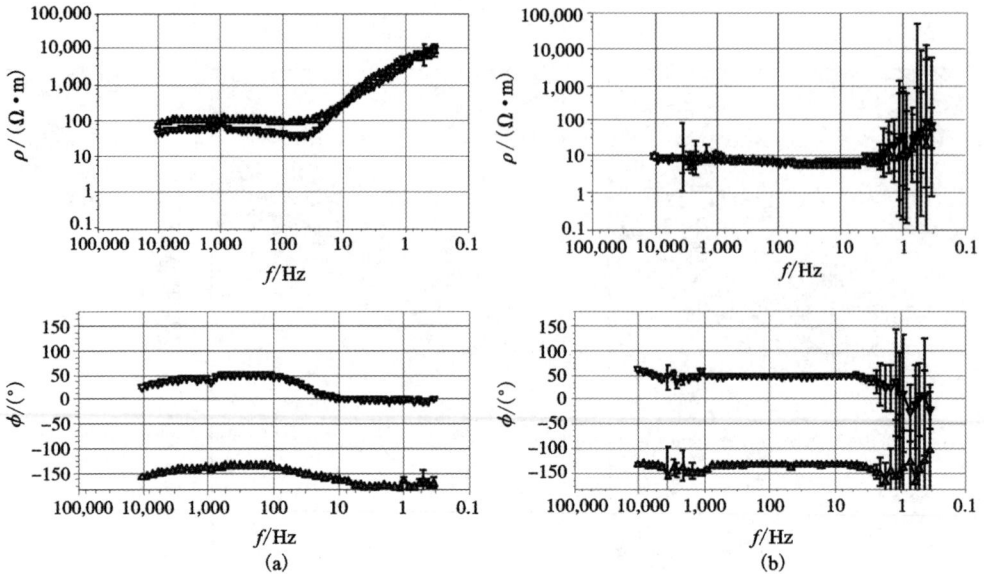

图 2 - 19　庐枞矿集区内典型 AMT 测点的视电阻率、相位曲线

(a)可被误评价为 Ⅰ 级点的含噪测站；(b)可被误评价为 Ⅲ 级点的相对高质量测站

▲: xy 模式，▼: yx 模式

　　综合第 1 章和第 2 章的内容及分析，我们认为，矿集区大地电磁数据含噪特征复杂，畸变形式多样，难以采用单一的指标进行评价。可以采用一种综合指标对数据进行质量评价，包括时间域信号、时频谱分布特点、电磁场极化方向、电磁场强度、电磁场的相干度、阻抗视电阻率及相位等参数。

　　基于前述认识，我们建议采用以下强干扰区 MT/AMT 数据质量评价方案(各参数的具体阈值需视工区干扰背景而定)。

　　全频段视电阻率曲线和相位曲线质量评价：

　　高质量点：时间域变化平稳，能量均匀，无明显跃变；电磁场信号极化方向随机；正交电磁场信号具高相干度；频谱光滑，能分辨出天然场的特征频率；视电阻率、相位曲线连续性好，形态明确，标准偏差小。

　　低质量点：时间域有明显规则或畸变的波形，能量强，跃变明显；电磁场信号极化方向集中；正交电磁场信号具低或过高相干度值；频谱不光滑，不能分辨出天然场的特征频率；视电阻率、相位曲线形态不明确，存在飞点、畸变、脱节等，标准偏差大。

　　中等质量点：介于高、低质量之间，部分参数表征为高质量，部分参数表征为低质量。

　　观测点质量评价：与规范(SY/T 5820—1999、DZ/T 0173—1997)类似。

需要说明的是，该方案是在强干扰区工作做出的经验总结，具体的量化指标仍需进一步充实和完善。

2.6　本章小结

本章总结了矿集区含噪大地电磁数据的畸变特征与数据质量评价。

（1）归纳了强干扰区内的主要电磁噪声源。强干扰区噪声源类型多样，按频率成分可分为直流电及游散电流、宽频交流电及工频交流电等；按活动时长可分为持续性、间歇性及随机性等；按空间结构可分为点状、线状及网状等；按位置属性可分为固定场源和移动场源。

（2）总结了含噪电磁场数据的时间域、频率域及空间分布特征。含噪电磁场数据在时间域常具有显著的形态、振幅、结构及相关性特征；时频谱常表现出不同的时间分段及频率分带特征；频域响应常呈分频带畸变特征，以"近源"型畸变最为典型。噪声影响的空间分布与场源类型、观测方位及地下结构等因素相关。

（3）研究了强噪声对大地电磁数据的畸变影响。根据大地电磁噪声特征，提取了几种典型的时间域噪声；采取时间序列相加的办法，研究了典型噪声对视电阻率 – 相位曲线形态、相干度以及信噪比的影响规律。结果表明，方波、三角波和充放电噪声在 10 Hz ~ 0.01 Hz，阶跃噪声在 1 Hz ~ 0.01 Hz 使大地电磁数据受到近源干扰。脉冲噪声使大地电磁数据全频段的阻抗估算产生剧烈的波动，从而使大地电磁视电阻率 – 相位曲线全频段跳变不连续。

（4）分析了"近源型"畸变的空间分布特征。噪声在空间的分布与场源的类型、观测方位以及地下电性结构均存在相关关系。相关噪声引起的曲线畸变频带宽，可达 100 Hz ~ 0.1 Hz 及其以下频段，1 Hz 左右的 MT"死频带"内受畸变影响最为显著。一般地，"近源"型畸变的起始频点随着观测点与场源距离的减小而升高，并且畸变程度在不同的观测方位下可能存在差异，且受相关噪声影响的数据空间分布与庐枞地区人文干扰源的分布密切相关。

（5）提出了一种综合多参数的强干扰区大地电磁数据质量评价方案。通过实例说明了现有评价方案的不足；依据低噪数据与高噪数据的时频域分布特点与差异，建议采用包括时间域信号、时频谱分布特点、电磁场极化方向、电磁场强度、电磁场的相干度、阻抗视电阻率及相位等参数的综合指标对数据进行质量评价。

第 3 章　强噪声的时间域压制方法

时间域处理是提高 MT 数据质量的重要手段。其策略是先在时间域对原始采集序列进行数据删选或信噪分离，再进行时频转换及阻抗估计。其中最关键的两个技术分别是信噪识别与信噪分离算法。时间域数据形态、结构特征及极化方向等是常用的信噪识别指标。数据删选是在信噪识别后直接剔除含噪时段，适用于非持续性干扰；信噪分离则是通过各种滤波算法提取信号或噪声，对噪声予以剔除或进行降权处理。本章以庐枞矿集区为例，总结了自适应滤波、Hilbert-Huang 变换、数学形态滤波及稀疏分解去噪等几种常用的时间域处理方法。

3.1　自适应滤波

3.1.1　自适应滤波基本理论

1960 年，Bernard Widrow 和 Hoff 发明了最小均方算法（LMS 算法），随后提出了自适应滤波理论（B. Widrow，1966，1970）。它是在维纳（Wiener）滤波和卡尔曼（Kalman）等线性滤波基础上发展起来的一种最佳滤波方法。它的特点是：当输入过程的统计特性未知，或者输入过程的统计特性变化时，能够相应地调整自身的参数，以满足规定的某种准则的要求，从而实现最优滤波。即具有"自学习"和"跟踪"的能力。

经过四十多年的发展，自适应滤波理论技术已趋于成熟，已形成自适应均衡、语音编码、谱分析、自适应噪声消除和自适应波束形成等技术；应用领域也十分广泛，包括通信与雷达、自动控制学、生物医学工程、地震信号处理等。

自适应滤波器最基本、最主要的性质是它的时变、自调整性能。它的实质是定义一种准则，或有序的搜索过程，在信号统计特性未知或随时间变化的情况下，在可能的范围内不断寻找符合条件的最优解。

一般来说，自适应滤波系统是一种时变、非线性系统，特别是其特性与其输入信号有关。当输入信号改变时，输出也会相应改变，并且更重要的是它并不满足叠加原理。对于任意两个不同的信号，自适应系统也会以这两个不同输入的形态和结构进行不同方式的调整。因此，自适应系统无法用通常的方式去表述系统的特性，如频率响应函数等。作为非线性系统，自适应系统有两个不同的特征：

自适应系统是可以调整的，这种调整通常与有限长度信号的时间平均特性有关，而不是取决于信号或内部系统状的瞬时值；自适应系统调整是有目的的，通常是为了优化某个确定的性能测度。当适应过程结束、自适应调整不再进行时，自适应系统会成为线性系统，并称之为线性自适应系统。

　　从整体结构上来说，自适应系统可分为开环自适应和闭环自适应，原理如图 3-1 所示。开环自适应首先要对输入或环境特性进行测量，用测量得到的信息形成一个公式或算法，再用结果去建立自适应系统的调整。而在实际应用中，由于系统的非线性或时变性、信号的非平稳等，并不能提供相关的有用信息用于调整开环系统的参数。闭环自适应则包含了用自身调整和结果的知识去优化一个可量度的系统性能的自动试验，即"自学习"和"跟踪"，这种自适应的性能反馈能使应用的可靠性得以改善。当然，闭环系统的实现存在稳定性的问题，需要对自适应算法进行深入的研究。

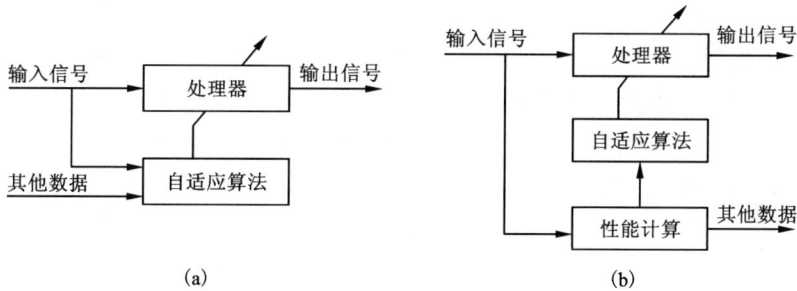

图 3-1　自适应滤波器整体结构

(a)开环自适应；(b)闭环自适应

　　图 3-2 是闭环自适应滤波器的一般情形。自适应滤波原理图中包括两个组成部分：自适应滤波器和自适应算法。k 表示迭代次数，$x(k)$、$y(k)$ 分别为自适应滤波器输入和输出信号，$d(k)$ 定义了期望信号或称为参考信号，误差信号 $e(k)$ 等于 $d(k)$ 与 $y(k)$ 之差。滤波器工作流程是先计算自适

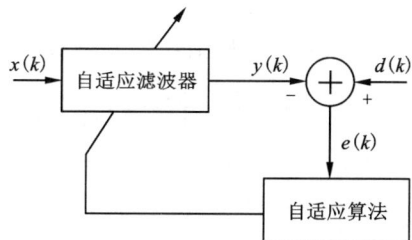

图 3-2　自适应滤波原理图

应滤波器输出对输入信号的响应，通过比较输出结果与期望响应产生估计误差，利用误差信号构造一个自适应滤波器的输出信号的性能函数（又称目标函数），用于确定滤波器系数的适当更新方式，最终使目标函数最小化，即意味着在规定准则上，自适应滤波器的输出信号与期望信号实现了匹配。因此，自适应滤波一般

都包括滤波过程和自适应过程，这两个过程交替进行。

3.1.2 自适应滤波算法

3.1.2.1 LMS 基本原理

由 Widrow 等人提出的最小均方算法是随机梯度算法族的一种，作为自适应滤波算法中的基础算法，其显著特点就是它的简单性，在实现过程中，不需要计算相关函数和矩阵求逆计算，使它成为其他自适应算法的参照标准。原理如图 3-3 所示。

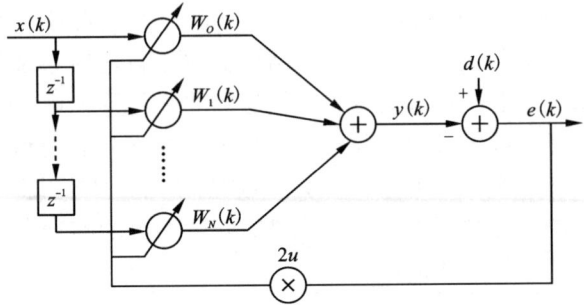

图 3-3 自适应横向 FIR 滤波器

由于不知道抽头输入的相关矩阵 R 和抽头输入与期望响应之间的互相关向量 P 的先验知识，因此不可能每一次迭代都能得到对梯度向量 $g_w(k)$ 的精确估计。最简单的实现方法是使用基于抽头输入向量和期望响应的 R 和 P 的瞬时估计值来估计梯度向量，即

$$R(k) = X(k)X^{\mathrm{T}}(k)$$
$$P(k) = d(k)X(k) \qquad (3-1)$$

其中 $R(k)$ 和 $P(k)$ 分别为 R 和 P 的估计值。得到梯度向量的估计值

$$\begin{aligned} g_W(k) &= -2P + 2RW(k) \\ &= -2d(k)X(k) + 2X(k)X^{\mathrm{T}}(k)W(k) \end{aligned} \qquad (3-2)$$

这时目标函数将会是瞬时平方误差 $e^2(k)$ 而不再是均方误差（MSE）。这样式（3-2）的梯度向量估计值就是真实的梯度向量。因为

$$\begin{aligned} \frac{\partial e^2(k)}{\partial W} &= \left[2e(k)\frac{\partial e(k)}{\partial w_1(k)} \ 2e(k)\frac{\partial e(k)}{\partial w_2(k)} \cdots 2e(k)\frac{\partial e(k)}{\partial w_N(k)} \right]^{\mathrm{T}} \\ &= -2e(k)X(k) \\ &= \hat{g}_W(k) \end{aligned} \qquad (3-3)$$

即 $\hat{g}_W(k)$ 是 $e^2(k)$ 的无偏估计。

则可得到 LMS 算法的更新方程

$$W(k+1) = W(k) + 2\mu e(k)X(k) \qquad (3-4)$$

其中 μ 就是收敛因子（或步长因子），应在一定范围内取值，以保证算法能使抽头权值收敛到最优权值。

至此可得到 LMS 自适应算法的整个流程

表 3 - 1　LMS 算法

参数设定:	收敛因子，步长
μ	滤波器阶数(抽头数)
$m = N + 1$	
初始化:	可以用其他初始化方法
$\boldsymbol{X}(0) = \boldsymbol{W}(0) = [\,0\ 0\ \cdots\ 0\,]^{\mathrm{T}}$	
数据:	k 时刻抽头输入
$\boldsymbol{X}(k) = [\,x(k)x(k-1)\cdots x(k-N)\,]^{\mathrm{T}}$	k 时刻期望响应
$d(k)$	
迭代:	
对于 $k > 0$	
$y(k) = \boldsymbol{X}^{\mathrm{T}}(k)\boldsymbol{W}(k)$	
$e(k) = d(k) - y(k)$	
$\boldsymbol{W}(k+1) = \boldsymbol{W}(k) + 2\mu e(k)\boldsymbol{X}(k)$	

3.1.2.2　RLS 基本原理

1809 年，高斯就提出了最小二乘法，基本原理就是假定有一组分别取自 t_1，t_2，$\cdots$，t_N 的实数据 $u(1)$，$u(2)$，$\cdots$，$u(N)$，最小二乘法要求拟合后的曲线 $f(t_i)$ 与 $u(i)(i = 1, 2, \cdots N)$ 之差的平方和最小。

基于递归最小二乘(RLS)算法的自适应横向滤波器原理如图 3 - 3 所示，RLS 算法的基本原理是在给定 $k - 1$ 次迭代滤波器抽头权向量最小二乘估计基础上，依据新到达的数据计算 k 次迭代权向量的最新估计。RLS 算法的目的在于选择自适应滤波的系数，使观测期间的输出信号 $y(k)$ 与期望信号 $d(k)$ 在最小二乘意义上最匹配。对于最小二乘算法，目标函数为

$$\xi^d(k) = \sum_{i=0}^{k} \lambda^{k-i} e^2(i) = \sum_{i=0}^{k} \lambda^{k-i} [d(i) - \boldsymbol{X}^{\mathrm{T}}(i)\boldsymbol{W}(k)]^2 \qquad (3-5)$$

其中 $\boldsymbol{W}(k) = [\,w_0(k)w_1(k)\cdots w_N(k)\,]^{\mathrm{T}}$ 为自适应滤波器系数向量，$e(i)$ 为 i 时刻的后验输入误差[后验误差通过更新的系数向量计算，即考虑了最近的输入数据向量 $\boldsymbol{X}(k)$]。参数 λ 为指数加权因子，其应满足 $0 \ll \lambda \leqslant 1$。该参数也称为遗忘因子，因为过去的信息对系数的更新来说，其可忽略的程度是不断增加的。每一个误差是由期望信号和采用最近的系数 $\boldsymbol{W}(k)$ 得到的滤波器输出之差所组成。将式(3-5)两边对 $\boldsymbol{W}(k)$ 求偏导，有

$$\frac{\partial \xi^d(k)}{\partial \boldsymbol{W}(k)} = -2 \sum_{i=0}^{k} \lambda^{k-i} \boldsymbol{X}(i) [d(i) - \boldsymbol{X}^{\mathrm{T}}(i)\boldsymbol{W}(k)] \qquad (3-6)$$

令上式为零点，则有

$$-\sum_{i=0}^{k} \lambda^{k-i} \boldsymbol{X}(i)\boldsymbol{X}^{\mathrm{T}}(i)\boldsymbol{W}(k) + \sum_{i=0}^{k} \lambda^{k-i} \boldsymbol{X}(i)d(i) = \begin{bmatrix} 0 \\ 0 \\ \vdots \\ 0 \end{bmatrix} \qquad (3-7)$$

从而得到最优系数向量 $\boldsymbol{W}(k)$ 的表达式为

$$\boldsymbol{W}(k) = \Big[\sum_{i=0}^{k}\lambda^{k-i}\boldsymbol{X}(i)\boldsymbol{X}^{\mathrm{T}}(i)\Big]^{-1}\sum_{i=0}^{k}\lambda^{k-i}\boldsymbol{X}(i)d(i) = \boldsymbol{R}_{\mathrm{D}}^{-1}(k)\boldsymbol{P}_{\mathrm{D}}(k) \quad (3-8)$$

其中 $\boldsymbol{R}_{\mathrm{D}}(k)$ 称为输入信号的确定性相关矩阵，$\boldsymbol{P}_{\mathrm{D}}(k)$ 称为输入信号和期望信号之间的确定性互相关向量。

若直接计算 $\boldsymbol{R}_{\mathrm{D}}(k)$ 的逆矩阵，将会使算法的复杂性很高。可以运用矩阵求逆引理来得到 $\boldsymbol{W}(k)$ 的递推公式。内容如下：

设 $\boldsymbol{A}$ 和 $\boldsymbol{C}$ 为非奇异矩阵，$\boldsymbol{A}$、$\boldsymbol{B}$、$\boldsymbol{C}$ 和 $\boldsymbol{D}$ 是具有合适的维数的矩阵，则

$$[\boldsymbol{A}+\boldsymbol{B}\boldsymbol{C}\boldsymbol{D}]^{-1} = \boldsymbol{A}^{-1} - \boldsymbol{A}^{-1}\boldsymbol{B}[\boldsymbol{D}\boldsymbol{A}^{-1}\boldsymbol{B}+\boldsymbol{C}^{-1}]^{-1}\boldsymbol{D}\boldsymbol{A}^{-1} \quad (3-9)$$

因为

$$\begin{aligned}
\boldsymbol{R}_{\mathrm{D}}(k) &= \sum_{i=0}^{k}\lambda^{k-i}\boldsymbol{X}(i)\boldsymbol{X}^{\mathrm{T}}(i) \\
&= \lambda\Big[\sum_{i=0}^{k-1}\lambda^{k-1-i}\boldsymbol{X}(i)\boldsymbol{X}^{\mathrm{T}}(i)\Big] + \boldsymbol{X}(k)\boldsymbol{X}^{\mathrm{T}}(k) \\
&= \lambda\boldsymbol{R}(k-1) + \boldsymbol{X}(k)\boldsymbol{X}^{\mathrm{T}}(k) \quad (3-10)
\end{aligned}$$

若令 $\boldsymbol{A}=\lambda\boldsymbol{R}(k-1)$，$\boldsymbol{B}=\boldsymbol{D}^{\mathrm{T}}=\boldsymbol{X}(k)$，$\boldsymbol{C}=\boldsymbol{E}$，则有

$$\boldsymbol{R}_{\mathrm{D}}^{-1}(k) = \boldsymbol{S}_{\mathrm{D}}(k) = \frac{1}{\lambda}\Big[\boldsymbol{S}_{\mathrm{D}}(k-1) - \frac{\boldsymbol{S}_{\mathrm{D}}(k-1)\boldsymbol{X}(k)\boldsymbol{X}^{\mathrm{T}}(k)\boldsymbol{S}_{\mathrm{D}}(k-1)}{\lambda + \boldsymbol{X}^{\mathrm{T}}(k)\boldsymbol{S}_{\mathrm{D}}(k-1)\boldsymbol{X}(k)}\Big] \quad (3-11)$$

至此可以得到基于后验误差的 RLS 算法的完整表述：

表 3-2 基于后验误差的 RLS 算法

参数： λ $m=N+1$ δ	遗忘因子 滤波器的阶数 δ 正常数，可为抽头输入信号功率估计的倒数

初始化：

$$\boldsymbol{S}_{\mathrm{D}}(-1) = \delta\boldsymbol{I}$$
$$\boldsymbol{P}_{\mathrm{D}}(-1) = \boldsymbol{X}(-1) = [0\ 0\ \cdots\ 0]^{\mathrm{T}}$$

数据：

$$\boldsymbol{X}(k) = [x(k)x(k-1)\cdots x(k-N)]^{\mathrm{T}}$$
$$d(k)$$

迭代：

对于 $k>0$

$$\boldsymbol{S}_{\mathrm{D}}(k) = \frac{1}{\lambda}\Big[\boldsymbol{S}_{\mathrm{D}}(k-1) - \frac{\boldsymbol{S}_{\mathrm{D}}(k-1)\boldsymbol{X}(k)\boldsymbol{X}^{\mathrm{T}}(k)\boldsymbol{S}_{\mathrm{D}}(k-1)}{\lambda + \boldsymbol{X}^{\mathrm{T}}(k)\boldsymbol{S}_{\mathrm{D}}(k-1)\boldsymbol{X}(k)}\Big]$$

$$\boldsymbol{P}_{\mathrm{D}}(k) = \lambda\boldsymbol{P}_{\mathrm{D}}(k-1) + d(k)\boldsymbol{X}(k)$$

$$\boldsymbol{W}(k) = \boldsymbol{S}_{\mathrm{D}}(k)\boldsymbol{P}_{D}(k)$$

输出

$$y(k) = \boldsymbol{X}^{\mathrm{T}}(k)\boldsymbol{W}(k)$$
$$e(k) = d(k) - y(k)$$

现定义先验误差为

$$e'(k) = d(k) - \boldsymbol{X}^{\mathrm{T}}(k)\boldsymbol{W}(k-1) \tag{3-12}$$

则：

$$\boldsymbol{W}(k) = \boldsymbol{W}(k-1) + e'(k)\boldsymbol{S}_{\mathrm{D}}(k)X(k) \tag{3-13}$$

则有

表 3 – 3　基于先验误差的 RLS 算法

参数：	遗忘因子
λ	滤波器的阶数
$m = N + 1$	δ 正常数，可为抽头输入信号功率估计的倒数
δ	

初始化：
$$\boldsymbol{S}_{\mathrm{D}}(-1) = \delta\boldsymbol{I}$$
$$\boldsymbol{W}(-1) = \boldsymbol{X}(-1) = \begin{bmatrix} 0 & 0 & \cdots & 0 \end{bmatrix}^{\mathrm{T}}$$
数据：
$$\boldsymbol{X}(k) = \begin{bmatrix} x(k)x(k-1)\cdots x(k-N) \end{bmatrix}^{\mathrm{T}}$$
$$d(k)$$
迭代：
对于 $k > 0$
$$e'(k) = d(k) - \boldsymbol{X}^{\mathrm{T}}(k)\boldsymbol{W}(k-1)$$
$$\boldsymbol{\Psi}(k) = \boldsymbol{S}_{\mathrm{D}}(k-1)\boldsymbol{X}(k)$$
$$\boldsymbol{S}_{\mathrm{D}}(k) = \frac{1}{\lambda}\left[\boldsymbol{S}_{\mathrm{D}}(k-1) - \frac{\boldsymbol{\Psi}(k)\boldsymbol{\Psi}^{\mathrm{T}}(k)}{\lambda + \boldsymbol{\Psi}^{\mathrm{T}}(k)\boldsymbol{X}(k)} \right]$$
$$\boldsymbol{W}(k) = \boldsymbol{W}(k-1) + e'(k)\boldsymbol{S}_{\mathrm{D}}(k)\boldsymbol{X}(k)$$
输出
$$y(k) = \boldsymbol{X}^{\mathrm{T}}(k)\boldsymbol{W}(k)$$
$$e(k) = d(k) - y(k)$$

3.1.3　自适应滤波理论在 MT 信号处理中的应用

3.1.3.1　LMS 滤波器的应用效果分析

LMS 算法实现简单，数值稳健性好，但由于仅仅使用信号中的一阶信息量，而使得收敛速率很慢。因此，在实际的 MT 信号资料处理中，运用信号的截取扩展可以解决因收敛慢，在滤波后信号的初始部分引入的额外噪声。

图 3 – 4(a)所示是 EH – 4 连续电导率成像系统在一次测量过程中获取的大地电磁信号，包含两个电道信号和两个磁道信号，采样率为 12 kHz，采样点为 4096 个，每次采集的信号时长约为 342 ms。由于数据采集点位于民用电线的附近，时域波形中，在 100 ms 内有 5 个完整的波形，并呈明显的正弦波变化，信号受到了很强的工频电的干扰。

图 3 - 4(b)所示是对信号进行 LMS 滤波后得到的 MT 信号。其中，LMS 自适应滤波器的阶数 $N = 200$，$\mu = 0.0001$ 时，从时域波形可知，经 LMS 滤波后有效压制了工频干扰。

图 3 - 5 所示是对各道信号 LMS 滤波的前后的频谱分析，结果表明：(1)自适应滤波器对工频电干扰进行了有效的压制；(2)其他频率分量的损失很小。因此，基于 LMS 算法的自适应滤波器能有效地应用于对 MT 信号中工频电干扰的压制。

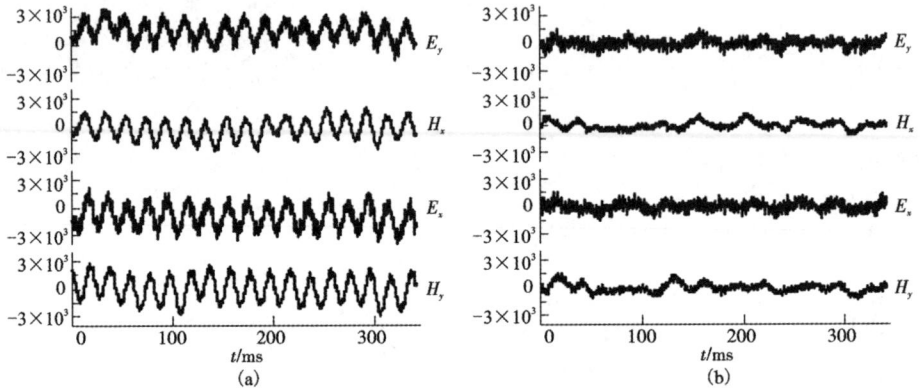

图 3 - 4 LMS 算法的自适应滤波器应用于 MT 实测信号

(a)受工频电干扰的 MT 实测信号；(b)经 LMS 滤波后获得的 MT 信号

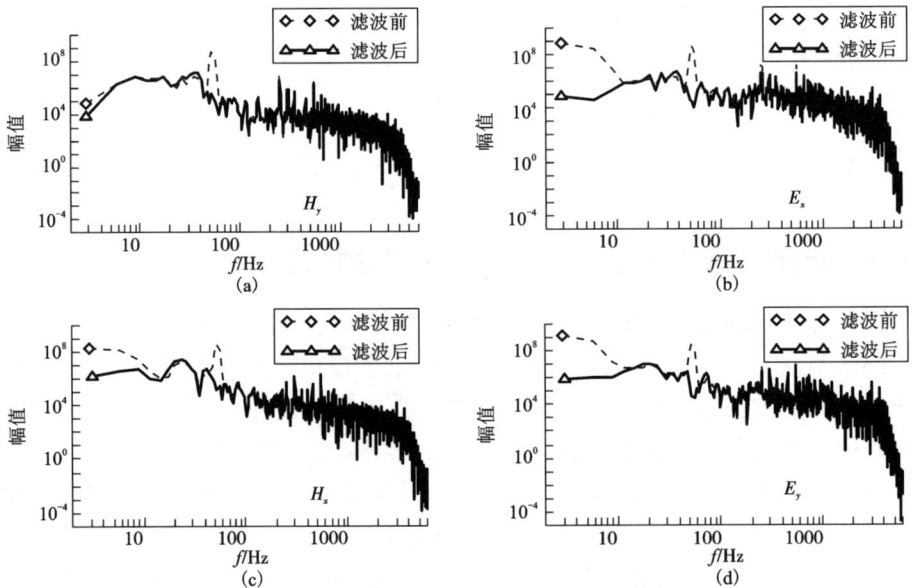

图 3 - 5 受工频电干扰的 MT 信号 LMS 滤波前后幅频谱对比

　　在 MT 信号的采集过程中,按规范要求在数据采集时不极化电极要具有良好的接地条件,磁探头要深埋于地下,然而在实际操作中,受到地形地质条件的影响和限制,很多情况下不能做到。同时水的流动和树林的晃动引起地表的微震,都会在数据采集过程中引入振动干扰。因此,采集信号过程中无可避免地会受到振动干扰影响而出现基线漂移现象。

　　图 3 - 6 给出了 LMS 滤波矫正基线漂移信号示意。图 3 - 6(a)为实测的大地

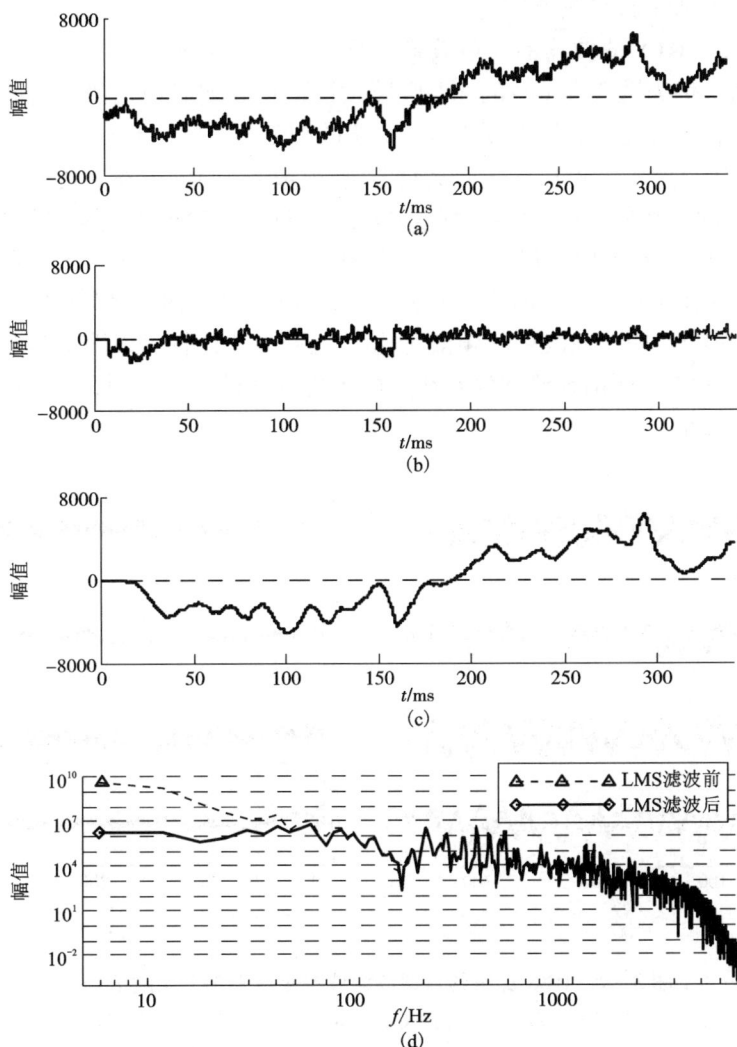

图 3 - 6　LMS 滤波矫正基线漂移信号示意

(a)受到振动干扰的 MT 信号;(b)基线漂移矫正后的 MT 信号;(c)LMS 滤波后基线漂移
分量的估计;(d)基线漂移的 MT 信号经 LMS 滤波前后幅频谱对比

电磁信号,受到不明原因的振动干扰,出现基线漂移现象。图 3 – 6(b)是进行 LMS 滤波后得到的 MT 信号。其中,LMS 算法的自适应滤波器的阶数 $N = 60$,$\mu = 0.0001$,从图可知,细节部分得到了很好的保留。图 3 – 6(c)是 LMS 滤波后得到的基线漂移分量,与信号的总体形态十分吻合。图 3 – 6(d)是 MT 信号经 LMS 滤波前后的频谱图,图中进一步验证了基线漂移表现出的大尺度长周期的特性,并在低频部分积聚了很大的能量。从结果可以看出,基于 LMS 算法的自适应滤波有效地矫正了基线漂移现象。

3.1.3.2 RLS 滤波器的应用效果分析

实测信号仍为图 3 – 4(a)的 MT 信号,由图 3 – 5 对各道信号进行频谱分析的结果来看,信号受到明显的工频干扰,干扰的频率为 50 Hz 左右。

图 3 – 7(a)所示为构造的正弦波信号与原信号之间的关系,其中原信号的幅值与系数 0.001 相乘,滤波完成后再乘以系数 1000。滤波器的阶数为 $N = 16$,遗忘因子为 0.999,初始化策略中 $\delta = 1$,经 RLS 滤波后可得图 3 – 7(b)的结果,与图 3 – 7(b)相比可以看出,RLS 滤波后的 MT 信号形态优于 LMS 滤波后的波形。

图 3 – 8 是经 RLS 滤波后的频谱对比,与图 3 – 5 比较可以明显看出,以构造信号作为参考信号的 RLS 滤波仅对相关的干扰频率进行了压制,对其他频率成分的损失十分微小。

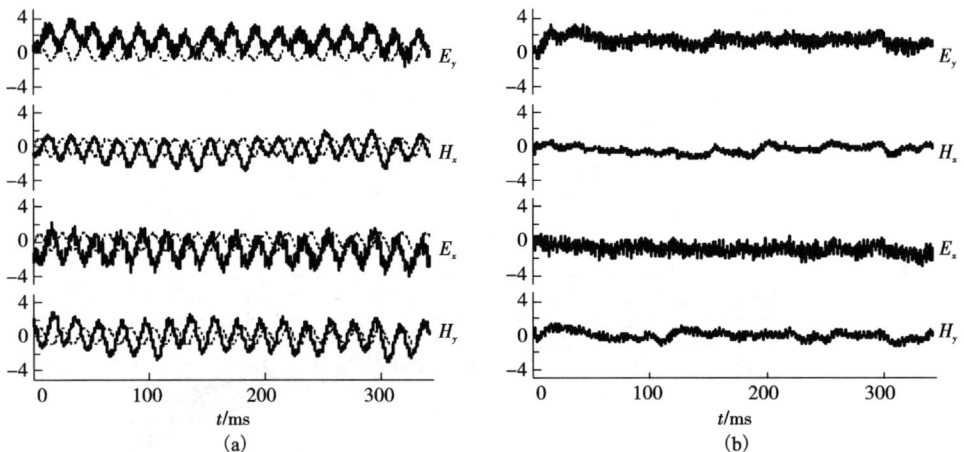

图 3 – 7 RLS 算法的自适应滤波器应用于 MT 实测信号

(a)原始信号与构造参考信号的关系;(b)经 RLS 滤波后获得的 MT 信号

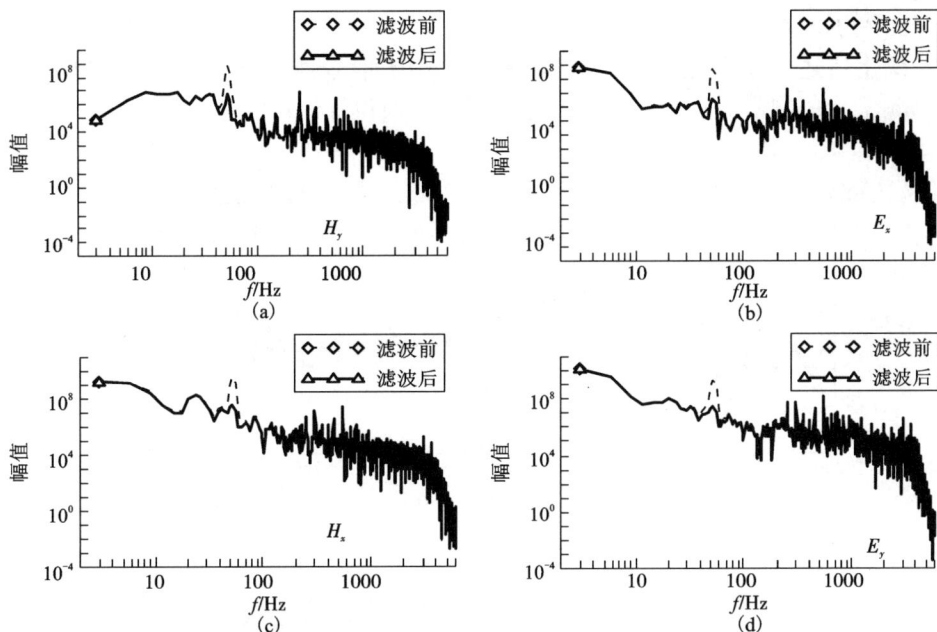

图 3 - 8　RLS 滤波后的频谱图

3.1.3.3　自适应滤波应用实例

通过对 LMS 滤波和 RLS 滤波的应用效果进行分析，可以看出，RLS 滤波对 MT 信号中的工频干扰进行压制后，信号的频谱曲线的形态优于 LMS 滤波。

本节将基于 RLS 算法的自适应滤波器应用于泥河矿区 NH01 线实测的大地电磁信号处理，分析对 MT 信号进行自适应滤波处理后对电阻率、相位和相关度的影响。

NH01 线 73 号点位于民用三相电传输线附近，原始时间序列波形明显受到工频电的干扰，对每道信号做频谱分析后，可以看出信号受到了 50 Hz 左右工频电频率及其奇次谐波的干扰。使用 RLS 滤波器分别滤除 50 Hz 及其奇次谐波的干扰，并对滤除干扰后电阻率、相位和相关度的变化展开研究。

试验测点数据采集过程中，低频段和高频段分别进行了 8 次迭加，中频段进行了 4 次迭加。由于 EH - 4 系统是分时采集，通过读取存有原始时间序列的 Y 文件，共可得到 240 道信号，每道信号有 4096 个采样点。

分别对原始信号中 50 Hz、150 Hz、250 Hz 的周期干扰进行 RLS 滤波，滤波后的 TM 模式的视电阻率、相位的变化如图 3 - 9 所示。在滤波前原始信号电阻率曲线中，250 Hz 的位置电阻率的值有突变，而进行 RLS 滤波后，很明显地看出其电阻率回到了正常位置，整条电阻率的曲线变得更为光滑，处理后的相位曲线同样比原始信号相位曲线光滑。该实例说明，经过 RLS 自适应滤波处理，实测数据的质量得到了改善。

综上所述，自适应滤波技术作为一种常用的信号处理方法，在大地电磁信号的工频干扰压制等方面表现出了一定的能力，值得深入研究与应用。

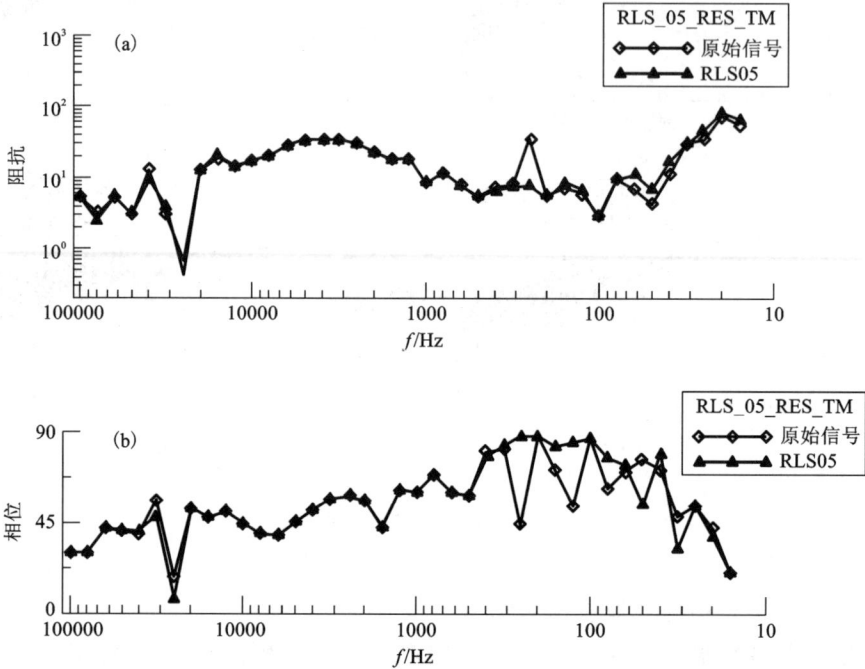

图 3 - 9　RLS 滤波器压制 50 Hz 及 3 次、5 次谐波干扰前后 TM 模式的视电阻率(a)、相位(b)曲线

3.2　Hilbert-Huang 变换

3.2.1　Hilbert-Huang 变换基本原理

大地电磁测深法数据处理以往均是基于傅立叶变换 - 功率谱估计的数据处理方法，这种方法是以对 MT 信号具有线性、平稳性和最小相位性特征为前提条件。近年来国内外学者已经证明 MT 信号具有非平稳性、非线性、非最小相位特性，这些特性与传统大地电磁数据处理的要求相背离，那么采用传统的数据处理方法处理资料，处理结果存在如下问题：①对于非平稳信号采用傅立叶变换处理，信号的局部特性不能有效反映。②对于非线性、非高斯信号，不能充分获取隐含在信号中的信息；③对于非高斯、非最小相位特征信号，处理结果不能有效反映原信号的非最小相位的特点。为了解决上述问题，黄锷(N. E. Huang)发明的"希尔

伯特 – 黄变换法"(Hilbert-Huang Transformation, 简称 HHT)是处理非平稳、非线性信号的有效方法。简单地说 HHT 信号分析处理的两个主要步骤:

首先,采用经验模态分解方法(empirical mode decomposition method, 简称 EMD)分析时间序列(信号),自适应地计算获得有限数目的固有模态函数(intrinsic mode function, 简称 IMF)。然后,对每一阶 IMF 进行 Hilbert 变换,计算瞬时频率,获得信号的时 – 频谱(Hilbert 谱)。

瞬时频率只是针对单分量信号(monocomponent)才有意义,经验模态分解方法分解后得到的 IMF 必须满足下列两个条件:

①在整个时间域范围内,每个 IMF 的数据极值点数量和过零点数量必须相等或只相差一个;

②在整个时间域的任意时刻,由极大值点定义的上包络线、由极小值点定义的下包络线对称于时间轴。

满足上述两个条件的信号为单分量信号,可以求取瞬时频率。

EMD 分解是希尔伯特 – 黄变换的关键,该方法实现信号自适应分解的流程:首先,自动搜寻信号的极值和对应的时刻;然后,采用数值拟合方法,获得时间域信号的上、下包络线;最后,计算上下包络线在对应时刻上的平均值,获得平均值曲线 m_1。

假设有一时域信号 $x(t)$,那么

$$x(t) - m_1 = C_1 \tag{3-14}$$

从原理上来分析,C_1 为第一阶固有模态函数 IMF,原始信号 $x(t)$ 减去 C_1 即可得到信号的逼近分量 R_1。

$$x(t) - C_1 = R_1 \tag{3-15}$$

对 R_1 重复上述过程,依次得到第二阶、第三阶……第 n 阶固有模态函数 IMF 和一个逼近分量 R_n。因此,原始信号可由下式表示:

$$x(t) = \sum_{i=1}^{n} C_i + R_n \tag{3-16}$$

EMD 信号分解过程其实就是一个多尺度滤波的过程,不同阶固有模态函数 IMF 均反映了信号在时域的不同特征尺度的内在特征。EMD 分解后,就可以对每一阶固有模态函数 IMF 进行 Hilbert 变换。

$$y(t) = \frac{1}{\pi} p \int \frac{x(t')}{t - t'} \mathrm{d}t' \tag{3-17}$$

将原始信号 $x(t)$ 和 Hilbert 变换后 $y(t)$ 组合为一解析信号 $z(t)$:

$$z(t) = x(t) + \mathrm{i}y(t) = A(t)\mathrm{e}^{\mathrm{i}\theta(t)} \tag{3-18}$$

其中

$$A(t) = \sqrt{x^2(t) + y^2(t)} \tag{3-19}$$

$$\theta(t) = \arctan\left(\frac{y(t)}{x(t)}\right) \tag{3-20}$$

$z(t)$采用极坐标方式表示，其反映了 Hilbert 变换的物理含义：它是通过正弦曲线的频率和幅值调制获得信号局部信息，HHT 将瞬时频率按如下公式定义：

$$\omega(t) = \frac{\mathrm{d}\theta(t)}{\mathrm{d}t} \tag{3-21}$$

对所有固有模态函数 IMF 进行 Hilbert 变换，按式(3-17)~式(3-21)求出相应幅值谱、瞬时频率，信号 $x(t)$ 可以通过表示下列公式表达：

$$x(t) = \sum_{j=1}^{n} a_j(t) \mathrm{e}^{\mathrm{i}\int \omega_j \mathrm{d}t} \tag{3-22}$$

式(3-22)为信号的幅值、时间和瞬时频率之间的相关关系，该式也显示出HHT 在本质上是 FFT 的一种扩展形式。

3.2.2 基于 HHT 能量谱筛选大地电磁数据时间序列

通过 EMD 方法处理大地电磁时间序列(Y 文件)，可以获得有限数目的分段固有模态函数(IMF)，每一个 IMF 表征了 MT 信号在时间域不同尺度参数上的形态。

图 3-10 为实测 AMT 电场信号的 EMD 分解示意图。图 3-10(a)中该信号通过 EMD 方法自适应地分解为 9 阶固有模态函数，表征时间域不同尺度参数上的电场信号形态。图 3-10(b)是信号与 9 个 IMF 信号的对应的频谱图，由图可知各个 IMF 分量的频谱不同，第一阶到第九阶 IMF 的频谱信息依次体现为高频到低频，与时间域不同尺度参数信息对应。因此，EMD 分解过程本质上也是信号从高频到低频的层层滤波过程。

由于实际观测到的 MT 信号具有非线性、非平稳特征，为此在采集过程中往往出现 MT 电磁场信号强度不稳定、信噪比低的情况。为了解决该问题，一般在数据采集时采用长时观测信号、相干平均的方法提高数据稳定性，然而如果所采集大部分时段信号差，那么传统方法不能改善数据质量。因此，如何有效筛选信号强度大、相关性好的时段资料进行数据处理，是改善数据质量的关键。

图 3-11 为某 AMT 测点长时观测的不同时段 MT 电场低频信号通过 HHT 变换后得到的时间-频率-能量分布图，其中图中亮色表示能量，越亮的部分代表越高的能量，反之能量越低。分析图 3-11(a)可知，在低频段(10 Hz~1000 Hz)范围内，电场信号在整个时域(350 ms 内)能量分布均匀，信号强度大；图 3-11(b)为该测点另一时段的时间-频率-能量分布图，在低频段(10 Hz~1000 Hz)范围内，电场信号在整个时域(350 ms 内)能量分布不均匀，部分时段信号强度小。通过时间-频率-能量分布图能快速筛选同一测点不同时间段信号，选择能量分布均匀、信号强度大时段资料进行处理，剔除能量分布不均匀的时段信号，

以上过程是基于 HHT 筛选 MT 时间序列的基本步骤。

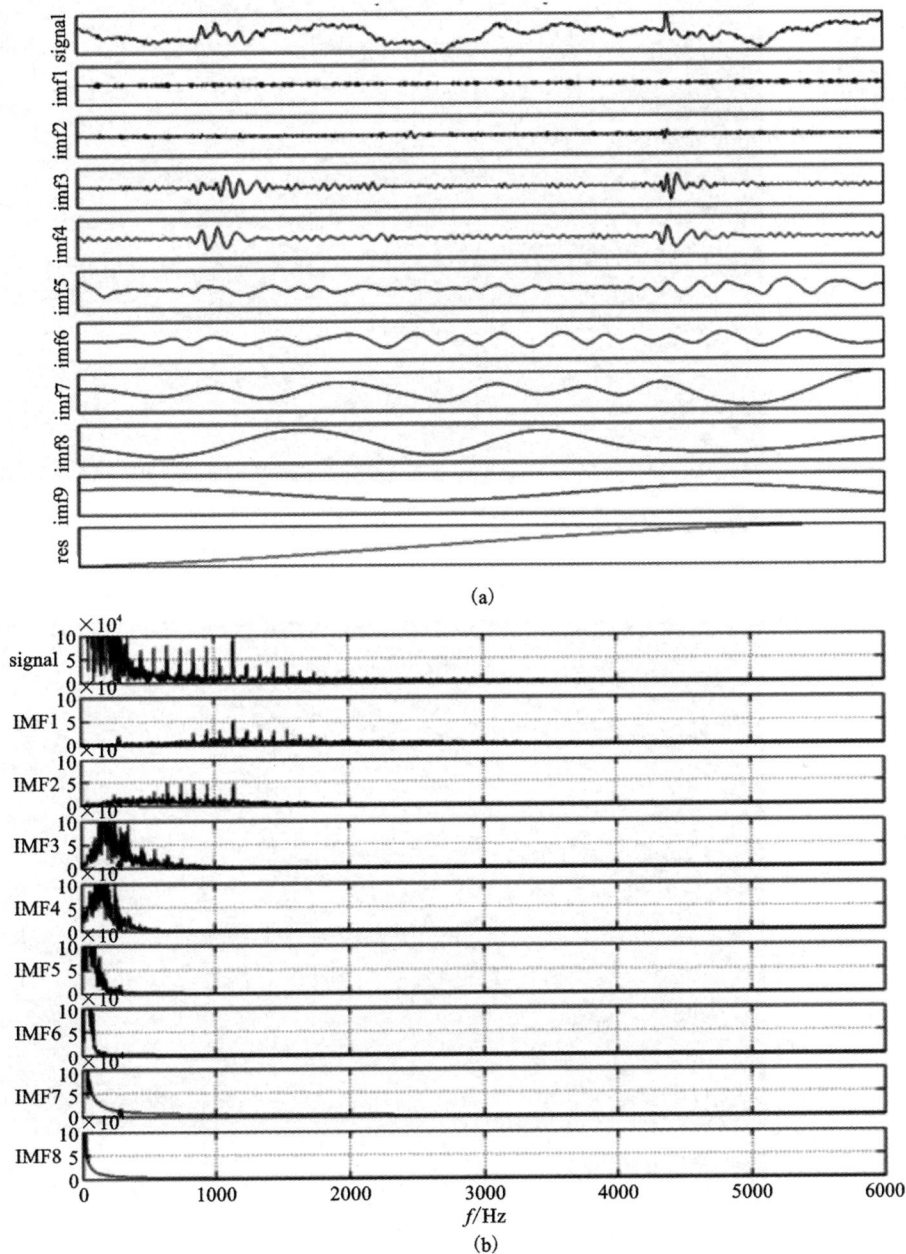

(a)

(b)

图 3－10　实测 AMT 电场信号的 EMD 分解

(a)时间序列的 EMD 分解；(b)信号和各阶 IMF 振幅谱

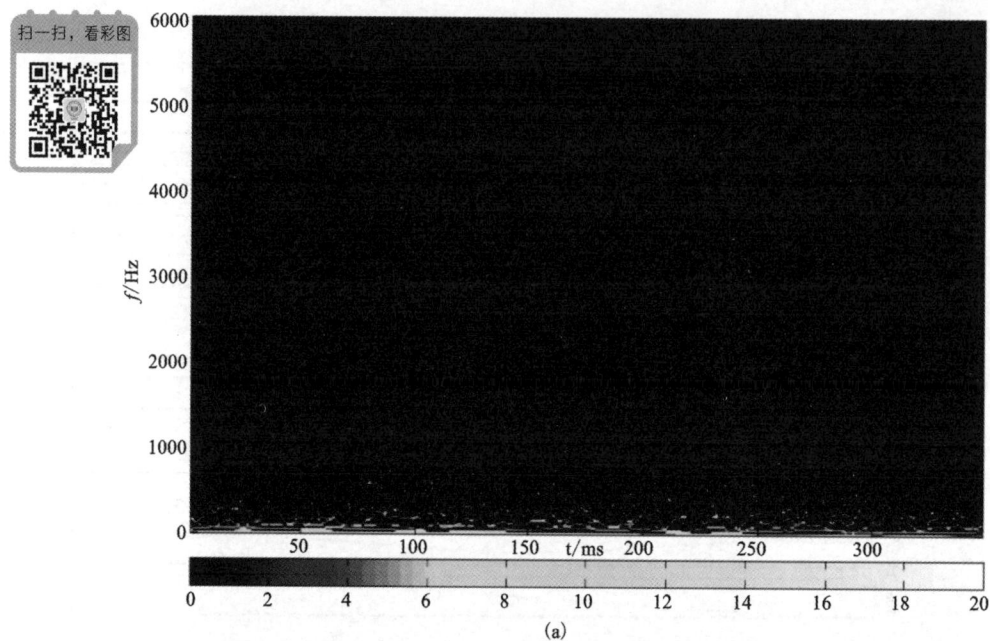

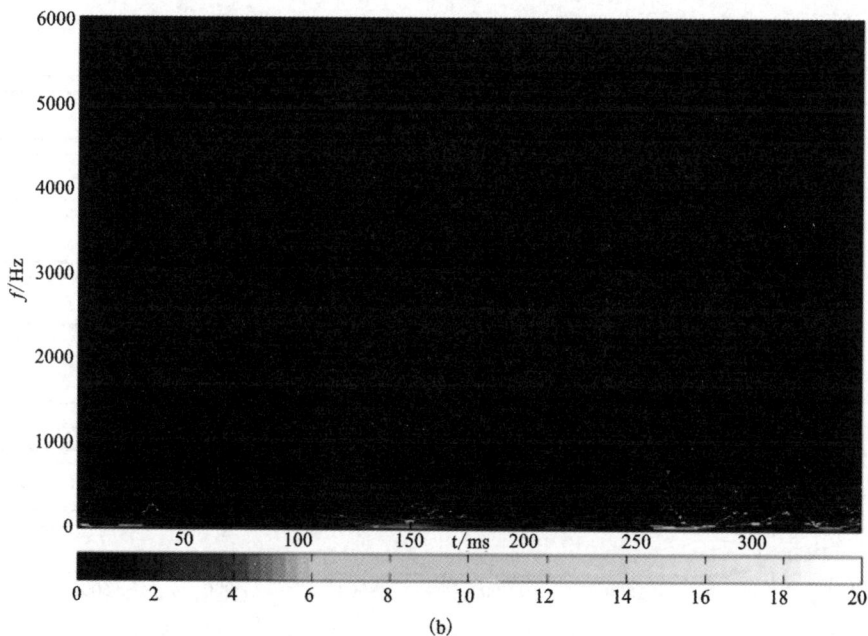

图 3－11　实测 AMT 数据能量随时间频率分布图

（a）某段数据能量随时间频率分布图；（b）另一时段能量随时间频率分布

在数据处理过程中，如果我们选用信号强度大、信噪比高的资料段进行数据处理，即利用 HHT 特性，以每段时间序列的时间–能量–频率三维图为依据来筛选数据，去除能量分布不均匀的信号，这样必定有利于提高数据解释的精度。

图 3–12 给出了基于 HHT 方法筛选 MT 时间序列数据处理结果和原始时间序列处理结果的对比，其中"◆"筛选后结果，"●"为原始结果。图 3–12(a)反映了筛选信号的相关度基本在 0.9 以上，极大地改善了信号质量，图 3–12(b)反映了筛选后数据的电阻率曲线较为平稳，且有较高的信号相关度为保障，数据精度大为提升。

综上可知，基于 Fourier 变换传统方法难以完成上述过程，这是因为傅立叶变换使用的是一种全局变换，要么完全在时域要么完全在频域，因此无法同时表述信号的时–频分布特性，而时频特性对非平稳信号来说是非常重要的。Hilbert-Huang 变换能够很好地解决上述问题，该方法能够反映信号的局部特性，并且通过该变换的 Hilbert 谱能清晰地刻画信号能量随时间、频率的分布。可以利用能量随时间、频率的分布关系选取信号强度大的资料段进行数据处理，同时 HHT 的关键技术是经验模态分解方法(EMD)，EMD 可以解释为以信号的极值特征尺度为度量的筛分过程，信号从最小的特征尺度进行筛分，从而获得最短周期的固有模态函数(IMF)，随后经过一层层的筛分，可以获得周期长度逐渐增大的多阶 IMF，这个过程也体现了多分辨分析的滤波过程。EMD 在本质上表现为对信号的时空尺度滤波，时空尺度滤波能够充分保留信号本身所固有的非线性和非平稳性特征，并具有自适应性强，对信号的类型没有限制的特点。利用 EMD 的多尺度滤波特征，可以有效地除去信号的噪声干扰，充分保留信号的局部特征；更进一步地利用门限阈方法，可以达到非常理想的去噪效果。

3.2.3　HHT 在大地电磁测深数据处理中的应用

通过对大地电磁信号的特征分析，大地电磁信号具有非平稳性、非线性、非高斯性和非最小相位性，这些特性背离了常规的功率谱估计方法的假设，那么这样处理信号就会引起无法预知的后果，这就需要我们针对原始时间序列做处理，最简单最直接的方法是引进先进的处理非平稳、非线性的数字信号处理方法[短时傅立叶变换(STFT)、小波分析、Wigner-Ville 分布、Hilbert-Huang 变换]。

根据上节的理论介绍，HHT 是一种有效的非平稳信号处理方法，目前该方法已成功应用于各种非平稳信号的处理，如航天、生物医学、地震勘探、金融分析等取得了很好成效，与 STFT、小波分析的对比见表 3–4。

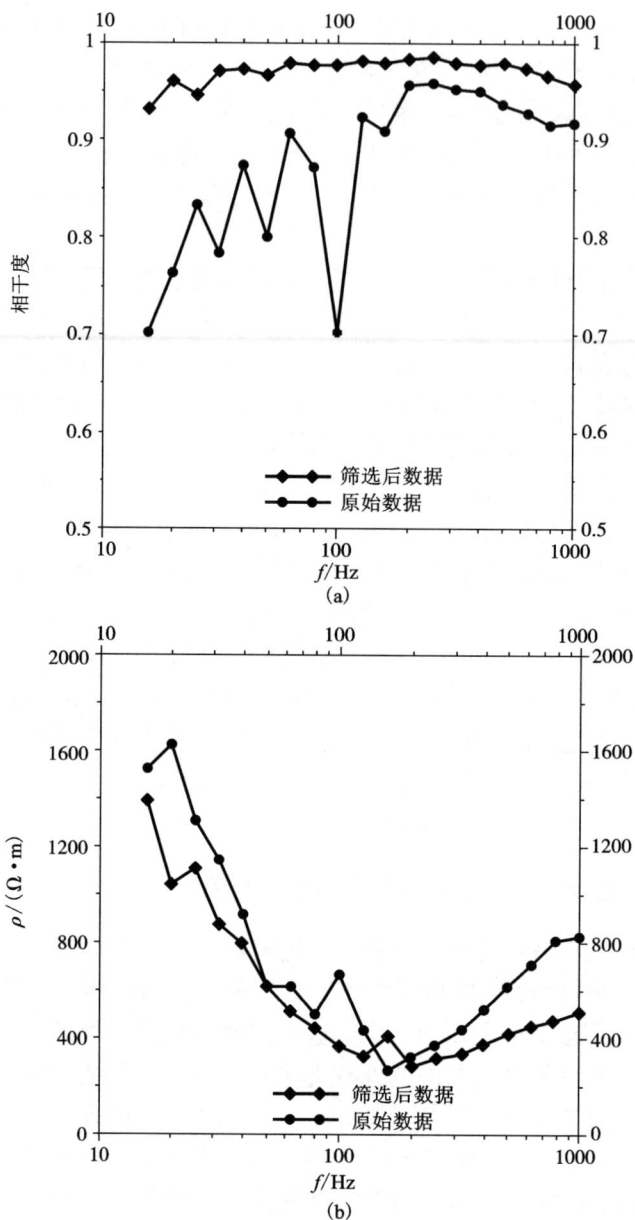

图 3 – 12   HHT 时间序列数据处理前后结果对比

(a)信号相关度对比;(b)TM 模式电阻率对比

表 3 - 4　傅立叶变换、小波变换、HHT 特性对比

	傅立叶变换	小波变换	HHT
基函数	先验设定	先验设定	自适应
频率	全局的	区域的	局部的
表示	能量 - 频率	能量 - 频率 - 时间	能量 - 频率 - 时间
非线性	否	否	是
非稳态	否	是	是
特征提取	否	是	是

根据表 3 - 4，HHT 在同等环境下要比 STFT、小波分析优越，其信号分解的过程是自适应的，且不用如小波分析要选取最佳的小波基，本节主要讨论 HHT 在高频大地电磁测深数据处理中的应用。

1) 工频电干扰信号矫正

图 3 - 13 所示为实测工频干扰信号的矫正示意。图 3 - 13(a) 中磁场、电场信号具有周期性正弦波动特征，波动周期约为 20 ms，是典型的工频电干扰信号。利用 HHT 变换的 EMD 算法，自适应地分解为 5 个 IMF，各分量时间信号如图 3 - 13(b) 所示，将分解后的信号进行时频转换，得到 IMF 分量的 Fourier 振幅谱 [图 3 - 13(c)]，IMF1 和 IMF2 表征信号的高频段信息，保留了信号的细节成分，IMF3 在频域 52 Hz 处出现明显波峰值，且频谱信息相对单一，可判断 IMF3 主要为工频干扰所致信号。图 3 - 13(d) 为该信号的时间 - 频率 - 能量图，在整个时域内频率为 50 Hz、300 Hz 左右时信号能量很强，其他时段、频段信号能量相对较弱。显然工频干扰能量巨大，很大程度上压制了有用信号的采集，所以实际中应避开工频电网进行数据采集。

利用 EMD 方法压制工频干扰步骤：首先采用 EMD 方法将 MT 信号自适应分解，通过时频工具分析各阶 IMF 的波形、频谱特征，找到主要受工频干扰的 IMF，在频谱上表现为单峰窄带信号，将该阶 IMF 完全置零，然后依次将其他阶 IMF 相加作为新的信号，图 3 - 13(e) 为去除 IMF3 后重构信号。

2) 振动干扰信号矫正

大地电磁法属于微弱信号检测领域，传感器的灵敏度高，轻微的震动或扰动就会引起电磁场信号变化。图 3 - 14 给出了振动干扰信号的去噪示意。图 3 - 14(a) 中 Hxt 信号扰动为典型的振动干扰。抽取干扰信号 Hxt，采用 EMD 方法进行信号分解，图 3 - 14(b) 为干扰信号的 EMD 分解示意图。一般情况下，EMD 分解残差 (residual) 应为一条直线，但由于受振动等随机干扰，该类干扰信号在时域上表现为大尺度形态，在频域中表现为低频特征，EMD 分解残差其实为信号在时域

最大尺度的形态，正好对应随机振动所产生的影响。因此，去除随机振动干扰，即将 EMD 分解残差(residual)设为零，然后将各阶 IMF 累加得到校正后信号，如图 3 - 14(c)所示。由图可知，矫正后的信号既保留了其具体的细节信息，同时又有效剔除了振动干扰。

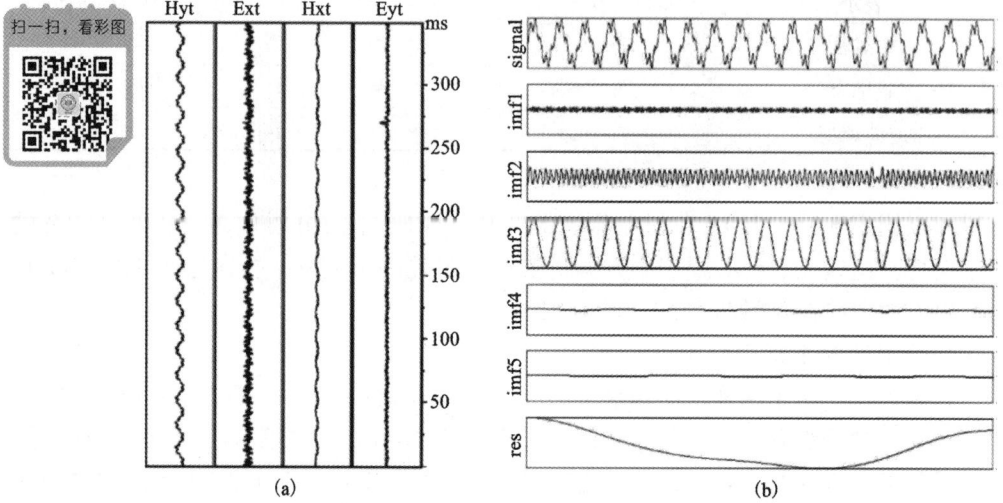

(a)

(b)

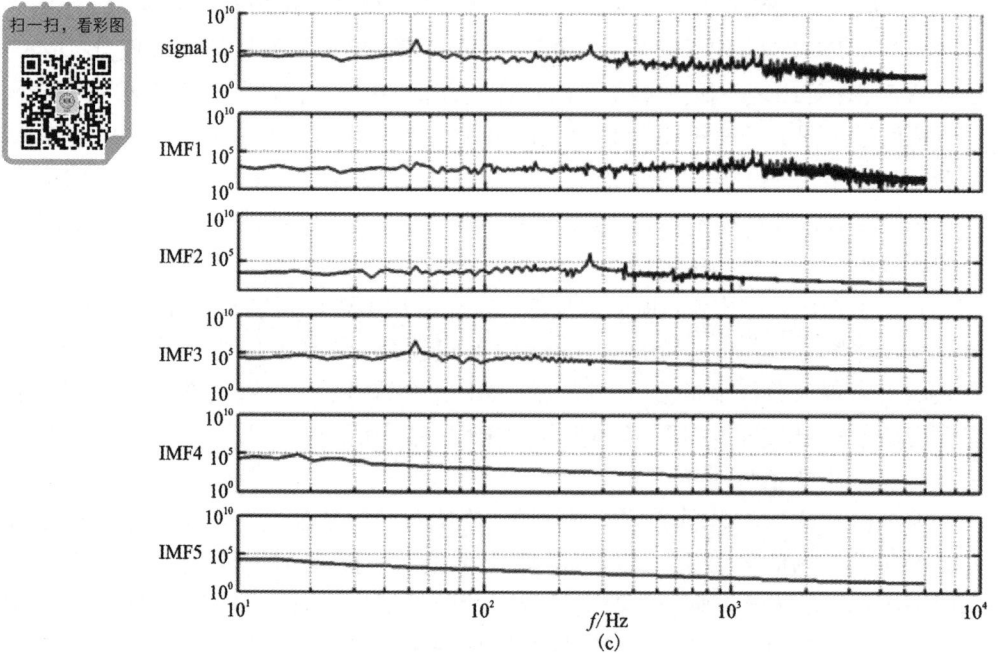

(c)

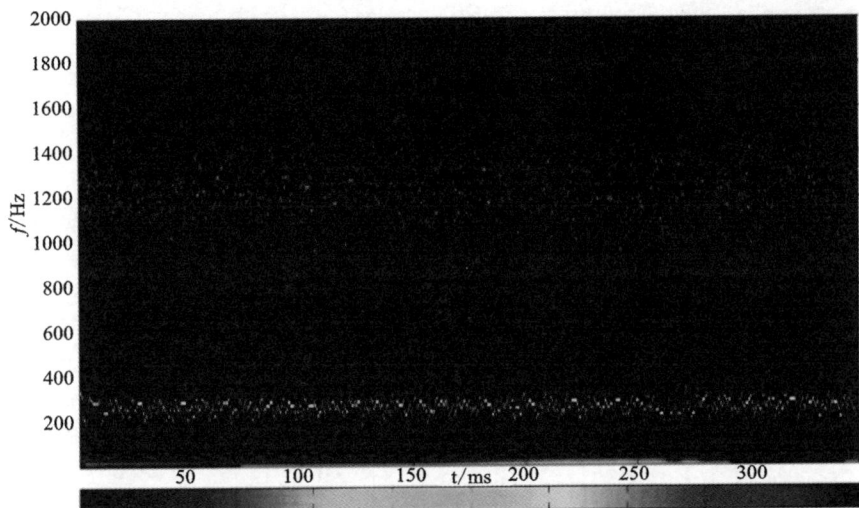

(d)

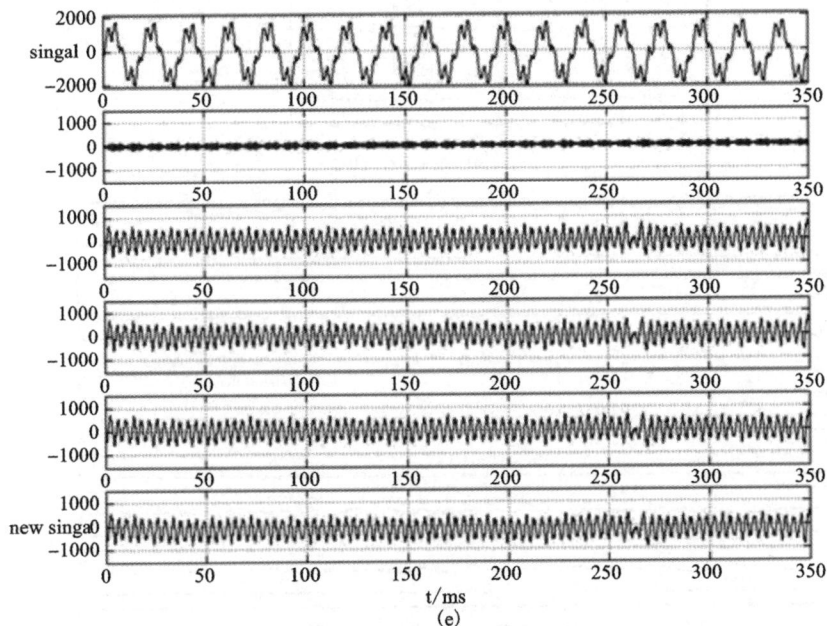

(e)

图 3 - 13　实测工频干扰信号矫正示意

（a）工频干扰信号示意；（b）干扰信号分解示意图；

（c）信号及其 IMF 分量的 Fourier 振幅谱；（d）工频干扰信号能量随时间频率分布图；（e）重构信号示意图

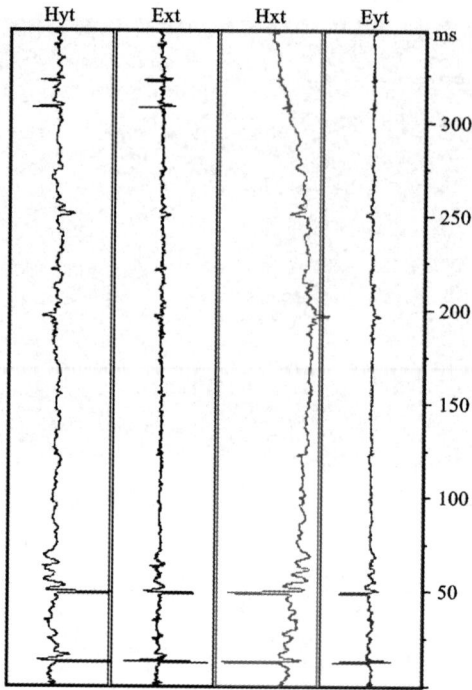

(a)

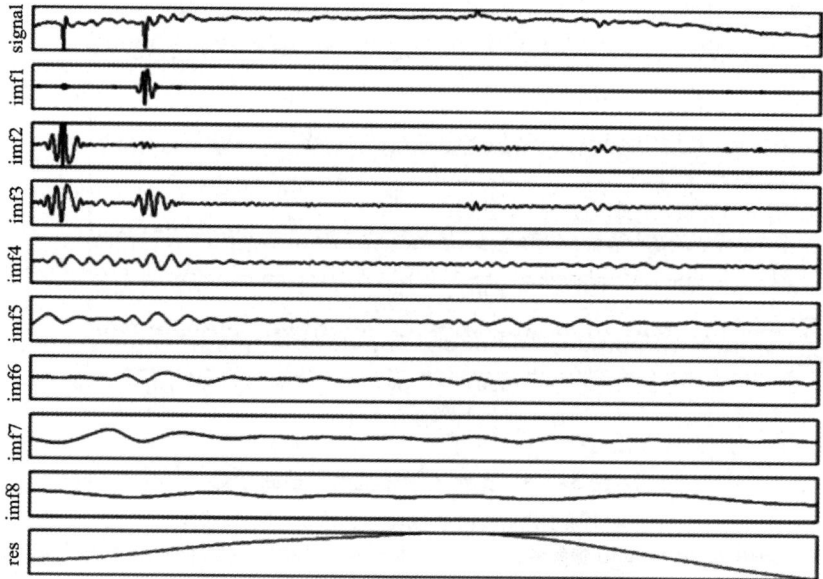

(b)

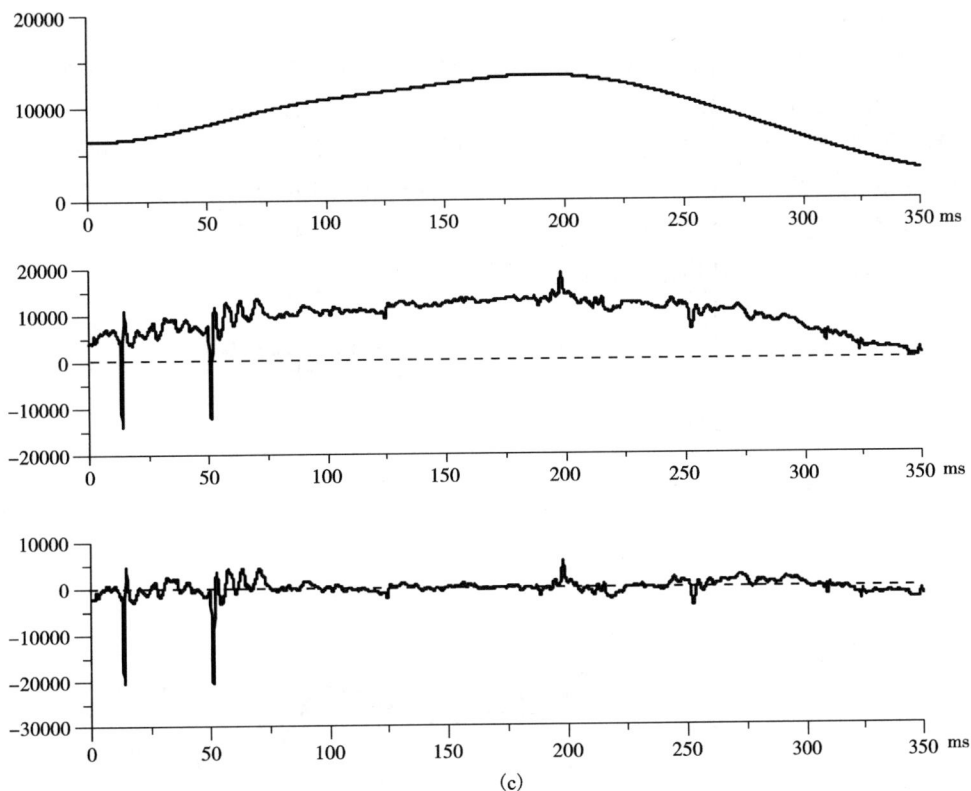

图 3 – 14　振动干扰信号的去噪示意图

（a）振动干扰示意图；（b）振动干扰信号的 EMD 分解示意图；（c）振动干扰信号的去噪示意图；上：
MT 信号 EMD 分解残差曲线；中：MT 信号受振动干扰示意；下：通过振动矫正后的信号

3.2.4　实测点大地电磁资料处理

实测数据来自内蒙古某地。图 3 – 15 对比了内蒙古某地同一测点数据经
HHT 时频谱处理前后计算的响应曲线。原始数据曲线为未经筛选的数据通过多
次叠加求平均后计算的视电阻率曲线和相位曲线；处理后的曲线为利用 Hilbert
时 – 频能量谱对数据进行时段筛选，筛选信噪比高、能量较强且分布均匀的数据
段计算的视电阻率和相位曲线。筛选过程如下：EH – 4 采集的数据存储格式形如
$12288 \times 4 \times n$，其含义是采集四道信号，共叠加了 n 次（包括高频，中频和低频的
采样），每次迭加共有三屏，每屏共有 4096×4 个数据。筛选时，以每一道的一屏
数据，即 4096 个数据点为基本数据段，进行筛选。对每段信号进行 EMD 分解，
观察各 IMF 分量的特征，并计算得到每段信号的 HHT 时频谱，分析其 IMF 分量
和时频谱特征，进行信噪识别和平稳度分析，丢弃信噪比低和能量分布不均匀的

信号段。对每段信号都进行如上的操作，保留数据品质较好的数据段。最后筛选出信噪比高、能量较强且分布均匀的数据段做进一步的谱估计和阻抗估算等。

对比筛选前后数据计算的参数曲线：筛选前后曲线的形态趋势和数量级保持一致，但四条原始数据计算的响应曲线在低频段跳跃较大（如 100 Hz 以前的几个频点估算的参数误差棒较大），而筛选后的响应曲线都较为平滑，方差都得以减小，数据精度大为提高。这表明用 HHT 时频谱对数据进行筛选的方法是合理和有效的，能够提高大地电磁观测数据的质量。

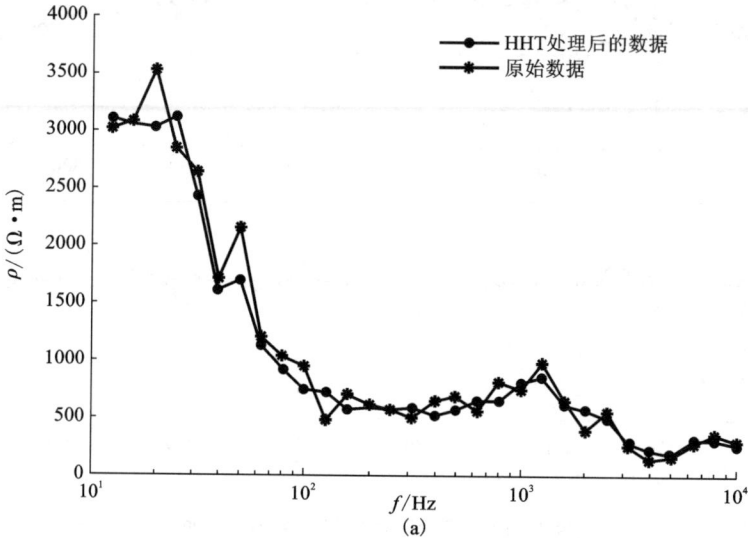

(a)

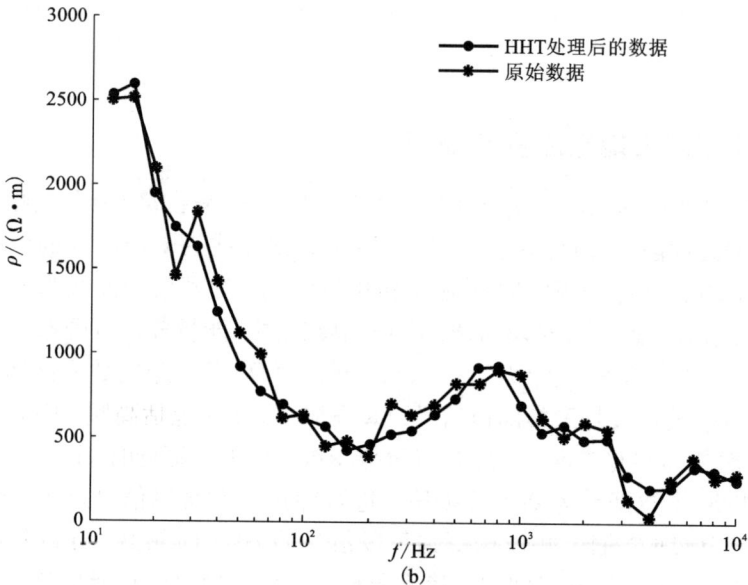

(b)

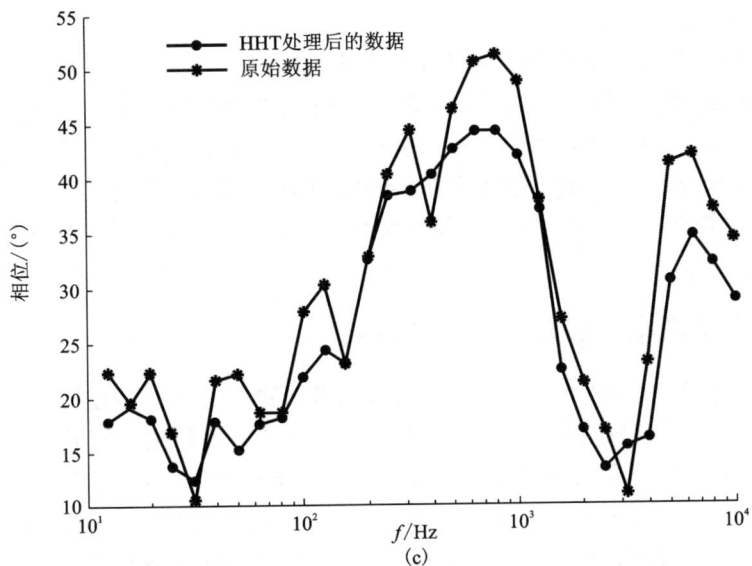

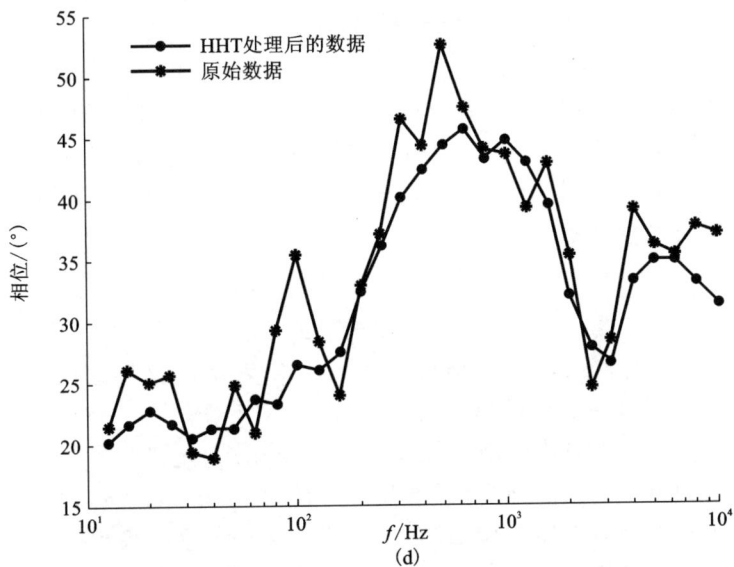

图 3 – 15　内蒙古某测点数据时段筛选前后计算的视电阻率和相位曲线对比

(a)ρ_{xy}曲线；(b)ρ_{yx}曲线；(c)φ_{xy}曲线；(d)φ_{yx}曲线

3.3 数学形态滤波

数学形态学是一种非线性信号分析方法，与傅立叶变换和小波变换相比，算法完全从时域出发，仅针对信号本身的形态特点进行特征分析。数学形态学能有效提取暂态信号中的奇异信号，且只进行加、减和比较运算，计算速度快，这些优势对于矿集区海量大地电磁强干扰的压制具有特别重要的意义。本节将运用这种新型的数字信号处理技术对实测的大地电磁强干扰进行信噪分离研究，验证算法的有效性。

3.3.1 广义形态滤波器的定义与构建

数学形态变换能将复杂的待处理信号与背景进行分离，并在拆解成若干个具有不同物理意义成分的同时，对信号本身所固有的主要特征及形状进行较好的保持。对 Maragos 构建的经典形态开 – 闭和闭 – 开滤波器的统计特性进行研究可知，传统形态滤波器存在严重的统计偏倚现象。显然，单独使用传统的形态开 – 闭和闭 – 开滤波器不能达到理想的滤波效果。为了有效压制信号中的各种噪声干扰，可以在形态开、闭运算的级联过程中选用不同类型及尺寸的结构元素构建广义形态滤波器，从而更好地克服统计偏倚现象。

1）广义形态滤波器的定义

设输入信号 $f(n)$ 为定义在 $F = \{0, 1, \cdots, N-1\}$ 上的离散函数，结构元素 $g_1(n)$ 为定义在 $G_1 = \{0, 1, \cdots, M_1 - 1\}$ 上的离散函数，结构元素 $g_2(n)$ 为定义在 $G_2 = \{0, 1, \cdots, M_2 - 1\}$ 上的离散函数，则 $f(n)$ 关于 $g_1(n)$ 和 $g_2(n)$ 的广义形态开 – 闭和形态闭 – 开滤波器定义如下：

$$GOC[f(n)] = f \circ g_1 \cdot g_2 \qquad (3-23)$$

$$GCO[f(n)] = f \cdot g_1 \circ g_2 \qquad (3-24)$$

式中，g_1 和 g_2 分别表示不同的结构元素。GOC 表示广义形态开 – 闭滤波器，GCO 表示广义形态闭 – 开滤波器。

广义形态滤波器的基本滤波单元 $\Psi_{GOC(GCO)}(g_1, g_2)$ 定义为：

$$y(n) = \Psi_{GOC(GCO)}(g_1, g_2) = \{GOC[f(n)] + GCO[f(n)]\}/2 \qquad (3-25)$$

式中，$y(n)$ 表示形态滤波器的输出结果，$\Psi_{GOC(GCO)}(g_1, g_2)$ 表示广义形态滤波器的基本滤波单元。利用广义形态开 – 闭和闭 – 开运算的线性组合，能较好地消除标准形态算子产生的统计偏倚现象的同时，保持目标信号所固有的几何结构特征，且不会模糊信号中的突然出现的陡峭阶跃性的变化。

图 3 – 16 所示为采用广义和传统形态滤波在消除统计偏倚现象上的仿真效果对比图。其中，原始信号假设为计算机模拟的四种不同幅值同一频率的正弦信号。

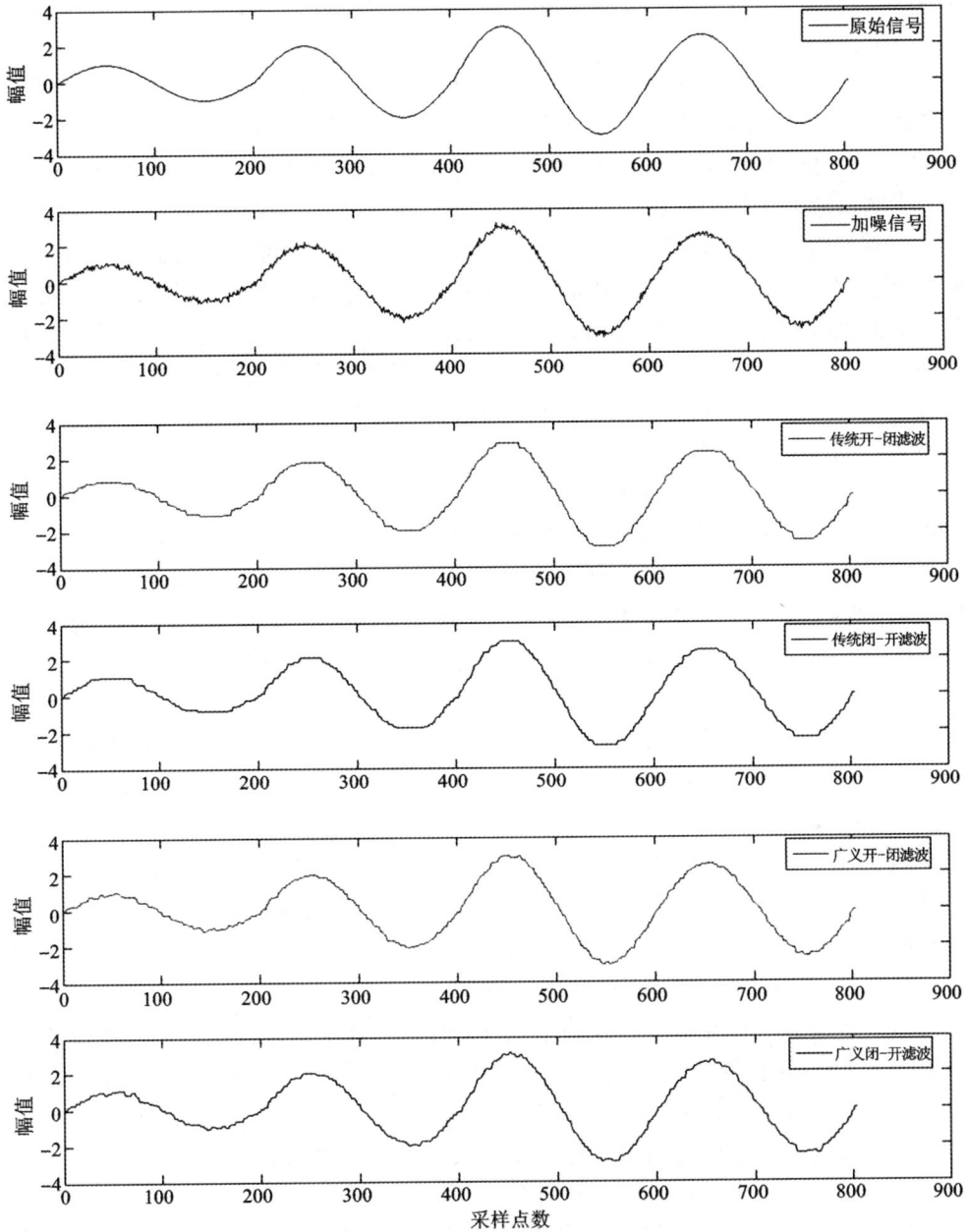

图 3-16　广义形态滤波消除统计偏倚现象效果图

分析可知，传统形态开-闭和闭-开滤波器并没有完全滤除噪声，特别是在信号曲率最大的峰顶和谷底均有被削平的迹象。若待处理信号的能量增强、幅值增大，传统形态滤波在曲率变化处会出现极大失真现象，势必严重影响其噪声抑制能力。

根据形态开、闭运算的收缩性及扩张性可知，开运算本身在消除正脉冲干扰的同时会加大负脉冲干扰，导致在形态开-闭滤波器中的闭运算若仍采用相同尺寸的结构元素，其输出结果将不能完全消除增强后的负脉冲干扰。由图 3-16 可知，有些负脉冲干扰仍然保留在传统形态开-闭滤波的结果中，而有些正脉冲干扰同样保留在传统形态闭-开滤波的结果中。因此，由于传统形态滤波器选择相同类型及尺寸的结构元素，导致不能完全滤除正、负脉冲，而广义形态开-闭和闭-开滤波器由于选用不同类型及尺寸的结构元素，输出统计偏倚明显小于传统形态滤波器。经广义形态开-闭和闭-开滤波器处理后，在信号曲率变化处的细节成分得到了较好的保留，正、负脉冲均得到了较为理想的滤除，其整体去噪性能有较为明显的改善。

2）组合广义形态滤波器的构建

传统形态滤波虽可抑制正、负脉冲干扰，但由于仅采用相同类型及尺寸的结构元素，导致输出结果很难全面涉及信号在各个方向上的几何结构特征。因此，传统形态滤波在消除噪声干扰的同时，也丢失了信号中某些有用的局部细节信息，对处理过程中原始信号本身所固有的边缘特性及几何形状特征的保留产生不利影响。

广义形态滤波器的优势在于可以灵活选取不同类型和不同尺寸的结构元素，对消除传统形态滤波器存在的统计偏倚现象具有更好的效果，同时能有效提高对噪声干扰的压制性能。

图 3-17 给出了广义形态滤波器框图示意。传统形态开-闭和闭-开滤波器组成的并联平均基本滤波单元如图 3-17（a）所示，定义为：$\Psi(g)$。由并联平均形态滤波单元组成常见的正、负结构元素广义形态滤波器和级联平均广义形态滤波器分别如图 3-17（b）和图 3-17（c）所示。

鉴于圆盘形结构元素具有旋转不变性，避免了直线型结构元素平滑程度不够的缺点，而抛物线型结构元素能有效抑制脉冲噪声干扰。因此，我们选用圆盘形和抛物线型两种结构元素来设计广义形态滤波器。

考虑到大地电磁信号的准对称性及有效克服基线漂移现象，本书将正、负结构元素级联组成如图 3-18 所示的组合广义形态滤波器，其目的是进一步抑制目标信号中的各种噪声干扰和消除统计偏倚现象。图中，$\Psi_{GOC(GCO)}(-g_1,-g_2)$ 表示采用负的结构元素组成的广义形态基本滤波单元。

经组合广义形态滤波处理后，重构的大地电磁有用信号定义为：

$$\chi(n) = f(n) - \gamma(n) \tag{4-4}$$

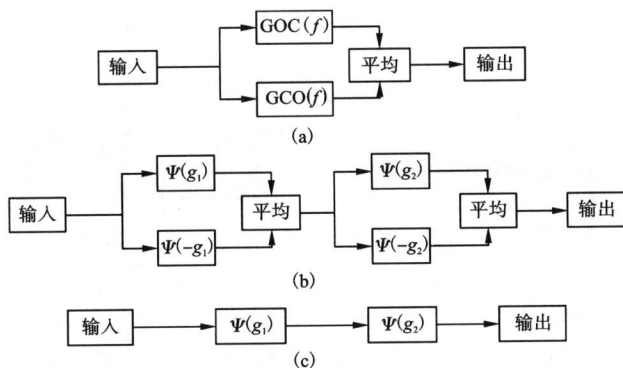

图 3-17　广义形态滤波器框图示意

(a)并联平均基本滤波单元框图；(b)正负结构元素广义形态滤波器框图；(c)级联平均广义形态滤波器框图

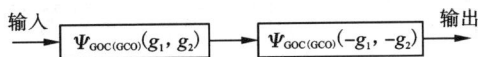

图 3-18　正、负结构元素级联组合广义形态滤波器

3.3.2　组合广义形态滤波去噪效果

1）基于组合广义形态滤波的大地电磁强干扰分离流程

图 3-19 所示为基于组合广义形态滤波的大地电磁强干扰分离基本流程图。

首先，读取 V5-2000 大地电磁测深系统采集的原始数据，使其成为 Window 能识别的 dat 文件。然后，将 3 种不同采样率的 E_x、E_y、H_x、H_y 共 12 道信号分别进行组合广义形态滤波处理，结构元素的尺寸及大小由各道信号的波形特征决定。接着，将去噪处理后的 dat 数据重新还原成 V5-2000 格式的文件。最后，利用 SSMT2000 计算视电阻率-相位曲线。

2）时间域波形去噪效果

图 3-20 所示为实测大地电磁电道 E_x、E_y 和磁道 H_x、H_y 的时间域信号，经传统形态滤波和组合广义形态滤波处理后的去噪效果图。由图 3-20 可知，E_x、E_y、H_x、H_y 的时域波形中均不同程度地受到了典型的大尺度强噪声干扰。

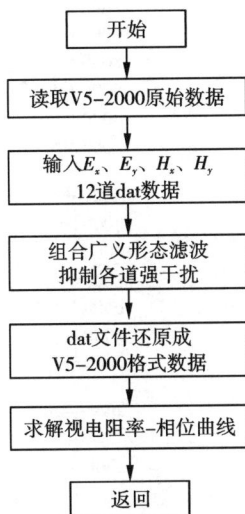

图 3-19　基于组合广义形态滤波的大地电磁强干扰分离流程图

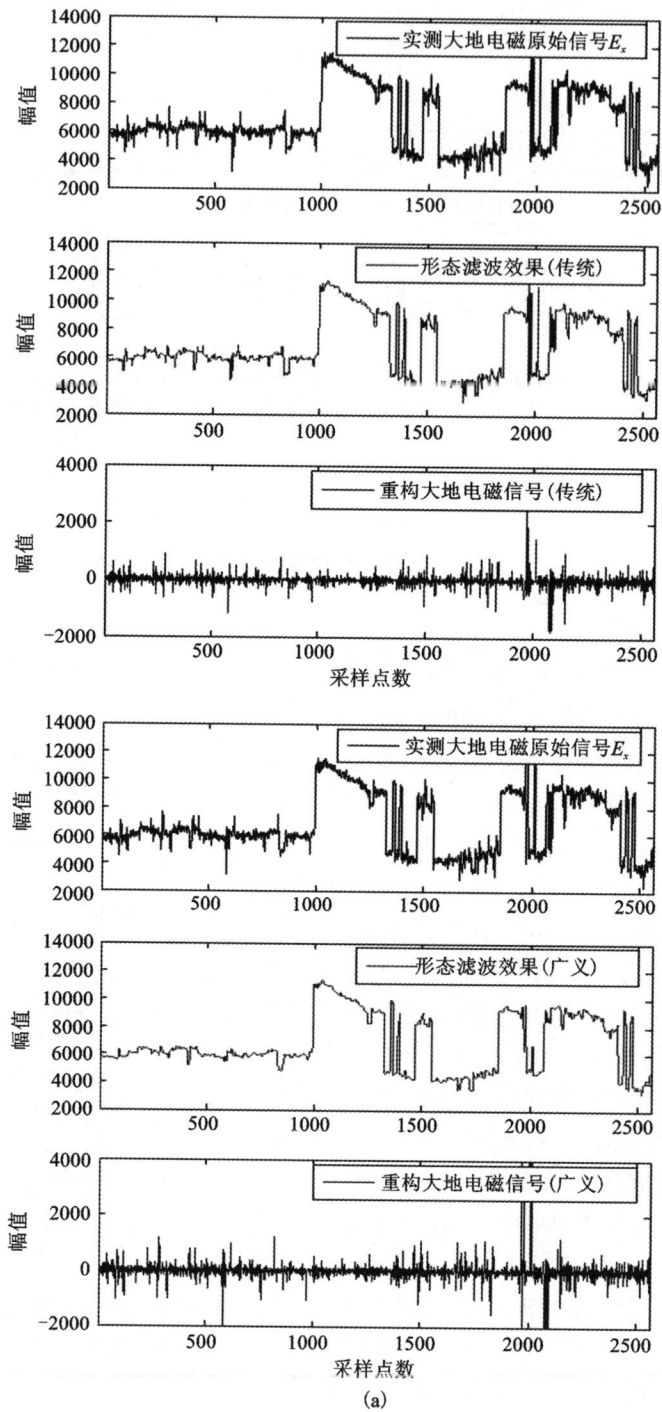

(a)

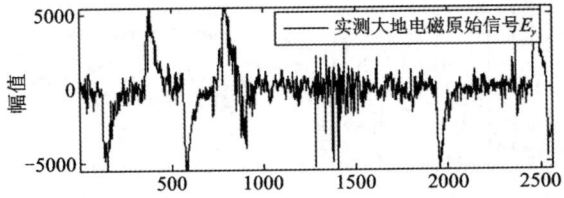

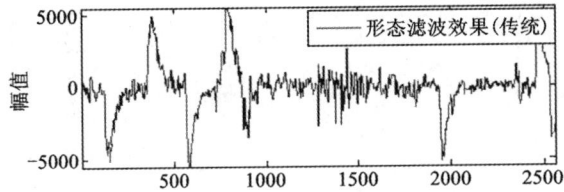

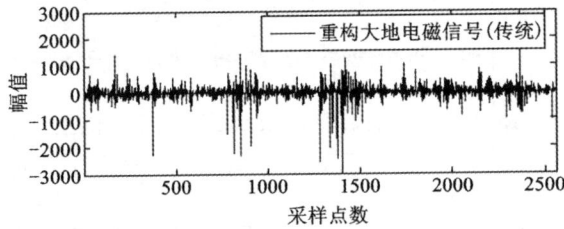

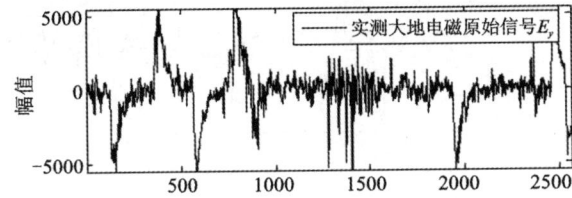

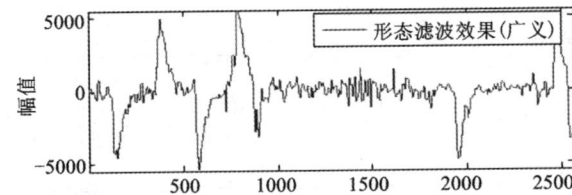

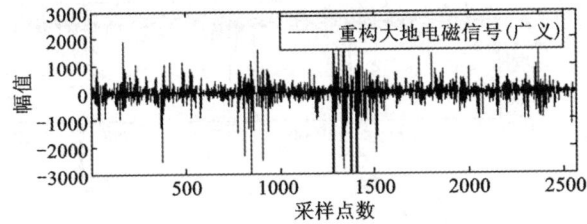

(b)

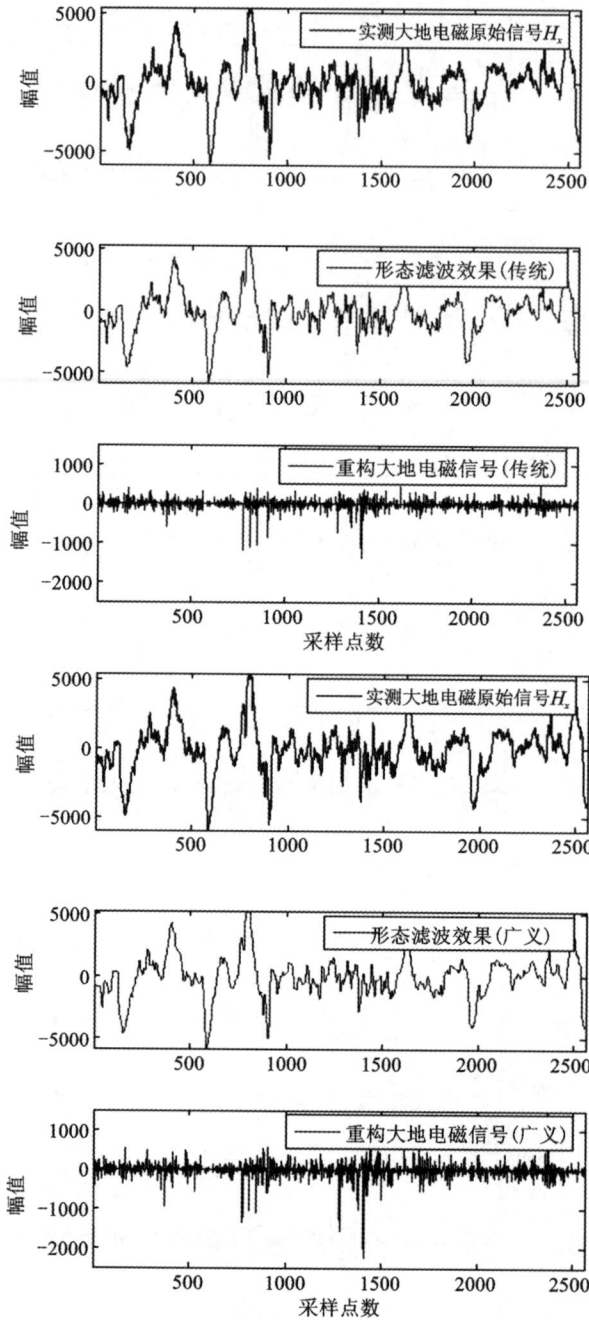

(c)

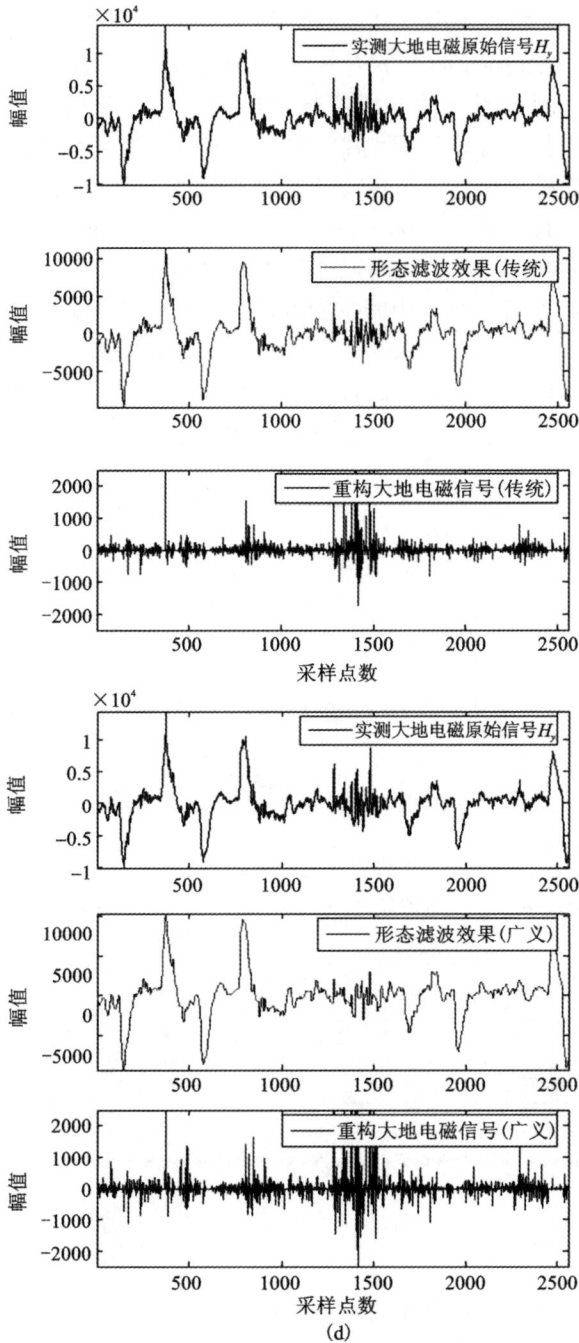

图 3-20　传统和组合广义形态滤波时间域效果对比

(a)E_x 分量；(b)E_y 分量；(c)H_x 分量；(d)H_y 分量

　　分析可知，传统形态滤波在获取噪声轮廓上出现很严重的毛刺现象，曲线不光滑、连续性差，且在部分曲率最大处造成了信号的失真，滤波效果不好。这是由于传统形态开－闭和闭－开滤波器只采用单一类型及尺寸的结构元素进行处理，虽能较大程度上压制噪声，但信号的细节成分也被模糊化。组合广义形态滤波则几乎完整地勾勒出整段大尺度噪声轮廓，曲线自然、光滑，重构的大地电磁信号较好地保留了有用信号的细节信息，重现了原始大地电磁信号的基本特征，保持了目标信号的几何结构，从而保证了大地电磁有用信号的准确性。

　　图 3－21 所示为同一测点相同时间段的 E_x 和 H_y 分量信号分别经组合广义形

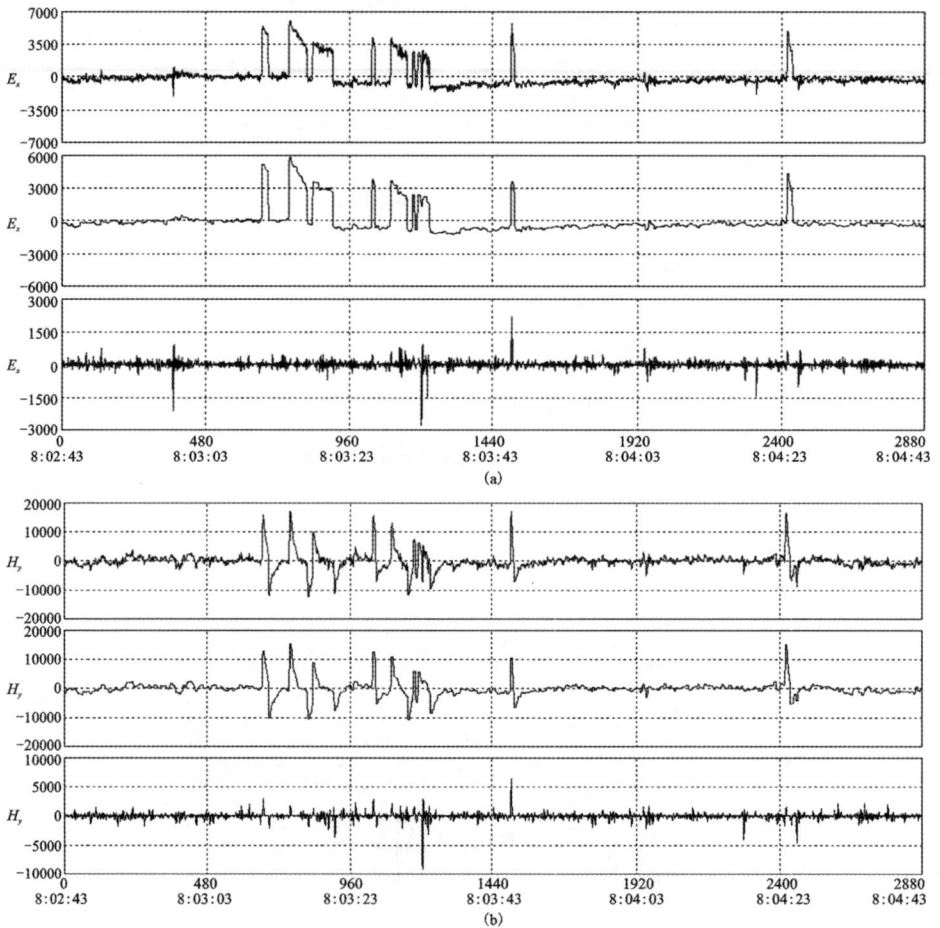

图 3－21　广义形态滤波效果

　　(a)E_x 分量的滤波效果　上：含强噪声干扰的 E_x 时间序列；中：组合广义形态滤波提取出的噪声轮廓曲线；下：重构的大地电磁信号；(b)H_y 分量的滤波效果　上：含强噪声干扰的 H_y 时间序列；中：组合广义形态滤波提取出的噪声轮廓曲线；下：重构的大地电磁信号

态滤波处理后的效果对比图，观测软件为 Synchro Time Series View。图 3-21(a)
和图 3-21(b)是通过先把 V5-2000 采集的原始数据读取出来，然后进行组合广
义形态滤波处理，最后再进行数据重构。

　　分析可知，原始数据的 E_x 分量和 H_y 分量在同一时刻采集且本身信号波形具
有一定的相关性。经组合广义形态滤波处理后，E_x 和 H_y 分量在滤除大尺度干扰
的同时仍保留了其相关性的特征，提取的含大尺度强干扰的整个包络更为准确、
包含更少的叠加在大尺度强干扰上的大地电磁有用信息。因此，从时间域波形可
知，组合广义形态滤波能更精确地提取大尺度强干扰的轮廓特征，为大地电磁有
用信号的重构奠定了基础。由于大地电磁张量阻抗是由彼此正交的 $E_x - H_y$ 和
$E_y - H_x$ 之比表示，这样就确保了后续将重构信号做阻抗估算的可靠性。

3.3.3　实际资料分析

　　我们运用该方法研究长江中下游的庐枞矿集区等地包含复杂强干扰类型的实
测点数据。

　　图 3-22 所示为矿集区某测点的大地电磁原始数据在低频采样率时的一段时
间域波形。该测点用 V5-2000 采集，数据存储的格式为 TS3、TS4 和 TS5。分析
可知，该测点噪声类型复杂多样。电道 E_x 中出现大尺度漂移型阶跃噪声，且幅值
很大；E_y 中包含方波、脉冲等多种干扰类型。磁道 H_x、H_y 中包含大量脉冲干扰
并伴随有类周期噪声等干扰类型。

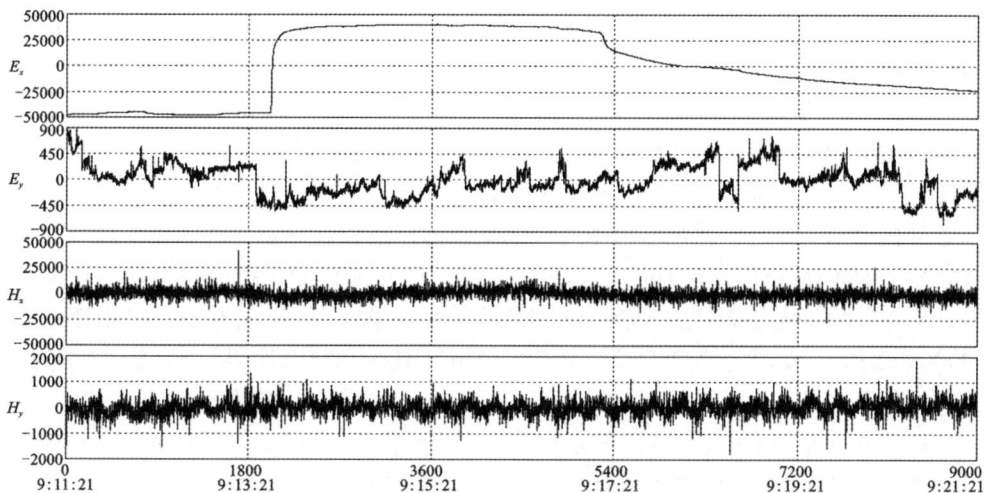

图 3-22　原始数据一段时间域波形

图 3-23 所示为电道 E_x 中经组合广义形态滤波处理后的一段时间域波形。分析可知，组合广义形态滤波在时间域可以较好地剔除叠加在微弱大地电磁有用信号上的大尺度、高幅值的漂移型强噪声干扰。

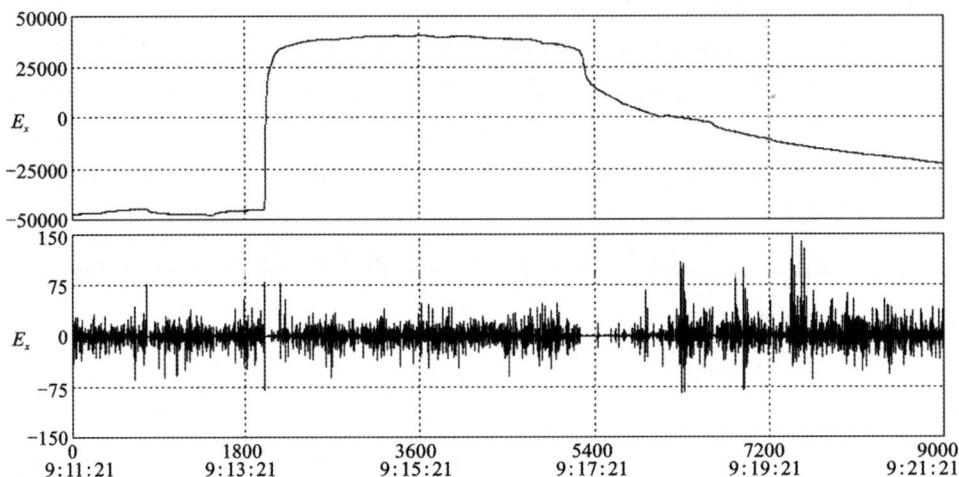

图 3-23　经组合广义形态滤波处理后的一段时间域波形
上：含强噪声干扰的时间序列；下：组合广义形态滤波重构的大地电磁信号

　　观测该测点中 3 种采样率的时间域波形可知，在 TS5 采样率时，噪声污染尤为明显。因此，本书仅将该测点采样率为 TS5 的 E_x、E_y、H_x、H_y 四道数据同时做组合广义形态滤波处理，然后将重构后的大地电磁信号进行阻抗估算，求解视电阻率 - 相位曲线。

　　图 3-24 所示为该测点原始数据的视电阻率 - 相位曲线和经组合广义形态滤波处理后的视电阻率 - 相位曲线对比图。为了更好地比较滤波效果，图中所对应的视电阻率 - 相位曲线均已经过功率谱筛选。

　　分析可知，原始数据视电阻率曲线的整体形态连续性较差。在大于 1 Hz 时，yx 方向和 xy 方向视电阻率曲线的形态较为平稳，且变化趋势一致。在 1 Hz ~ 0.1 Hz 时，视电阻率曲线呈 45°左右渐近线快速上升，在 0.1 Hz 左右时，视电阻率超过 100000 Ω·m，表现为典型的近源效应。在 0.1 Hz ~ 0.001 Hz 时，yx 方向和 xy 方向的视电阻率曲线出现明显分叉和不同程度的突跳畸变，低频段的误差棒增大。相位曲线在大于 1 Hz 时，曲线形态较为光滑、平稳。在 1 Hz 以下的频段，相位曲线表现为不连续、跳变剧烈，且误差棒增大，有些频点的相位几乎接近 0°和 180°。由于该测区周围主要为矿山、重工业密集，且人烟稠密，导致测点受到严重的低频噪声干扰。结合图 3-24 所示的时间域波形，我们可以得出结论：由该测点的原始数据获取的视电阻率 - 相位曲线已不能客观反映地下介质电性结构。

对比分析图 3 - 24(b)可知，经组合广义形态滤波处理后，视电阻率曲线的整体形态光滑、平稳，连续性大为提高。在 1 ~ 0.1 Hz，曲线呈近 45°上升的近源趋势已完全消除。在 1 Hz 以下频段的视电阻率值相对稳定，yx 方向和 xy 方向的分叉现象消失，且变化趋势一致。整个低频段的误差棒明显减小、突跳频点得到了有效恢复。相位曲线在大于 0.1 Hz 时，曲线连续、光滑。与原始数据相比，在 0.1 Hz 以下频段的相位曲线的连续程度也有所改善，且误差棒有所减小。

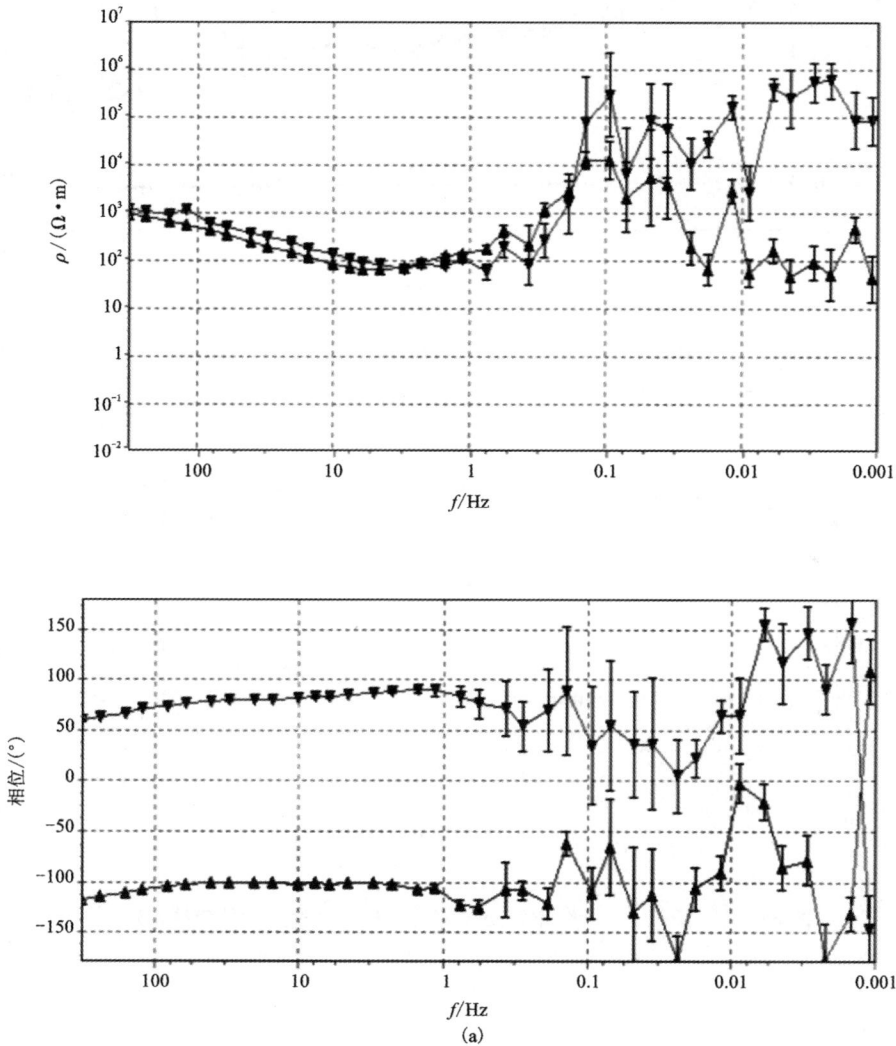

(a)

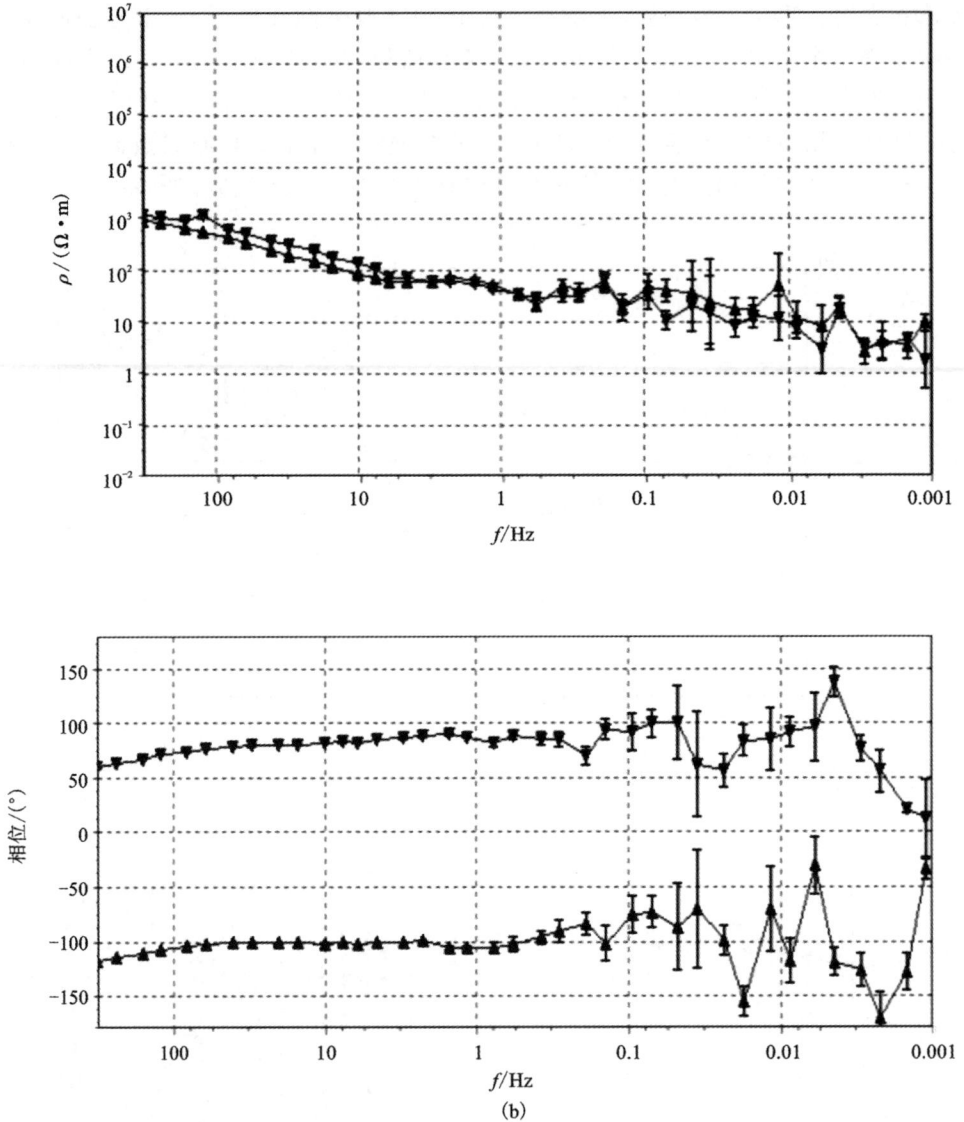

图 3 – 24 组合广义形态滤波处理前后的视电阻率 – 相位曲线对比图

(a)原始数据;(b)经组合广义形态滤波处理

▲— *xy* 模式   ▼— *yx* 模式

上述实测点的实验结果表明,组合广义形态滤波可以较好地剔除大尺度强噪声干扰,视电阻率 – 相位曲线的整体形态和误差棒都得到了明显改善。但是,经组合广义形态滤波处理后,低频段的数据处理效果仍然不够理想。视电阻率曲线在低频段一直呈下降趋势，相位曲线在低频段也不够连续、出现交叉现象，且低频段的误差棒仍然存在。这些现象可能是由于该测点所处的环境面临众多噪声干扰源，导致采集的 MT 数据中包含各种复杂多样的噪声干扰类型，组合广义形态滤波在剔除这些复杂干扰的同时，也把其中一些有用的大尺度低频信号进行了滤除。因此，如何在形态滤波的基础上最大限度地保留低频有用信息将是下一步的研究重点，这些信息的保留将对大地电磁低频段数据质量的改善起到积极作用。

值得注意的是，实际应用中结构元素类型和尺寸的选取至关重要。针对具体的测点，需结合该测点采集时的具体环境、时域中包含的干扰特征及不同采样率时受噪声干扰的程度来综合考虑及选取结构元素的类型及尺寸。另外，若大尺度噪声干扰的轮廓提取不彻底，也可能会损失部分有用信号的细节信息。

3.4 稀疏分解去噪

3.4.1 稀疏分解基本原理

稀疏分解也称为稀疏表示，由 Mallat 和 Zhang 于 1993 年正式提出。如图 3-25 所示为稀疏表示的基本原理。离散信号 $y = [y_1, y_2, \cdots y_N]^T$ 可表示为 K 个基与其系数向量的加权和：

$$y = Ds + \varepsilon = \sum_{k=1}^{K} d_k s_k + \varepsilon \qquad (3-26)$$

式中，y 为待表示的列向量信号，D 是字典，其列向量 d_k 称为基函数或者原子，$s = [s_1, s_2, \cdots s_K]^T$ 是系数向量，ε 为残差。字典 D 通常是冗余的，即 $N < K$，多数情况下 $N \ll K$，如果 D 为满秩矩阵，s 将有无穷多个解，因此 D 称为冗余字典或者过完备字典。但是稀疏表示所追求的是以最少的非零系数实现对信号的最佳逼近。因此，该问题可以表示为：

$$\min_{s} \| s \|_0 \qquad \text{s. t.} \qquad \| y - Ds \|_2 \leqslant e。 \qquad (3-27)$$

由式（3-27）可知，稀疏表示包括两个部分，字典 D 的设计以及稀疏的求解。冗余字典 D 最初是通过解析的方式，用精确的数学表达式确定，因此求解稀疏表示系数可以通过匹配追踪算法轻易地实现。随后又有学者提出了搜索最优原子的基追踪方法。以匹配追踪为基础的贪婪算法以及以追踪为基础的凸优化算法是求解稀疏表示系数的常用算法，但是匹配追踪类算法计算复杂度更低，使用更为广泛。

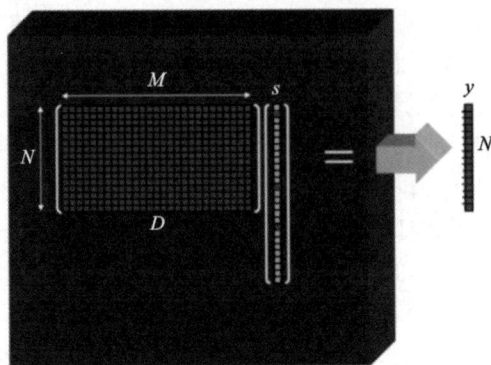

图 3-25 稀疏表示基本原理

3.4.2 冗余字典设计

冗余字典包括解析型冗余字典以及学习型冗余字典。解析型字典原理简单，但灵活性受到限制。学习型字典适应性大大增加，但设计实现较为复杂（汤井田等，2018）。

常用解析型冗余字典有 Fourier 基函数（简谐三角函数）、Heaviside 字典（方平结构）、Dirac 字典（脉冲结构）、Gabor 字典、冲击字典以及小波字典等（Cui et al.，2011，2014；Wang et al.，2013；朱会杰，2015）。因此，Heaviside 字典可以用于方波噪声的稀疏表示。Dirac 字典可以用于对类脉冲噪声的稀疏表示，冲击原子库可以较好地表示类充放电噪声。Fourier 原子可以表示谐波噪声。Gabor 字典、冲击字典以及小波字典则可以用于表示形态较为复杂的人文噪声。以冲击原子为例，其数学定义如下（费晓琪等，2003；Zhu et al.，2015）：

$$g_\gamma = \begin{cases} ce^{-d(n-\tau)}\sin\left[2\pi f(n-\tau)+\varphi\right] & \tau \leqslant n < N \\ 0 & 0 < n < \tau \end{cases} \tag{3-28}$$

式中，N 为待分解信号的长度，g_γ 为参数组 $\gamma[d,\tau,f,\varphi]$ 定义的归一化冲击原子，d 为衰减系数，τ 为起始采样点，f 为系统振荡频率，φ 为相位。通过改变参数组中各变量的数值，可产生形态各异的原子。如图 3-26 为不同参数下典型冲击原子的时域波形，原子长度设置为 150。

由图 3-26 可知，不同的参数组所对应的原子其形态具有明显差异；如图 3-26(d) 为脉冲形态的原子、图 3-26(e) 为类充放电形态的原子、图 3-26(f) 为类谐波形态的原子等。因此，冗余字典可以重构多种类型的信号。在构造冗余字典时，各参数值域越大，稀疏表示信号的能力越强。为了达到最佳的分解效果，需对各参数选择尽可能大的值域。然而值域越大会导致计算量越大、耗时越长。

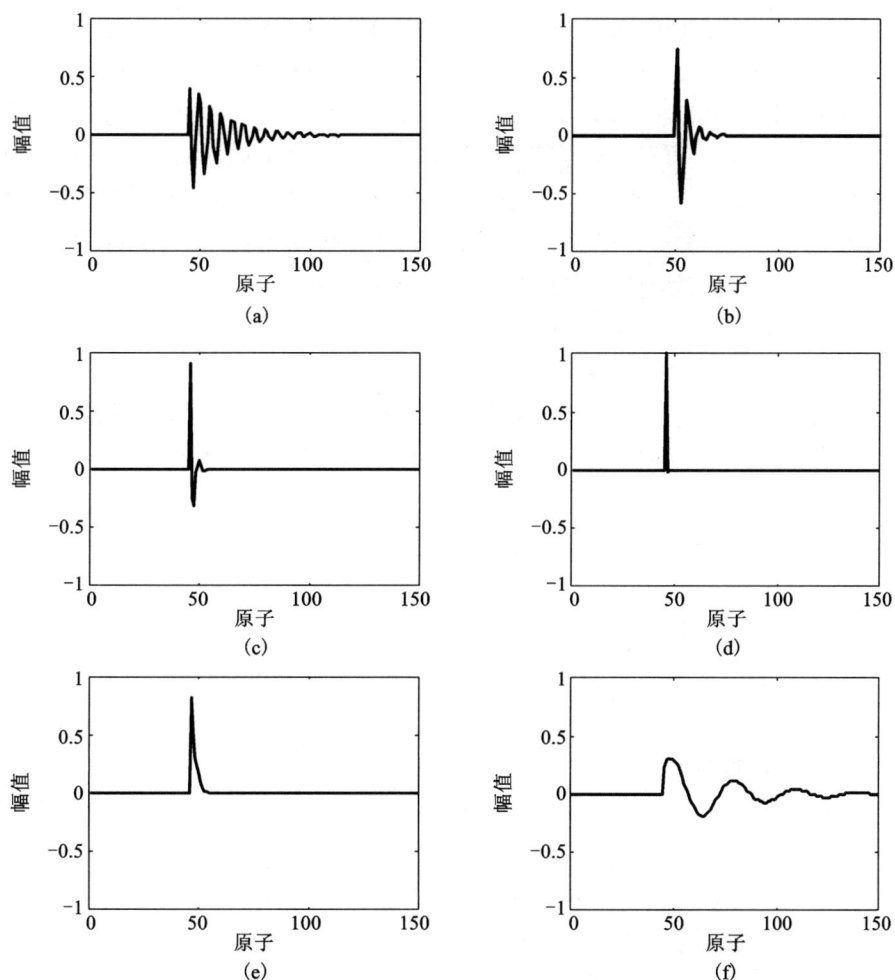

图 3 - 26   冲击原子库中典型的原子波形

(a) $d = 10$，$\tau = 45$，$f = 30$，$\varphi = \pi/3$；(b) $d = 40$，$\tau = 45$，$f = 30$，$\varphi = \pi/3$；(c) $d = 100$，$f = 30$，$\varphi = \pi/3$；(d) $d = 500$，$\tau = 45$，$f = 30$，$\varphi = \pi/3$；(e) $d = 100$，$\tau = 45$，$f = 5$，$\varphi = \pi/6$；(f) $d = 5$，$\tau = 45$，$f = 5$，$\varphi = \pi/6$

3.4.3　信号重构算法

信号重构算法目前主要有三类，即贪婪追踪、凸松弛和组合算法(Needell and Tropp，2009)。贪婪算法由于低复杂性和简单的几何解释(Tropp and Gilbert，2007；Dai and Milenkovic，2009)，在许多领域被广泛采用。随着压缩感知的发展，在标准的匹配追踪(MP)算法(Mallat and Zhang，1993)和正交 MP(OMP)算法

（Pati et al，1993）的基础上提出了大量优化算法，例如，压缩采样 MP（CoSaMP，Needell and Tropp，2009）和子空间追踪（SP，Dai and Milenkovic，2009）。标准 OMP 算法每次迭代只选择一个原子，因此，OMP 的重建非常耗时。此外，OMP 一旦选择原子，就不可替换。SP 算法每次迭代将 K 个新原子添加到候选集中，然后从候选集中选择 K 个原子。这允许在任何后续迭代中用更正确的原子替换初始原子。在大多数情况下，SP 比 OMP 更准确和有效。SP 和 CoSaMP 算法具有旗鼓相当的准确性和恢复率，但它们以不同方式选择候选原子。在每次迭代中，CoSaMP 选择 $2K$ 个候选原子，而 SP 仅选择 K 个。这使得 SP 算法效率更高（Dai and Milenkovic，2009；Marques et al.，2019）。

设 $D = \{d_\gamma\}_{\gamma \in \Gamma}$ 是设计好的冗余字典，d_γ 是字典中的原子且 $\|d_\gamma\| = 1$，γ 是原子 d_γ 的序号，Γ 是 γ 的集合，K 是稀疏度，R^l 是迭代 l 次之后的残差，Λ_l 是候选原子集合，ψ_l 是已选原子集合。则子空间追踪算法的步骤如下：

输入：K，D，X，l，Λ_l，ψ_l，R^l.

初始化：$l=1$，$R^0=X$，$\psi_0=\varnothing$，$\Lambda_0=\varnothing$。

迭代：

1）更新候选原子集合 Λ_l：

$$\Lambda_l = \Lambda_{l-1} \cup \{K \text{ atoms corresponding to the largest value of} |\langle R^l, D \rangle|\}. \tag{3-29}$$

2）计算投影系数 u_l：

$$u_l = (\Lambda_l^T \Lambda_l)^{-1} \cdot \Lambda_l^T X \tag{3-30}$$

3）更新已选原子集合 ψ_l：

$$\psi_l = \{K \text{ atoms tead to the largest value of } u_l\}. \tag{3-31}$$

4）更新重构信号 Y_l，以及残差 R^l：

$$Y_l = \psi_l (\psi_l^T \psi_l)^{-1} \cdot \psi_l^T X; \tag{3-32}$$

$$R^l = X - Y_l. \tag{3-33}$$

5）如果 $\|R^l\|_2 > \|R^{l-1}\|_2$，则 $\psi_l = \psi_{l-1}$ 并停止迭代；否则，$l=l+1$，返回步骤1）。

输出：重构信号 $Y_c = Y_l$.

3.4.4 仿真分析

图 3-27 所示为在实测数据中加入谐波干扰后用稀疏分解去噪方法进行强干扰分离的结果，其中（a）为实测原始信号，（b）为含噪信号，（c）为形态滤波法分离出的强干扰信号（结构元素为 4 点直线型），（d）为稀疏分解方法分离出的强干扰信号，（e）为形态滤波法重构的大地电磁信号，（f）为稀疏分解方法重构的大地

电磁信号。右侧为与左侧各信号一一对应的频域效果。表 3 – 5 为该仿真结果的
定量评价。

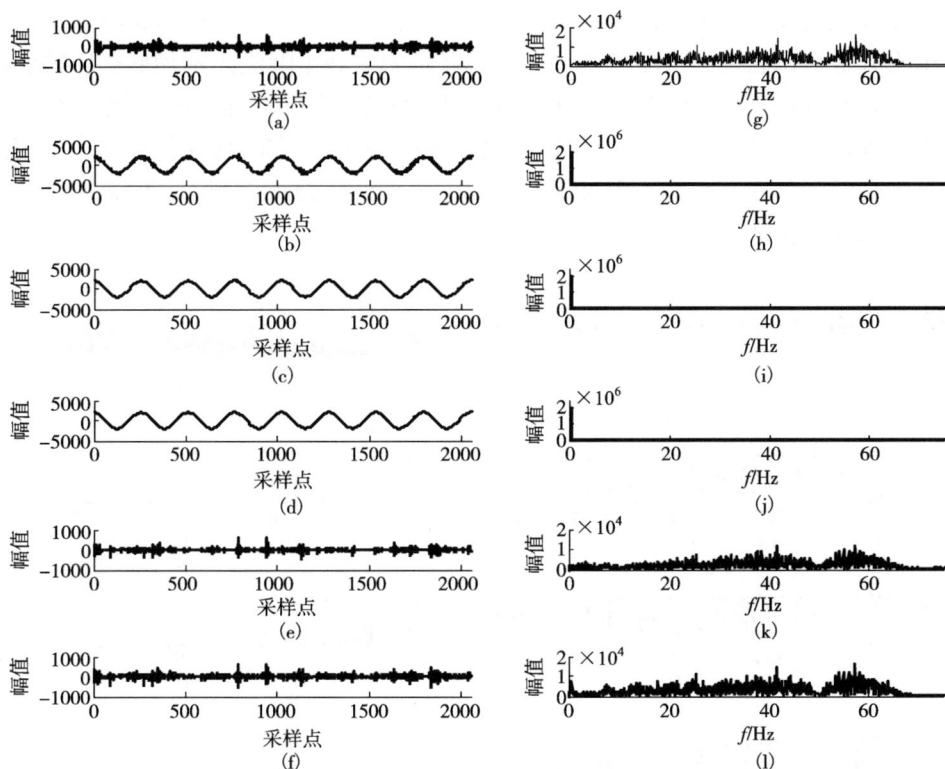

图 3 – 27　谐波干扰分离仿真结果

(a)原始信号；(b)含噪信号；(c)形态滤波噪声轮廓；(d)本节方法噪声轮廓；(e)形态滤波重构信
号；(f)本节方法重构信号；(g)原始信号频谱；(h)含噪信号频谱；(i)形态滤波噪声频谱；(j)本节
方法噪声频谱；(k)形态滤波重构信号频谱；(l)本节方法重构信号频谱

表 3 – 5　谐波干扰分离效果定量评价

	形态滤波法	稀疏分解法
NCC	0.9157	0.9931
E	0.4213	0.1173

图 3 – 27 中的时域效果和频域效果表明，两种方法均能够有效分离出谐波干
扰，与原始信号相比，形态滤波法处理时损失了部分有用信号，而稀疏分解方法
更好地保留了有用信号。由表 3 – 5 可知，稀疏分解方法的重构误差更小，曲线相

似度更高。

图 3 – 28 为在实测数据中加入伪随机方波和尖峰干扰后用稀疏分解方法进行强干扰分离的结果,图中各曲线的含义与图 3 – 27 类似(形态滤波结构元素为两点抛物线),表 3 – 6 为对该仿真结果的定量评价。如图 3 – 28 所示,形态滤波法能够有效分离出含噪信号中的方波干扰,但对于尖峰干扰去除不彻底,且提取的方波干扰轮廓不光滑,损失了部分有用信号;稀疏分解方法能分离出各种宽度的方波干扰以及尖峰干扰,且噪声轮廓光滑。由表 3 – 6 可知,稀疏分解方法重构的大地电磁信号与原始信号相似度为 0.9660,重构误差为 0.2651,与形态滤波法相比具有明显的优势。

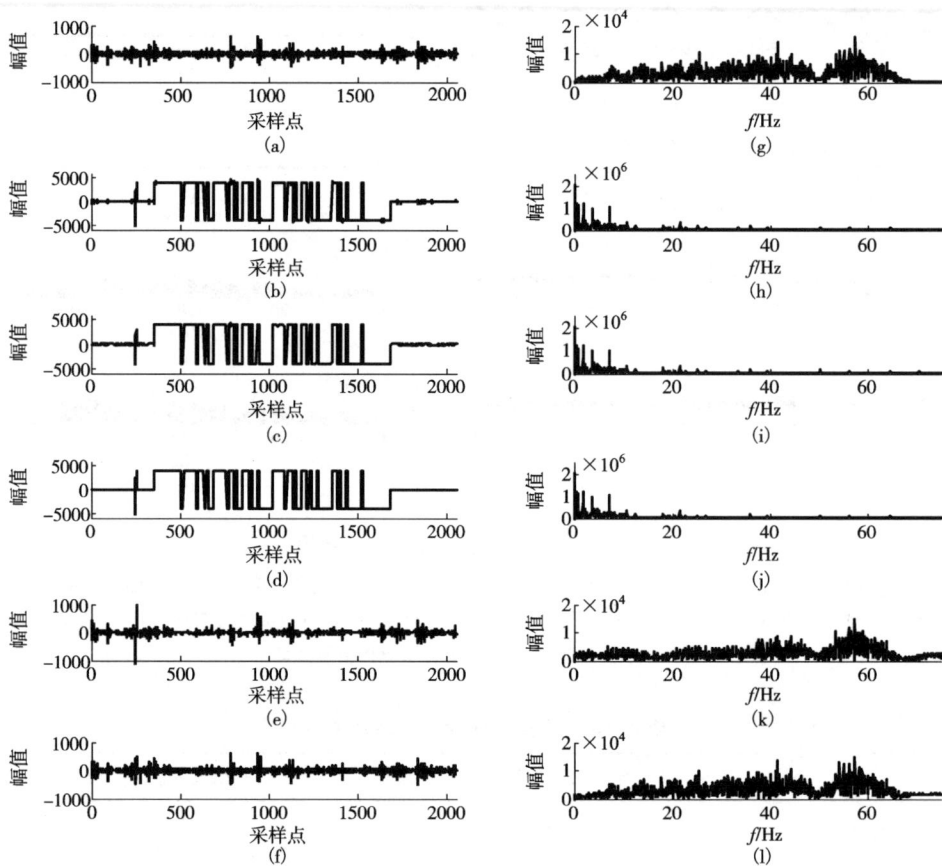

图 3 – 28　方波和尖峰干扰分离仿真结果

(a)原始信号;(b)含噪信号;(c)形态滤波噪声轮廓;(d)本节方法噪声轮廓;(e)形态滤波重构信号;(f)本节方法重构信号;(g)原始信号频谱;(h)含噪信号频谱;(i)形态滤波噪声频谱;(j)本节方法噪声频谱;(k)形态滤波重构信号频谱;(l)本节方法重构信号频谱

表 3 - 6　方波和尖峰干扰分离效果定量评价

	形态滤波法	稀疏分解法
NCC	0.7409	0.9660
E	0.6822	0.2651

图 3 - 28 还说明，尽管采用的原子是单一的方波原子，但是对于方波干扰和尖峰干扰均能在保留有用信号的前提下取得较好的分离效果，因此方波原子具有较强的适应性。

3.4.5　实测数据处理

1）解析型字典

为验证方法的有效性，从实测数据中选取了三种典型的受强干扰影响的数据段，用稀疏分解方法对其进行去噪。实际处理时，对于谐波等幅值变化较平缓的干扰，采用正弦原子、余弦原子构成的冗余字典，对于方波、尖峰以及其他幅值突变的强干扰，则采用方波原子构成的冗余字典。首先估算强干扰信号的最大宽度，并通过试处理估计信号的稀疏度，然后根据仿真所得规律，将原子的最大宽度设置为略大于干扰信号的最大宽度，原子个数设置为略大于估计的稀疏度。

如图 3 - 29 所示为谐波干扰分离时域效果（左）和频域效果（右），该部分数据来源于庐枞矿集区某测点 E_y 道，采样频率为 2560 Hz。由图 3 - 29 可知，原始信号以及噪声轮廓均呈现出明显的周期性，而改进的正交匹配追踪算法（IOMP）重构信号随机并且幅度较小，呈现出明显的天然大地电磁信号特征。频域效果表明，经过处理后，谐波干扰被显著压制，同时没有引入新的干扰。

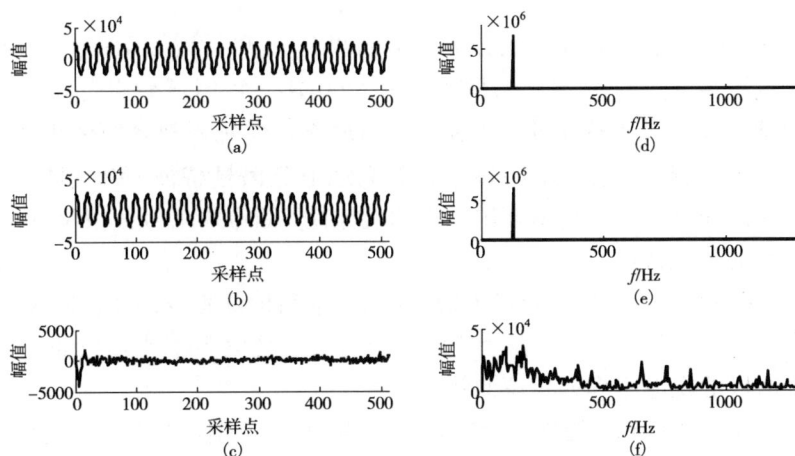

图 3 - 29　谐波干扰分离效果

（a）原始信号；（b）噪声轮廓；（c）重构信号；（d）原始信号频谱；（e）噪声频谱；（f）重构信号频谱

如图 3-30 所示为方波干扰分离时域效果(左)和频域效果(右),该部分数据来源于庐枞矿集区某测点的 E_x 道,采样频率为 15 Hz。由时域效果可知,稀疏分解方法分离出的方波干扰轮廓清晰且光滑,保留了信号的细节部分,重构信号随机并且幅度较小,呈现出明显的天然大地电磁信号特征,由频域效果可知,经过处理后,强干扰信号显著衰减。

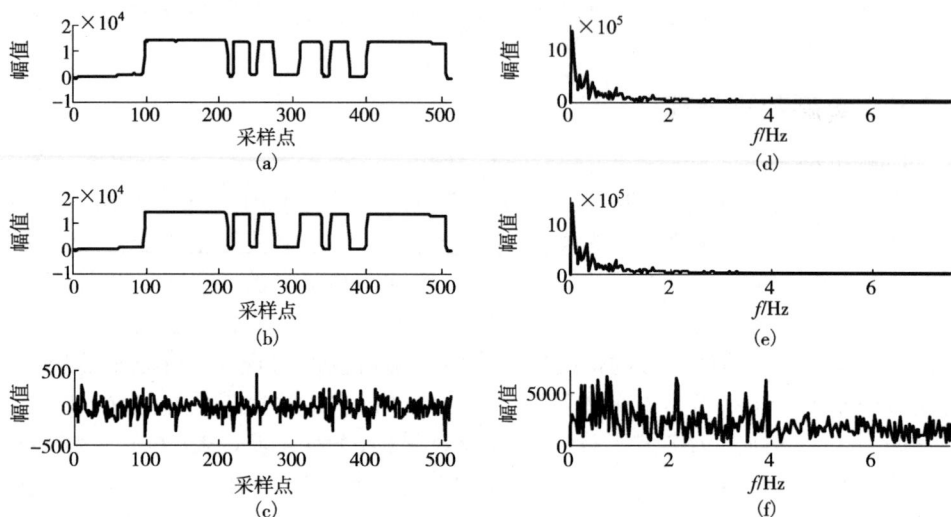

图 3-30 方波干扰分离效果

(a)原始信号;(b)噪声轮廓;(c)重构信号;(d)原始信号频谱;(e)噪声频谱;(f)重构信号频谱

如图 3-31 所示为尖峰干扰分离时域效果(左)和频域效果(右),该部分数据来源于青海某测点的 E_x 道,采样频率为 2400 Hz。由时域效果可知,稀疏分解方法有效地分离出了尖峰干扰,无强干扰时段噪声轮廓光滑且幅值为 0,重构信号随机并且幅值较小,呈现出明显的天然大地电磁信号特征,由频域效果可知,原始信号频谱和噪声频谱均呈现出一定的规律性,而重构信号频谱呈现出天然大地电磁信号的随机特征。

图 3-32 所示为该试验点处理前后视电阻率和相位曲线,图中 W 表示无干扰段的视电阻率或相位曲线,Q 表示处理前全时段的视电阻率或相位曲线,H 表示处理后全时段的视电阻率或相位曲线。

分析图 3-32 可知,处理前全时段的视电阻率和相位曲线整体连续性较差,不光滑。XY 方向的视电阻率和相位曲线在 0.3 Hz 到 0.05 Hz 之间跳变剧烈。YX 方向的视电阻率在 0.5 Hz 到 0.01 Hz 之间呈 45°上升,低于 0.01 Hz 时剧烈下掉,相位曲线在 0.5 Hz 到 0.01 Hz 之间大多接近 -180°。综上可知,处理前,该测点

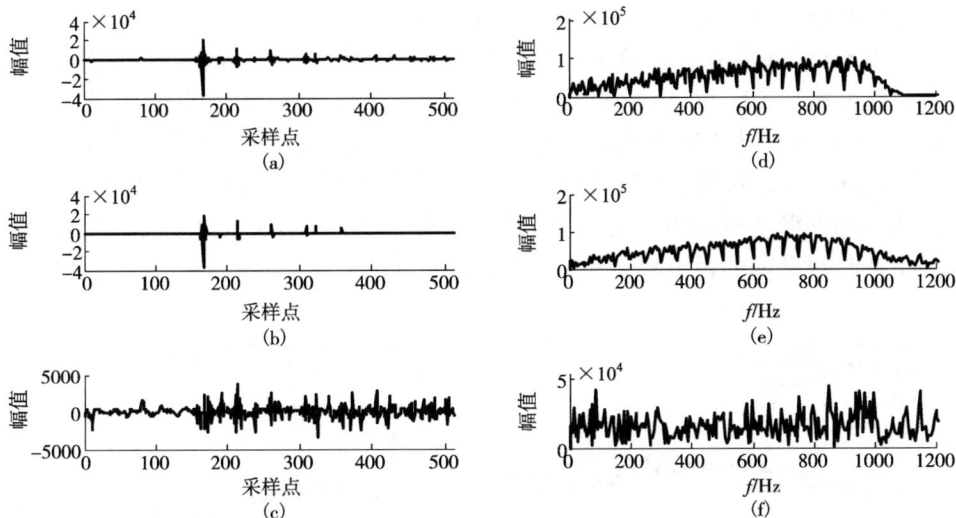

图 3 - 31 尖峰干扰分离效果

（a）原始信号；（b）噪声轮廓；（c）重构信号；（d）原始信号频谱；（e）噪声频谱；（f）重构信号频谱

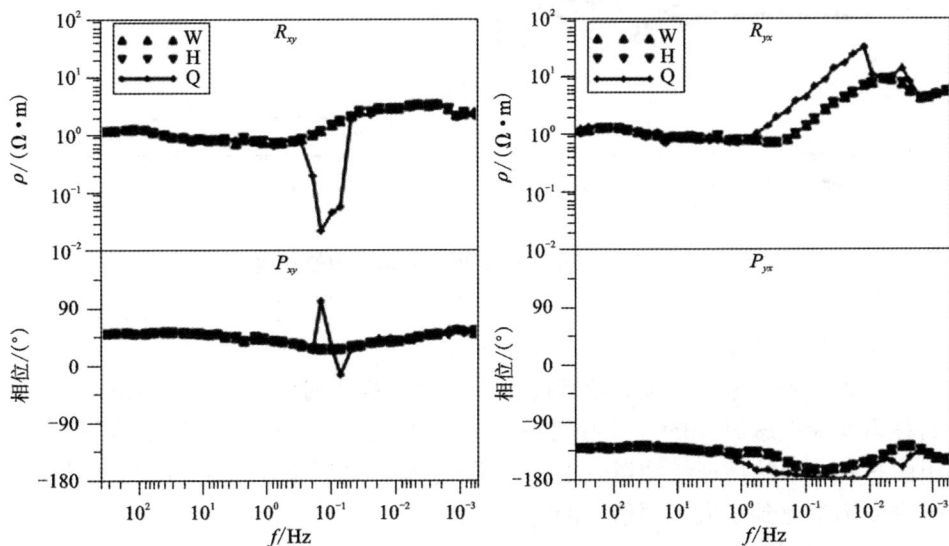

图 3 - 32 测点 QH4015 视电阻率和相位曲线

全时段的数据表现为明显的近源干扰。经过稀疏分解方法处理后，全时段的视电阻率和相位曲线在整个频段内都具有良好的连续性与光滑度，0.5 Hz 到 0.01 Hz之间 *YX* 方向视电阻率的 45° 上升趋势得到明显好转，相位回归到正常，无明显的近源干扰特征。

庐枞矿集区 C5132 测点总采集时间大约为 21 h(全时段),通过分析采集到的时间域数据可知,前 11 h(干扰段)受干扰严重,而在后 10 h(无干扰段)无明显强干扰。图 3-33 所示为 C5132 测点视电阻率和相位曲线,图中各曲线含义同图 3-32。

分析图 3-33 可知,经过稀疏分解法处理后,全时段的视电阻率和相位曲线的连续性和光滑度得到明显改善,电阻率和相位曲线相对于处理前更为接近无明显强干扰时数据段的视电阻率和相位曲线。

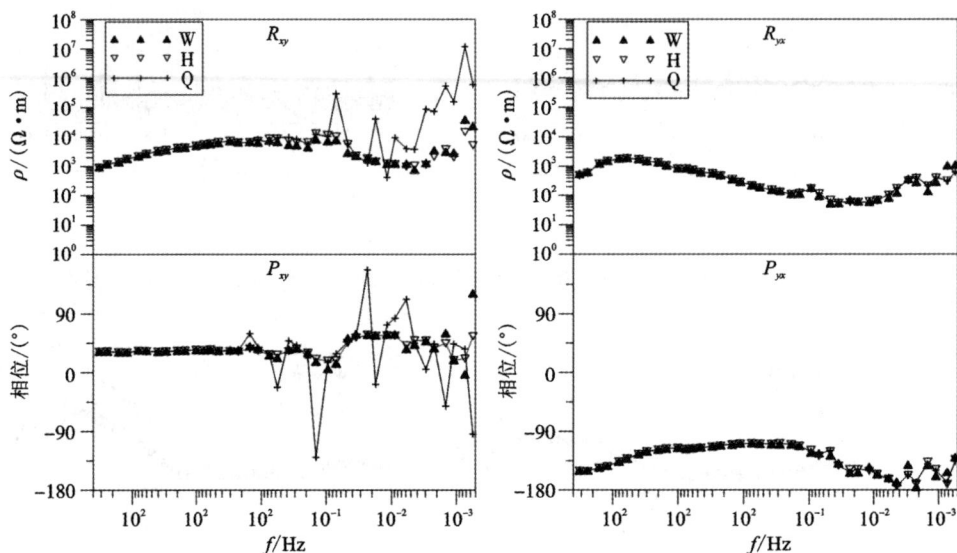

图 3-33　测点 C5132 视电阻率 - 相位曲线

2)学习型字典

如图 3-34 为凉山试验点处理前受人工源干扰的时间序列片段,图 3-35 所示为移不变稀疏编码(SISC)学习到的特征结构。显然,图 3-34 所示时间序列可以由图 3-35 中的特征结构经过平移、翻转、缩放之后叠加而成,即 SISC 从混合信号中准确学习到了人工源信号的特征结构。

Origin 表示原始曲线,RR 表示远参考处理结果,SISCRP 表示移不变稀疏编码处理后再经 Rhoplus 圆滑后的结果,SISC 表示字典学习处理后的结果

如图 3-36 所示,原始数据计算所得曲线多数存在较多的飞点,且自 40 Hz 开始,视电阻率的数值近似呈 45°直线上升,对应相位的数值大多数接近于 0°或者 ±180°,与 CSAMT 近区视电阻率 - 相位曲线规律类似,显然受到了明显的近源干扰影响,无法准确地反映真实的地下电性结构。

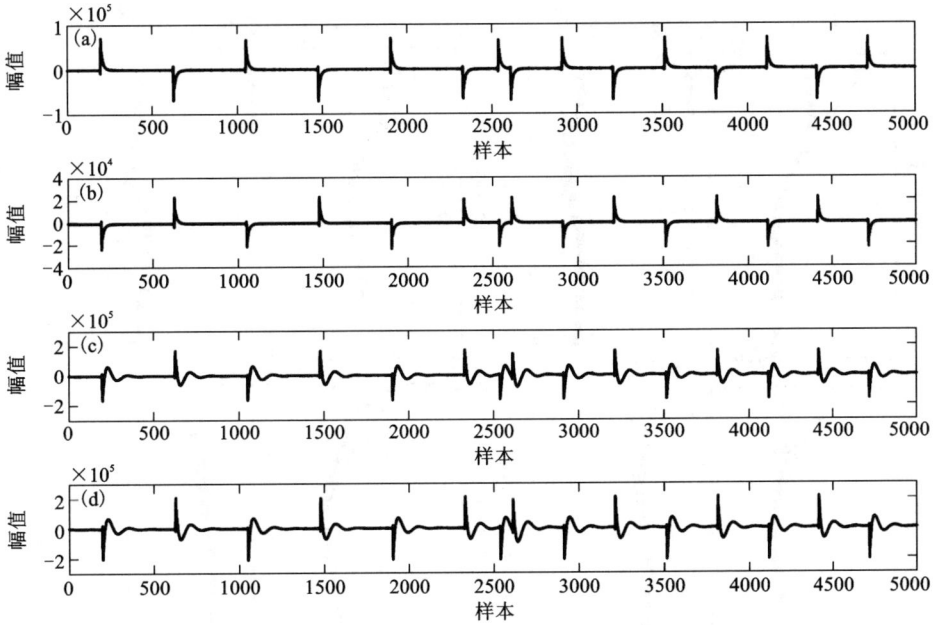

图 3 − 34　受人工源信号污染的大地电磁时间序列片段

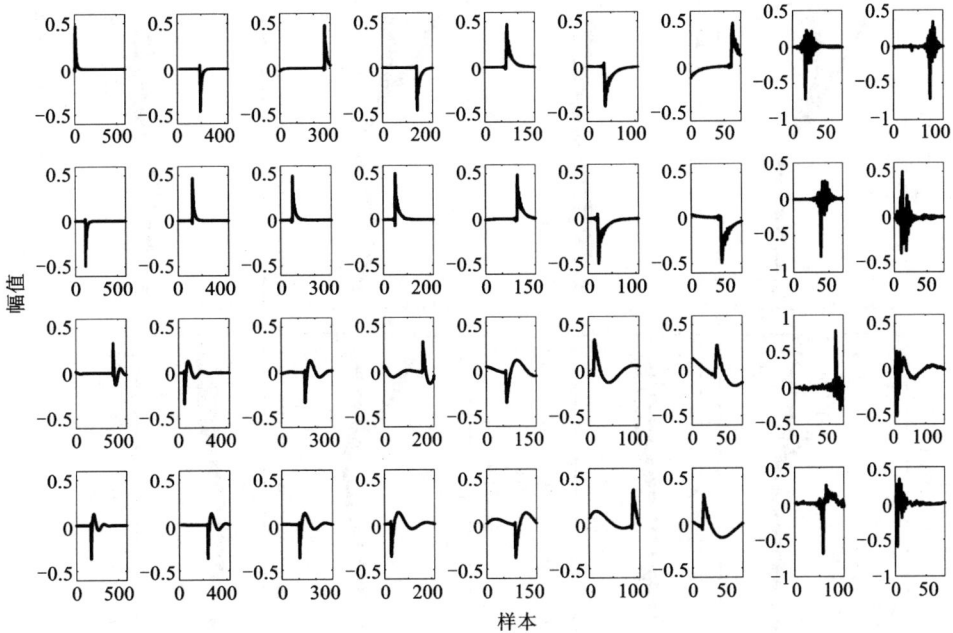

图 3 − 35　学习到的特征原子(即人工源信号的周期性结构)

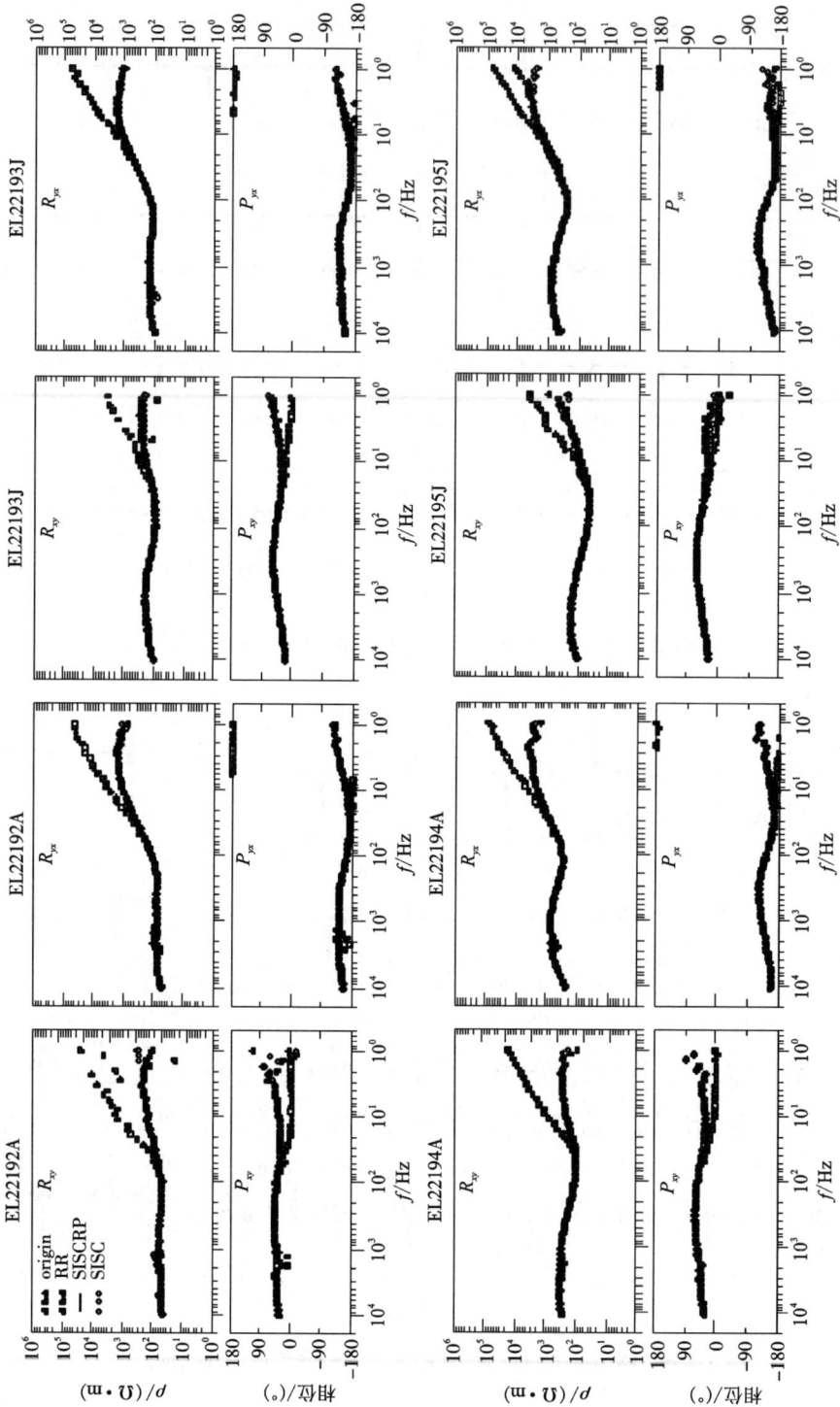

图3-36 庐枞矿集区MT数据处理结果

经过字典学习方法处理后，视电阻率 – 相位曲线随着频率缓慢地变化，"近源效应"基本消除，视电阻率 – 相位曲线的数值分布于合理的区间。除了 3 Hz 以下部分频点与远参考法差异较大，其余频点的数据与远参考法基本一致。

3.5 本章小结

本章讨论了矿集区含噪大地电磁数据的时间域数据处理技术。

（1）介绍了基于自适应滤波的 MT 时间域数据处理方法，包括理论、算法及应用案例等。

（2）提出了基于 Hilbert-Huang 变换的 MT 数据处理技术，采用 HHT 分析大地电磁资料，提出利用能量随时间、频率的分布关系选取信号强度大的资料段进行数据处理，提高数据精度，同时利用 EMD 的多尺度滤波特征，可以有效地滤除信号的噪声干扰，充分保留信号的局部特征；更进一步地利用门限阈值方法，可以达到较好的去噪效果。

（3）提出了基于组合广义形态滤波的大地电磁信号与强干扰的分离方法。假设大地电磁场为平稳随机信号，矿集区强干扰为类周期性信号。以此为基础，利用形态学中的腐蚀 – 膨胀、开 – 闭等基本运算及其不同的组合，可以从实测大地电磁场波形中提取出类周期性信号，二者相减，从而达到压制干扰的目的。通过模拟仿真，讨论了不同类型及尺寸的结构元素对典型类周期性信号的分离效果。对矿集区包含复杂噪声干扰类型的实测点进行组合广义形态滤波的实验结果表明：经组合广义形态滤波处理后，卡尼亚电阻率 – 相位测深曲线更加光滑、平稳，误差棒减小，整体连续性大为提高。低频段 xy 方向和 yx 方向的视电阻率曲线的分叉现象完全消失，中频段的近源干扰得到了有效抑制，且视电阻率值相对稳定，数据的整体质量较原始数据有明显改善。

（4）提出了基于稀疏分解的大地电磁数据处理方法，将稀疏分解引入大地电磁信号处理，构建了与常见典型强干扰相匹配而对有用信号不敏感的冗余字典原子，以改善强干扰区大地电磁数据质量。通过系统的仿真试验及实测数据处理可知：第一，稀疏分解方法能够显著提高强干扰区大地电磁数据的质量，改善视电阻率和相位曲线，压制近源干扰；第二，稀疏分解方法的主要优点在于仅对强干扰信号敏感而对有用信号不敏感，能够在较好地保留有用信号的前提下，有效分离出不同频率、不同类型的强干扰信号。

第4章 强噪声的频率域压制方法

频率域处理是提高 MT 数据质量的可靠策略。本章以庐枞矿集区为例，介绍了稳健阻抗估计、频率域数据删选处理、远参考处理等技术。

4.1 稳健阻抗估计

4.1.1 大地电磁阻抗估计

大地电磁阻抗 $Z(\omega)$ 在频域将电道 $E(\omega)$ 与磁道 $H(\omega)$ 联系在一起，如式(4-1)、式(4-2)所示，这也是大地电磁阻抗估计的起点。

$$E_x(\omega) = Z_{xx}(\omega)H_x(\omega) + Z_{xy}(\omega)H_y(\omega) \tag{4-1}$$

$$E_y(\omega) = Z_{yx}(\omega)H_x(\omega) + Z_{yy}(\omega)H_y(\omega) \tag{4-2}$$

从实测数据采集的是 $E_x(t)$、$E_y(t)$、$H_x(t)$、$H_y(t)$ 四道时间序列，我们将数据分成 N 段，然后分别进行傅立叶变换，得到 $E_{xi}(\omega)$、$E_{yi}(\omega)$、$H_{xi}(\omega)$、$H_{yi}(\omega)$，其中 $i=1,2,\cdots,N$，于是估计阻抗相当于求解一组超定方程。Sims(1971)最早提出了最小二乘估计阻抗的方法，以求 Z_{xx}、Z_{xy} 为例阐述其原理。

最小二乘估计即寻找 Z_{xx}、Z_{xy} 使得残差 ε 最小，其中残差

$$\varepsilon = \sum_{i=1}^{N} r_i(\omega)^2 = \sum_{i=1}^{N} \left[E_{xi}(\omega) - Z_{xx}(\omega)H_{xi}(\omega) - Z_{xy}(\omega)H_{yi}(\omega) \right]^2 \tag{4-3}$$

当残差 ε 最小时，残差对 Z_{xx}，Z_{xy} 的偏导数均为 0，即有

$$\frac{\partial \varepsilon}{\partial Z_{xx}} = 0$$

$$\frac{\partial \varepsilon}{\partial Z_{xy}} = 0$$

化简得：

$$\sum_{i=1}^{N} E_{xi}H_{xi}^* = Z_{xx}\sum_{i=1}^{N} H_{xi}H_{xi}^* + Z_{xy}\sum_{i=1}^{N} H_{yi}H_{xi}^*$$

$$\sum_{i=1}^{N} E_{xi}H_{yi}^* = Z_{xx}\sum_{i=1}^{N} H_{xi}H_{yi}^* + Z_{xy}\sum_{i=1}^{N} H_{yi}H_{yi}^*$$

式中 * 代表共轭转置，方程求解可得：

$$Z_{xx} = \frac{\sum\limits_{i=1}^{N} E_{xi}H_{xi}^{*} \sum\limits_{i=1}^{N} H_{yi}H_{yi}^{*} - \sum\limits_{i=1}^{N} E_{xi}H_{yi}^{*} \sum\limits_{i=1}^{N} H_{yi}H_{xi}^{*}}{\sum\limits_{i=1}^{N} H_{xi}H_{xi}^{*} \sum\limits_{i=1}^{N} H_{yi}H_{yi}^{*} - \sum\limits_{i=1}^{N} H_{xi}H_{yi}^{*} \sum\limits_{i=1}^{N} H_{yi}H_{xi}^{*}} \tag{4-4}$$

$$Z_{xy} = \frac{\sum\limits_{i=1}^{N} E_{xi}H_{xi}^{*} \sum\limits_{i=1}^{N} H_{xi}H_{yi}^{*} - \sum\limits_{i=1}^{N} E_{xi}H_{yi}^{*} \sum\limits_{i=1}^{N} H_{xi}H_{yi}^{*}}{\sum\limits_{i=1}^{N} H_{yi}H_{xi}^{*} \sum\limits_{i=1}^{N} H_{xi}H_{yi}^{*} - \sum\limits_{i=1}^{N} H_{yi}H_{yi}^{*} \sum\limits_{i=1}^{N} H_{xi}H_{xi}^{*}} \tag{4-5}$$

Z_{yx}、Z_{yy} 的解法同 Z_{xx}、Z_{xy}，不再赘述。

大地电磁阻抗估计问题可视为一个二元线性回归问题：

$$E = HZ + \varepsilon \tag{4-6}$$

式中 E，H，ε 均为 $N \times 2$ 大小的矩阵，Z 为 2×2 的矩阵。这种求解方式与求解超定方程在实质上是等效的。该回归问题的最小二乘估计 Z 为

$$Z = (\overline{H}^{*}\overline{H})^{-1}(\overline{H}^{*}E) \tag{4-7}$$

根据 Gauss-Markov 理论，只有当满足残差 ε 互不相关且方差相同时，最小二乘估计才为最优无偏估计，但在大地电磁实际工作中，这个条件很难满足，因此最小二乘估计很难给出满意的结果。更为合理的方案是采用稳健阻抗估计。

4.1.2　稳健阻抗估计方法原理

1）M 回归估计

Egbert(1986)详细地讨论了 M 回归估计，它与最小二乘估计的思路是一致的，最小二乘解是通过最小化 $r^{H}r$ 得到的，而 M 回归估计的解则是通过最小化 $R^{H}R$ 得到的，其中 R 为 N 行向量，其中第 i 个元素为 $\sqrt{\rho(r_i/d)}$，其中 $\rho(x)$ 即损失函数(loss function)，用于衡量观测值与估计值之间的距离，因子 d 决定了多大的残差是需要降权的。

对于最小二乘估计来说，损失函数为 $\rho(x) = x^2/2$。M 估计的损失函数如下所示：

$$\rho(x) = \begin{cases} x^2/2 & (|x| \le \alpha) \\ \alpha|x| - \alpha^2/2 & (|x| > \alpha) \end{cases} \tag{4-8}$$

式中 α 通常取 1.5。当 x 小于 1.5 时，认为该点位正常值，损失函数与最小二乘一致，当 x 大于 1.5 时，用不同的损失函数来降低对应数据在回归问题中所占的权重。类似于最小二乘估计(4-7)，M 回归估计的迭代格式为：

$$\overline{Z}_M^{[k]} = (\overline{H}^{*} \cdot \overline{v}^{[k]} \cdot \overline{H})^{-1} \cdot (\overline{H}^{*} \cdot \overline{v}^{[k]} \cdot E) \tag{4-9}$$

式中 $\overline{v}^{[k]}$ 为权重函数，是损失函数的倒数。在 M 回归估计中有不同的权重函数可

供选择，常见的有 Hubert 权重函数和 Thomason 权重，分别如式(4-10)、式(4-11)所示：

$$v_{ii} = \begin{cases} 1 & (|x_i| \leqslant \alpha) \\ \alpha/|x_i| & (|x_i| > \alpha) \end{cases} \quad (4-10)$$

$$v_{ii} = \exp(e^{-\xi^2}) \exp\left[e^{-\xi(|x_i|-\xi)} \right] \quad (4-11)$$

图 4-1 展示了这两种权重函数是如何达到降权目的，进而确保稳健性的。当 $|x_i|$ 接近于 0 时，对应的数据被认为是正常数据，权重矩阵对角线元素 v_{ii} 为 1。当 $|x_i|$ 较大时，对应的数据被认为是异常数据，权重矩阵对角线元素 v_{ii} 较小，甚至为 0。

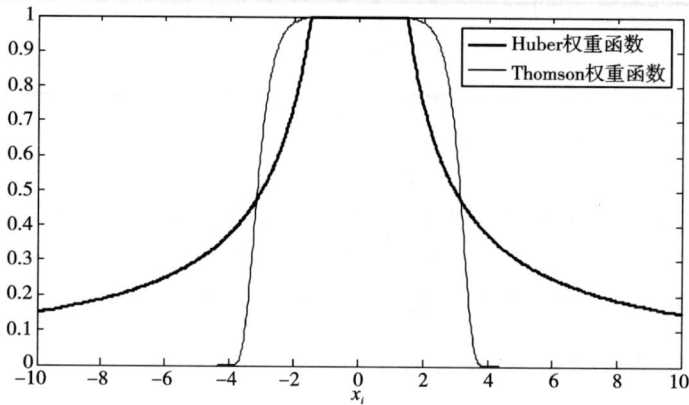

图 4-1 Huber 权重函数与 Thomson 权重函数对比

如上文提到的，α 通常取 1.5，即以 1.5 作为是否降低权重的分界线。由图 4-1 还可以知道，当 $2 < |x_i| < 4$ 时，Huber 权重函数效果更好，当 $|x_i| > 4$ 时，Thomason 权重函数效果更好。因此，在 M 回归估计中可以采用混合权重函数。

M 回归估计的流程图如图 4-2 所示。

2)有界影响估计

从以上论述可知，M 回归估计降低奇异值的权重均是在残差 r 的基础上讨论的，这就意味着仅在电道存在噪声时，M 回归估计可以给出稳定的结果。在大地电磁实际工作中，尽管磁道信号抗干扰能力强于电道，但磁道存在噪声的情况非常普遍，在这种情况下，M 回归估计效果变差。因此我们需要一种在电道磁道均含噪声的情况下仍然稳健的估计方法，有界影响估计就是为了解决这一问题而提出的。

在统计学中，自变量中的噪声(在大地电磁中即磁道)称为杠杆点(leverage point)。在回归理论中，帽子矩阵(hat matrix)是一个重要的辅助量，用于判断自变量中是否存在奇异值。

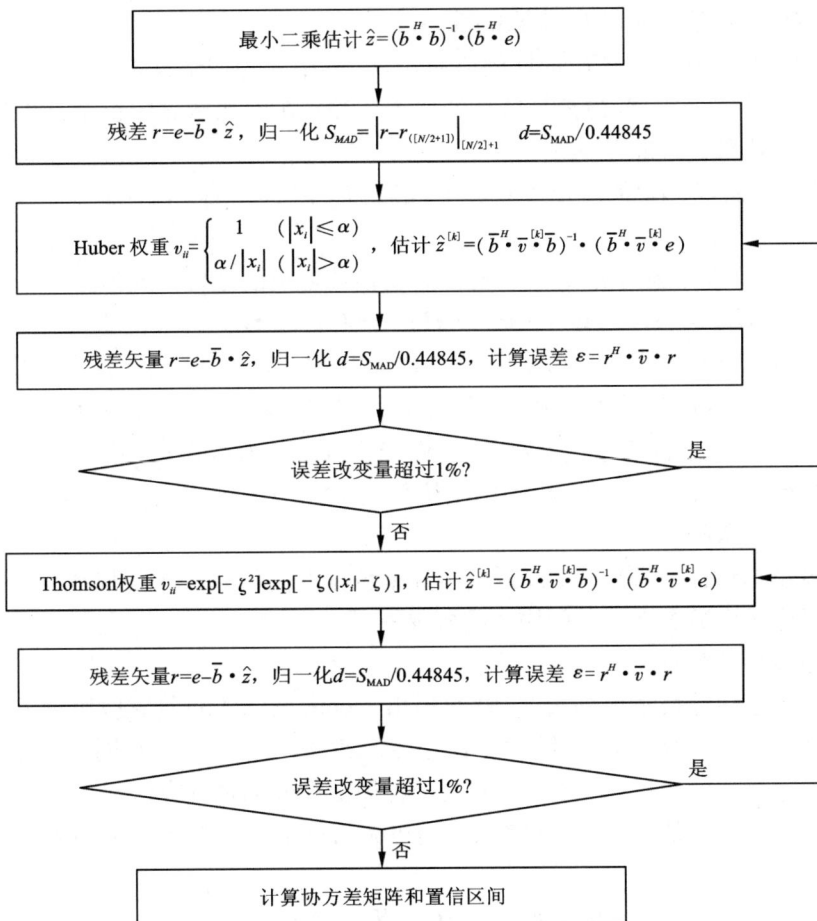

图 4-2　M 回归估计流程图

如前文所述，大地电磁阻抗估计模型可以写为 $E = HZ + \varepsilon$，阻抗的最小二乘解为 $Z = (\overline{H}^* \overline{H})^{-1} (\overline{H}^* E)$，将最小二乘解代入阻抗估计模型可得 $E = H(H^*H)^{-1}H^*E$，因此我们得到了帽子矩阵的定义：

$$HAT = H(H^*H)^{-1}H^* \qquad (4-12)$$

帽子矩阵是一个投影矩阵，如 $\hat{e} = HATe$ 所示，它将 e 投影为 $\hat{e}$ 上，看起来就像给 e 戴了一顶帽子一样，这也是它得名的由来。

由上式可知，帽子矩阵 HAT 仅与输入道 H 有关，与输出道 E 无关。

帽子矩阵满足如下性质：

(1) HAT 为对称矩阵，幂等矩阵；

(2)**HAT** 的特征值或者为 0,或者为 1,非 0 个数等于矩阵的秩;

(3)**HAT** 对角线元素 h_{ii} 满足 $0 < h_{ii} < 1$;

(4)**HAT** 对角线元素 h_{ii} 的期望值为 p/N,其中 p 为待估计参数个数,在大地电磁阻抗估计中为 2,N 为参与估计的数据段数,在大地电磁阻抗估计中通常为分段处理的段数,通常 $N \gg p$;

(5)一般而言,**HAT** 对角线元素 $h_{ii}i$ 满足 $h_{ii} > 2p/N$ 时,认为对应的第 i 道输入存在奇异值。

类似于 M 估计迭代格式(4),有界影响估计阻抗的迭代格式为

$$Z_{\#}^{[k]} = (\overline{H}^* \cdot \overline{w}^{[k]} \cdot \overline{v}^{[k]} \cdot \overline{H})^{-1} \cdot (\overline{H}^* \cdot \overline{w}^{[k]} \cdot \overline{v}^{[k]} \cdot E) \qquad (4-13)$$

式中 v 与 M 回归估计相同,可采用 Huber 权重函数或者 Thomson 权重函数,w 为用于降低杠杆点的矩阵,其对角线上元素为 $w_{ii}^{[k]} = w_{ii}^{[k-1]} \exp[e^{-\chi^2}] \exp[e^{-\chi(y_i-\chi)}]$,式中上标为迭代次数,$y_i = tr \cdot h_{ii}^{[k]}/p$。$tr$ 为矩阵 $u^{[k]}$($u^{[k]} = v^{[k]} w^{[k]}$)的迹,参数 χ 类似于 M 回归估计中的因子 d,决定了哪些数据被认为是杠杆点,是需要降低权重的。

有界影响估计通过矩阵 v 降低电道异常数据在阻抗估计中的权重,通过矩阵 w 降低磁道噪声数据在回归问题中的权重。

3)重复中值估计

重复中值估计最早由 Siegel(1982)提出,Smirnov(2003)将它应用到了大地电磁阻抗估计中。重复中值估计的思路与前面几种估计方法不尽相同,它巧妙地利用了中值远比均值稳健这一特性,它是一种简洁高效的估计方法。

对于参与估计的第 i、j 组数据,大地电磁阻抗估计模型 $E = HZ + \varepsilon$ 可写成如下形式:

$$\begin{pmatrix} E_{xi} & E_{yi} \\ E_{xj} & E_{yj} \end{pmatrix} = \begin{pmatrix} H_{xi} & H_{yi} \\ H_{xj} & H_{yj} \end{pmatrix} \begin{pmatrix} Z_{xx} & Z_{xy} \\ Z_{yx} & Z_{yy} \end{pmatrix} \qquad (4-14)$$

因此对每一组数据,都可以根据最小二乘法解出 $Z_{ij} = (H_{ij}^* H_{ij})^{-1} (H_{ij}^* E_{ij})$,经过两次循环求取中值即可得到重复中值估计结果,如下式所示:

$$Z = \underset{i}{\text{med}} \underset{j \neq i}{\text{med}} Z_{ij} \qquad (4-15)$$

4)稳健性测试

稳健性测试数据来源于 Rousseeuw 等(1987),该数据为测试回归算法稳健性的标准数据。该数据来自天文实验,横轴表示的是不同星球的表面温度,纵轴表示的是星球的光线强度。

不同方法的估计结果如图 4-3 所示,其中最小二乘估计结果 $y = -0.4133x + 6.7935$,M 回归估计结果 $y = -0.4134x + 6.7939$,有界影响估计结果 $y = 3.0431x - 8.4951$,重复中值估计结果 $y = 2.5738x - 4.3400$。结合图 4-3 来看,

M 回归估计与最小二乘估计结果接近，在图上二者基本重合，均受右上角四组奇异数据影响严重，有界影响估计显示出了优越的性能，反映了数据主体的线性关系，此外重复中值估计对斜率的估计是可以接受的，图中显示与有界影响估计近似平行，但截距估计失败。有界影响估计结果与 Rousseeuw 等（1987）给出的结果 $y = 3.898x - 12.298$ 与 Chave 等（2003）给出的结果 $y = 3.2038x - 9.1905$ 接近。从本数据来看，有界影响估计的性能最为良好。

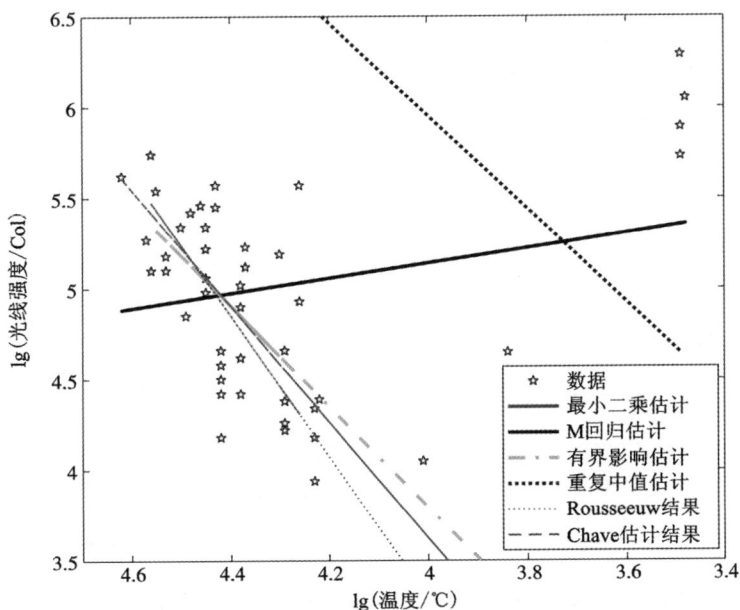

图 4 - 3　不同估计方法的标准数据测试结果

4.1.3　大地电磁阻抗估计仿真实验

1）大地电磁模拟数据生成

由于真实的大地电磁数据均含有不同程度的噪声，且由于地下电性结构未知，实测数据不适合用于测试阻抗估计方法的稳健性，因此，生成大地电磁模拟数据对于研究大地电磁数据处理方法意义重大，Ernst 等（2001）、Loddo 等（2002）均讨论了大地电磁模拟数据的生成方法。

为进行大地电磁阻抗估计仿真研究，我们生成了四道大地电磁模拟数据。首先分别对两个给定的不同地层模型进行一维正演，得到两组随频率变化的阻抗值。然后对于每个频点，把这两个阻抗值分别作为一个矩阵的非对角线元素，合成的矩阵 Z 即可用来模拟地下二维结构。磁道时间序列来自 1000 s 采样率为

15 Hz的实测数据，对磁道时间序列进行傅立叶变换，在频域上合成矩阵 H。电道在频域上的矩阵 E 由 $E = Z \cdot H$ 可以得到，经过反傅立叶变换，即可得到电场时间序列 E_x，E_y。

图 4-4 与图 4-5 展示了模拟结果。图 4-4 为模拟地下二维结构的视电阻率曲线，该图数据即下文各种阻抗估计结果对照的标准，估计结果越接近图 4-5，对应的估计方法就越有效。图 4-5 为得到的四道采样率为 15 Hz，持续1000 s 的模拟时间序列。

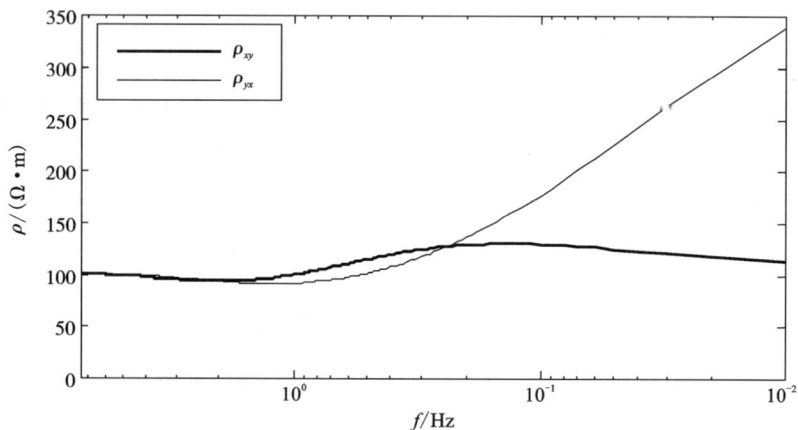

图 4-4　模拟视电阻率

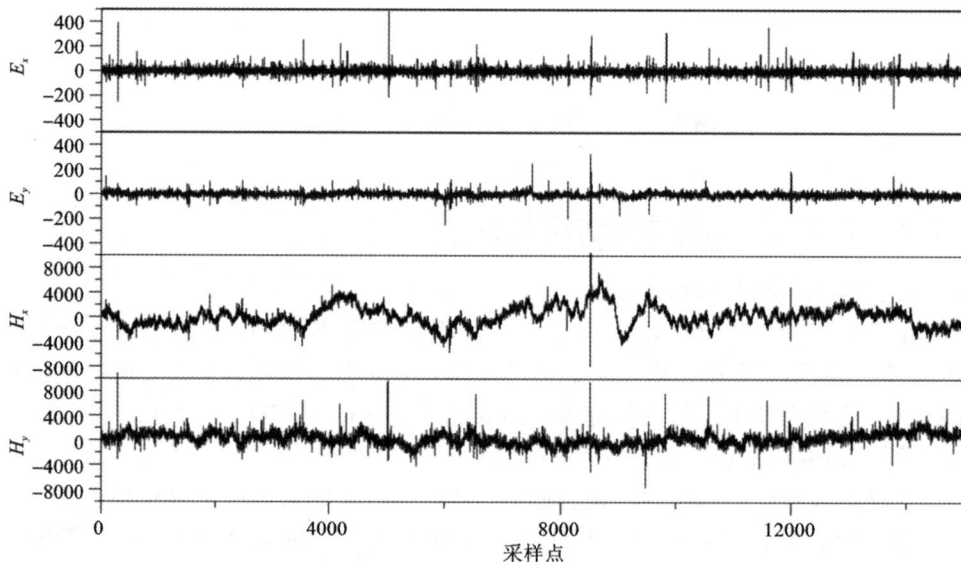

图 4-5　模拟时间序列

为了测试各种阻抗估计方法在噪声存在情况下的稳健性，我们还需要模拟噪声序列。从庐枞矿集区某大地电磁测点提取出了典型的噪声波形，如图 4 - 6 所示。从实践经验来看，图中所示的方波噪声、三角波噪声广泛存在于强干扰环境下的大地电磁低频数据中，因此可以较真实地模拟强干扰环境下的噪声。

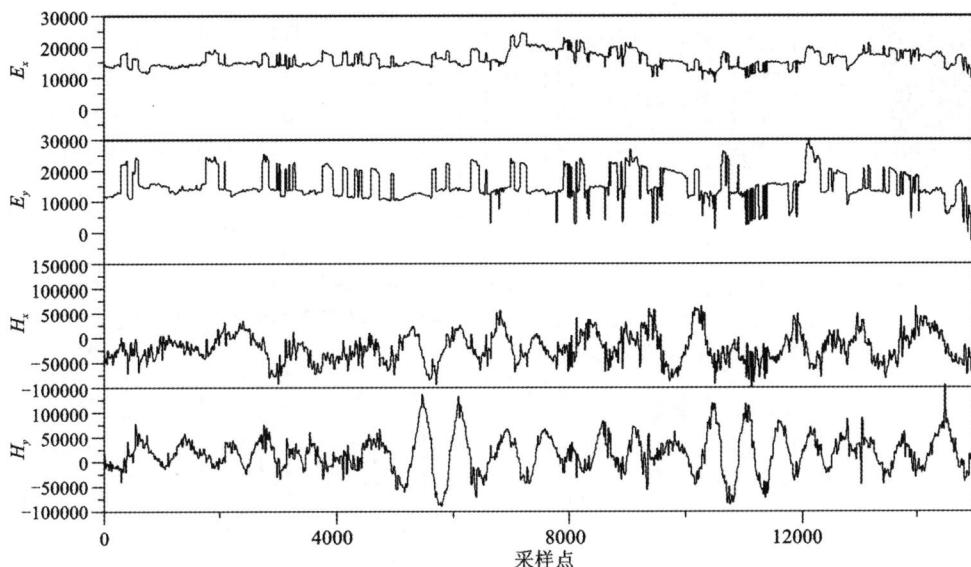

图 4 - 6　从实测数据中提取的典型噪声时间序列

评价回归方法的稳健性，崩溃点（breakdown point）是一个重要的指标，简单来说，崩溃点是指该回归方法所能承受的异常数据的百分比。任何稳健回归方法的崩溃点不会超过 0.5，这一点可以从直观上理解，因为当奇异数据占总数据的一半以上时，回归关系已经被完全淹没。下文通过添加不同噪声来考察不同阻抗估计方法的稳健性，幅值与长度是添加噪声中的两个变量。本章对噪声序列的幅值进行了归一化处理，使它们的能量均值为信号能量均值的 0.2 倍，添加噪声的长度是唯一的变量，举例来说，"添加 10% 的噪声"指的是总共 1000 秒数据中有100 秒数据添加了噪声。

2）大地电磁阻抗估计仿真实验

数据来源即模拟时间序列与提取噪声序列，由易到难，依次在电道，或电道磁道同时添加了不同程度的随机噪声、有色噪声、提取噪声

为了验证不同估计方法的稳健性，首先添加了随机噪声与有色噪声。图 4 - 7为在电道添加 20% 的随机噪声最小二乘估计与 M 回归估计结果对比，图 4 - 8 为在电道添加 20% 的有色噪声最小二乘估计与 M 回归估计结果对比。两图表现的

特征相似，从图中可以看出，M 回归估计的结果（红线黑线）略优于最小二乘估计（蓝线绿线），除少数飞点外，二者均得到了可以接受的结果，可见，对于一定程度的有色噪声与随机噪声，最小二乘估计与 M 回归估计都是稳定的，崩溃点可达到 0.2。

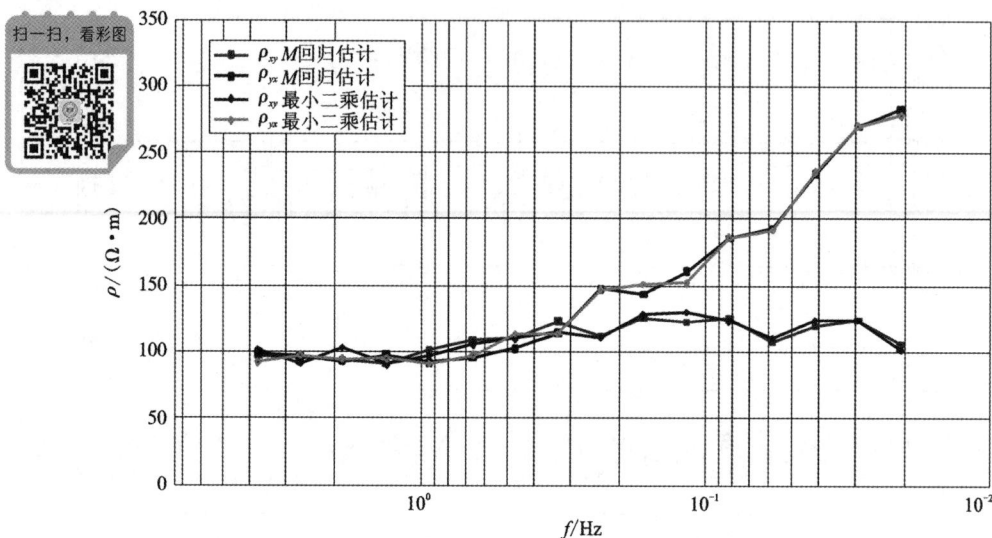

图 4 - 7　电道添加 20% 随机噪声时最小二乘估计与 M 回归估计结果对比

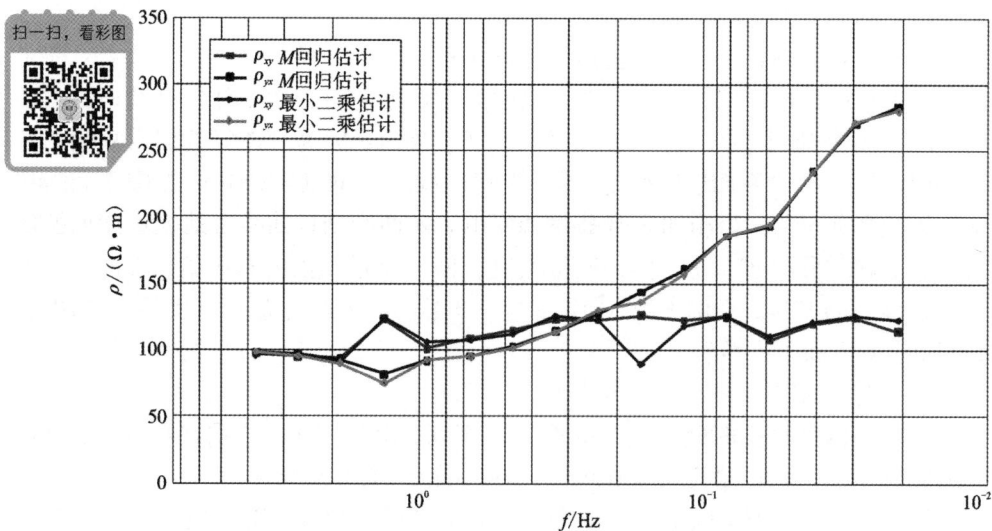

图 4 - 8　电道添加 20% 有色噪声时最小二乘估计与 M 回归估计结果对比

矿集区实测数据中的强电磁干扰对大地电磁转换函数估计造成的影响远大于随机噪声与有色噪声。图 4 - 9 为电道添加 10% 提取噪声最小二乘估计与 M 回归估计结果对比，从图中可以看出，最小二乘的估计结果（蓝线绿线）已经难以接受，在这样的噪声存在下，最小二乘估计的崩溃点小于 0.1。而 M 回归估计（红线黑线）显示了良好的性能，给出了与模拟曲线非常接近的结果。

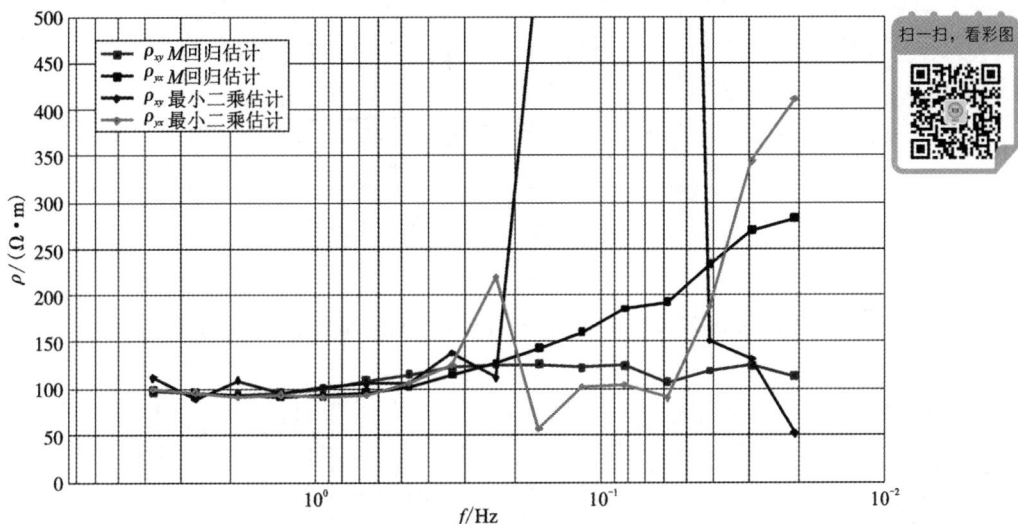

图 4 - 9　电道添加 10% 提取噪声时最小二乘估计与 M 回归估计结果对比

图 4 - 10 为电道添加 20% 提取噪声 M 回归估计（红线黑线）与重复中值估计（蓝线绿线）结果对比。图 4 - 11 为电道添加 30% 提取噪声 M 回归估计（红线黑线）与重复中值估计（蓝线绿线）结果对比。从结果上看，当添加 20% 提取噪声时，M 回归估计的结果出现飞点，但不影响曲线形态的确定，重复中值估计表现出了更好的稳健性。当添加 30% 提取噪声时，M 回归估计曲线凌乱，无法确定形态，而重复中值估计的结果仍然稳定，因此，可以认为 M 估计的崩溃点在 0.2 到 0.3 之间，重复中值估计崩溃点在 0.3 以上。

在大地电磁实际数据采集过程中，测点数据经常受到电磁相关噪声污染，研究电道磁道添加同步噪声具有现实意义。图 4 - 12 为电道磁道均添加 20% 提取噪声时 M 回归估计结果，图 4 - 13 为电道磁道均添加 20% 提取噪声时有界影响估计（红线黑线）与重复中值估计（蓝线绿线）结果对比。在电道磁道均存在噪声的情况下，M 回归结果很差，基本无法确定曲线形态，如期望的那样，有界影响估计表现出了良好的性能，仅存在少数飞点，不影响视电阻率曲线形态的确定，另外，重复中值估计表现出了很稳定的性能，估计结果略优于有界影响估计。

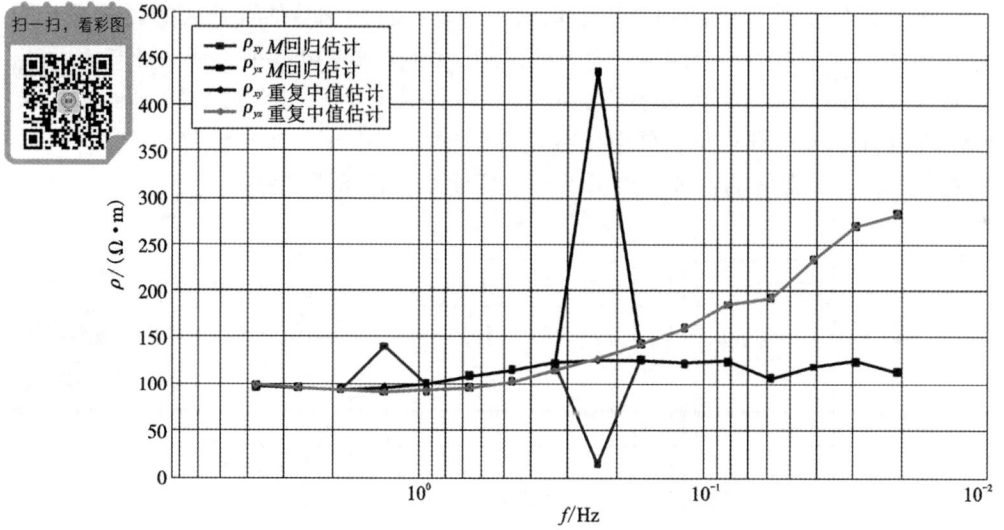

图 4 – 10 电道添加 20% 提取噪声时有界影响估计与重复中值估计结果对比

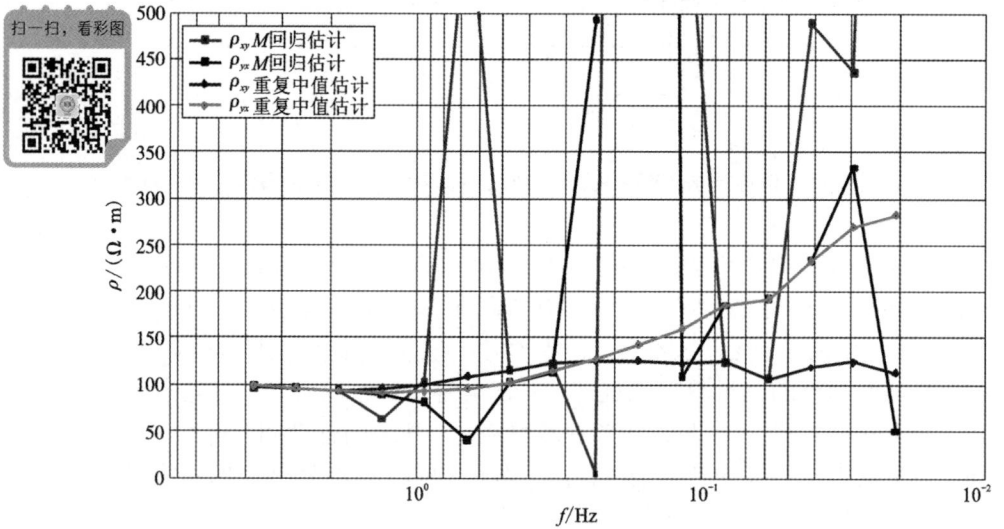

图 4 – 11 电道添加 30% 提取噪声时有界影响估计与重复中值估计结果对比

需指出，从模拟数据处理结果来看，稳健估计方法并不能完全解决大地电磁噪声问题，最稳健的估计方法崩溃点也在 0.4 ~ 0.5，这就要求原始数据有一半以上的数据段是不含噪声的。因此，实际中在进行阻抗估计处理前，先对大地电磁时间序列进行信噪识别或者信噪分离，对提高数据处理效果是非常必要的。

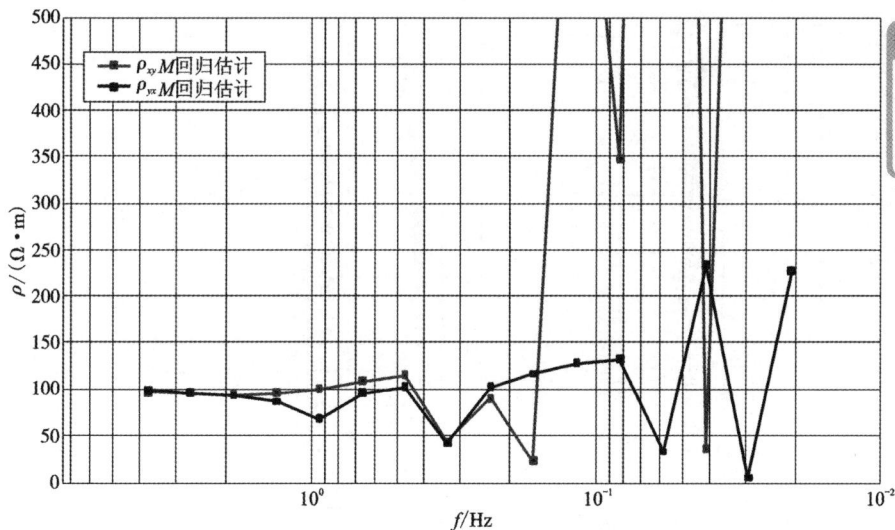

图 4 – 12　电道磁道均添加 20% 提取噪声时 M 回归估计结果

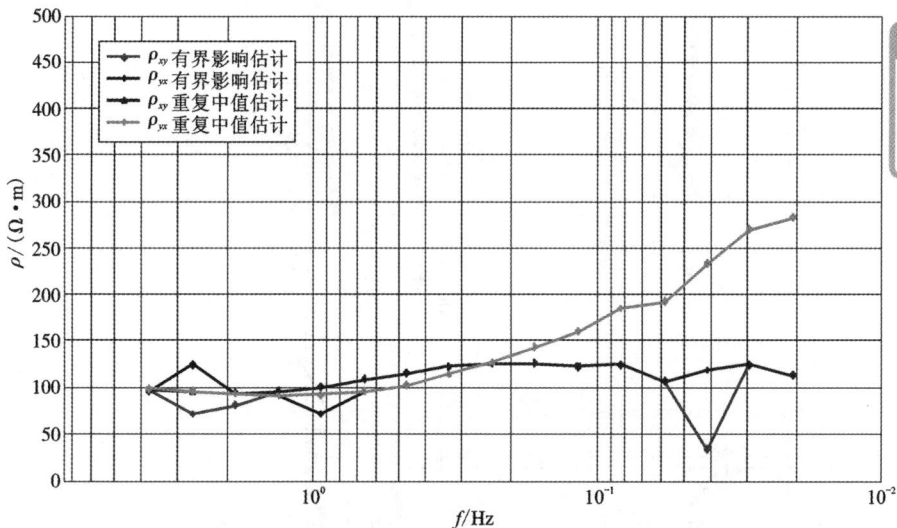

图 4 – 13　电道磁道均添加 20% 提取噪声时有界影响估计与重复中值估计结果对比

4.1.4　实测数据处理

作为一种常规处理方法，实际工作中，对每一个观测点都进行了稳健阻抗估计处理。图 4 – 14 为庐枞矿集区 AMT 观测数据稳健阻抗估计处理后的部分测深曲线展示，主要采用 M 回归估计方法。可以看出，经过处理后，除 AMT"死频带"和低频端外，多数测点曲线形态明确，特征明显，能清晰地揭示地下电性特征。

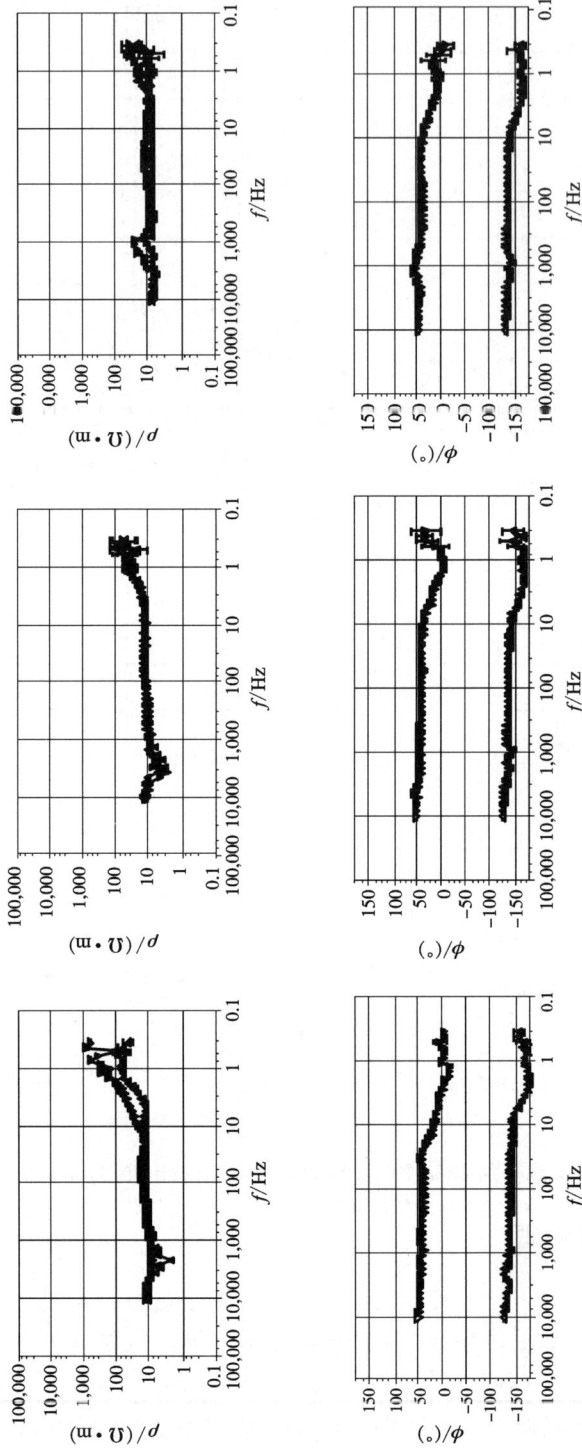

(a)

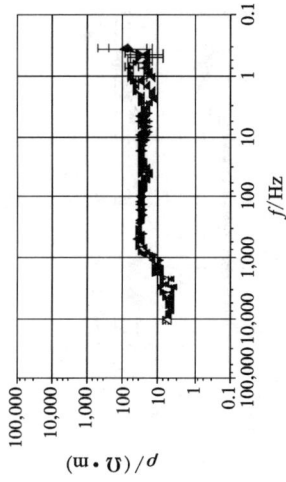
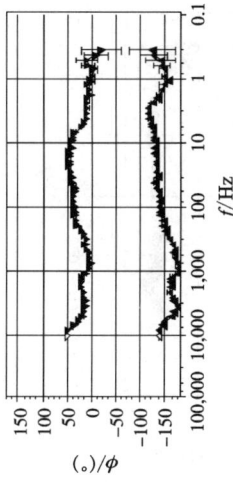
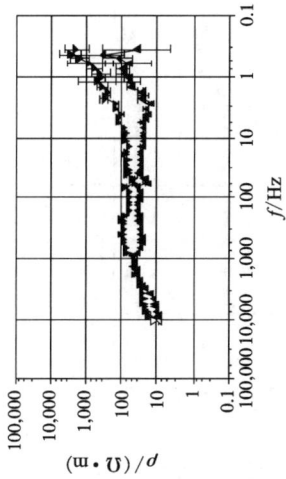
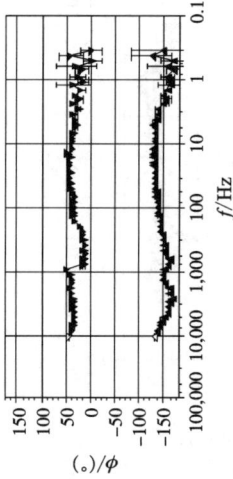
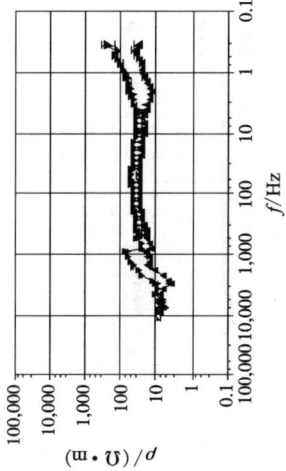
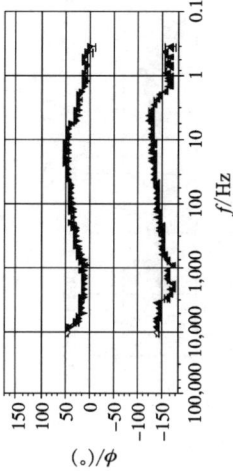

(b)

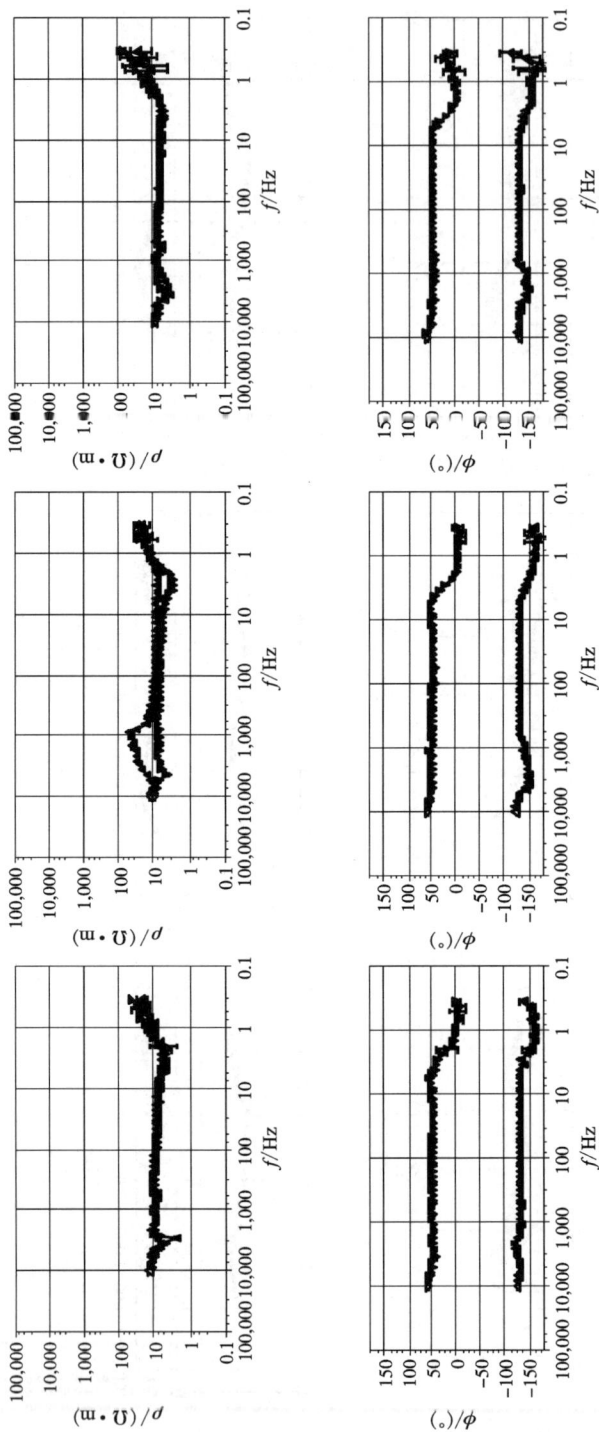

(c)

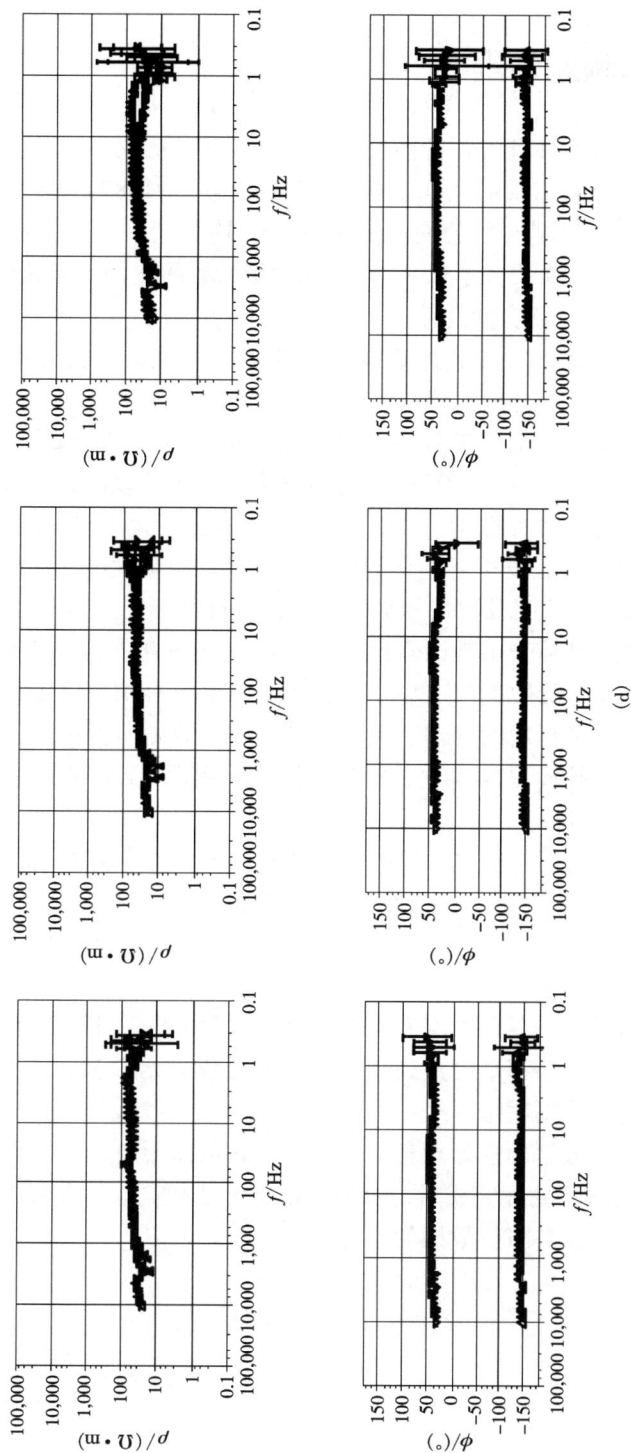

图4-14 单点测深曲线展示

(a) HL03124A/HL03125A/HL03126A的视电阻率、相位曲线；(b) FL28159A/FL28160A/FL28161A的视电阻率、相位曲线；
(c) IL23170A/IL23171A/IL23172A的视电阻率、相位曲线；(d) IL23277A/IL23278A/IL23279A的视电阻率、相位曲线

◆ xy模式　▼ yx模式

4.2　频率域数据删选处理

时间域处理一般相对烦琐且可评价性低，因此很多学者从频率域出发进行数据处理（Egbert et al.，1986；Chave et al.，1987；Jones et al.，1989）。各类 Robust 估计一般情况下可较好地压制不相关噪声的影响，但 Robust 估计的限制是所谓"崩溃点"（breakdown point）无法大于 0.5，或者说含噪数据的比例不能超过 50%，否则 Robust 处理不能保证得到合理的结果。

实际中，含噪数据的比例常常超过 50%，对相关噪声尤其如此。此时常规 Robust 处理不能令人满意，需进行频域数据的删选处理。一些学者利用大地磁场张量、相干度以及计算拟信噪比等参数进行含噪数据的自动剔选（Egbert，1997；Ritter et al.，1998；Sokolova et al.，2005）。这类算法可省去烦琐的人工操作，但是计算机的自动处理依赖于各参数的假设，这些假设在复杂的噪声条件下并不总是成立。如相干度条件一般假设相互垂直的电、磁场分量相干度高，而相互平行的电、磁场分量相干度低，此假设在强相关噪声条件下往往不能满足。

人工处理虽然烦琐，且易受主观因素影响，但相较自动算法的好处是，对含噪数据的识别准确，不受含噪数据"崩溃点"的限制；只要所有功率谱中有含噪较低的数据，均可识别出并进行后续处理。人工处理的一个原则是保证阻抗视电阻率、相位测深曲线在整个频段更加连续、光滑，数据误差更小，这就对技术员的处理经验提出了一定的要求。

一般地，只要采集的时间足够（如 AMT 采集 1 h），每一个频点从时间序列文件中可以计算出一系列的功率谱。此时既可以自编程序显示并挑选功率谱数据，也可借助一些成熟的软件完成该操作，如凤凰 SSMT2000 软件，允许用户最多在 100 组功率谱数据中进行删选。

图 4 - 15 给出了 AL12123A 点采用人工功率谱挑选与 Robust 相结合的方式进行处理的实例。可以看到，功率谱删选处理后，yx 方向脱节无形态的数据质量得到了明显的改善，提高了数据质量等级。

需说明，人工频率域数据删选处理相对耗时，因此可作为自动处理的辅助手段。在常规处理和自动删选处理完成后，如果质量仍无法提高，可进行人工频率域数据删选处理，尽可能提高阻抗数据的估计质量。

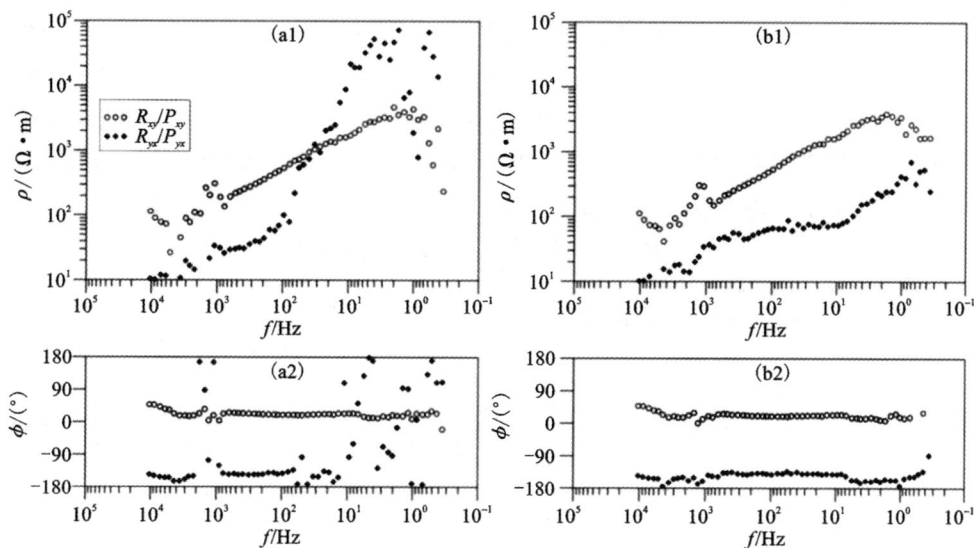

图 4 − 15　测站 AL12123A 不同处理方法的对比
左：常规 Robust 处理结果；右：人工功率谱挑选与 Robust 相结合的处理结果

4.3　远参考处理

4.3.1　远参考处理的基本原理

由前所述，式(4 − 4)与(4 − 5)可写为，

$$\overline{Z}_{xy} = \frac{\langle E_{x_s} E_{x_s}^* \rangle + \langle E_{x_n} E_{x_n}^* \rangle}{\langle H_{y_s} E_{x_s}^* \rangle} = Z_{xy}\left(1 + \frac{E_{n-p}}{E_{s-p}}\right) \qquad (4-16)$$

$$\overline{Z}_{xy} = \frac{\langle E_{x_s} H_{y_s}^* \rangle}{\langle H_{y_s} H_{y_s}^* \rangle + \langle H_{y_n} H_{y_n}^* \rangle} = Z_{xy}\left(1 + \frac{H_{n-p}}{H_{s-p}}\right) \qquad (4-17)$$

各式中 E_{x_n}、E_{y_n}、H_{x_n} 和 H_{x_n} 是对应场量中的噪声项。单点 MT 测量的张量阻抗元素的表达式中至少有一对电磁分量的自功率谱。噪声将引起自功率谱估计变大，从而导致阻抗向上或向下偏倚。从式(4 − 16)及式(4 − 17)可以看出，磁噪声将导致张量阻抗估算偏低，而电噪声将导致张量阻抗估算偏高。因此只要各电磁分量之间的噪声是相互独立的，则张量阻抗估算质量将有所改善。而当两观测点相距较远时，两观测点间电磁分量中的噪声一般满足相互独立这个条件。考虑到大地电磁测深中磁信号在相当一段距离范围内变化缓慢这一特点，人们提出了将远参

考点处的磁信号作为参考分量来估算测点的张量阻抗, 此时一般有

$$\langle H_{y_r} H_{y_r}^* \rangle = \langle H_{y_{rs}} H_{y_{rs}}^* \rangle = \langle H_{y_s} H_{y_s}^* \rangle \qquad (4-18)$$

$$\langle E_x H_{y_r}^* \rangle = \langle H_{y_{rs}} E_{x_s}^* \rangle = \langle E_{x_s} H_{y_s}^* \rangle \qquad (4-19)$$

$$\langle H_{y_{rn}} H_{y_n}^* \rangle = 0 \qquad (4-20)$$

式中下标 r 代表参考点, s 和 n 代表信号和噪声, rs 和 rn 代表参考点的信号和噪声。通常, 对于二维介质可以写出以磁道为参考的张量阻抗的表达式

$$Z_{xy} = \frac{\langle H_x E_{x_r}^* \rangle \langle H_y H_{y_r}^* \rangle - \langle E_x H_{y_r}^* \rangle \langle H_y H_{x_r}^* \rangle}{D} \qquad (4-21)$$

$$Z_{xy} = \frac{\langle E_x E_{y_r}^* \rangle \langle H_x H_{x_r}^* \rangle - \langle E_x H_{x_r}^* \rangle \langle H_x H_{y_r}^* \rangle}{D} \qquad (4-22)$$

$$Z_{xy} = \frac{\langle E_y E_{x_r}^* \rangle \langle H_y H_{y_r}^* \rangle - \langle E_y H_{y_r}^* \rangle \langle H_y H_{x_r}^* \rangle}{D} \qquad (4-23)$$

$$Z_{xy} = \frac{\langle E_y E_{y_r}^* \rangle \langle H_x H_{x_r}^* \rangle - \langle E_y H_{x_r}^* \rangle \langle H_x H_{y_r}^* \rangle}{D} \qquad (4-24)$$

式中

$$D = \langle H_x H_{x_r}^* \rangle \langle H_y H_{y_r}^* \rangle - \langle H_x H_{y_r}^* \rangle \langle H_y H_{x_r}^* \rangle \qquad (4-25)$$

从以上各式可以看出, 每一对互功率谱均包含参考道的磁分量, 一般地, 通过合理选点, 远参考点和测量点相应频段范围内噪声是不相关的, 远参考处理可以提高张量阻抗的计算精度。

4.3.2 仿真数据的远参考法处理效果分析

为分析远参考方法的应用效果, 我们进行了仿真数据的模拟处理分析, 仿真方法能够避免实测数据进行研究时由于仪器差异、布极方式、标定文件及场源变化等带来的不确定因素影响, 明确了信号和噪声, 从而获得比较理想的效果。

采用数值模拟方法产生两个 100 Ω·m 均匀半空间的时间域数据, 两个信号相关性接近 1。把这两个时间域数据中的一个当作基站, 添加方波噪声, 通过计算观察方波噪声对视电阻率相位曲线的影响。另一个作为远参考站, 考察远参考方法的去噪效果。当基站不受噪声影响时, xy 方向视电阻率曲线由电道 E_x 和磁道 H_y 计算得出。仿真实验中只给 H_y 道或 E_x 道添加方波噪声, 考察方波噪声对 xy 方向视电阻率曲线的影响及远参考的去噪效果。

本例中, 模拟时间序列采样频率为 1 Hz, 采样点数为 40000。时间域波形如图 4-16 所示, 计算得到的视电阻率相位曲线如图 4-17(左) 所示, 仿真中添加的方波噪声与信号的相关度保持在 0.2 以下, 如图 4-17(右), 仿真方波示意图如图 4-18 所示。

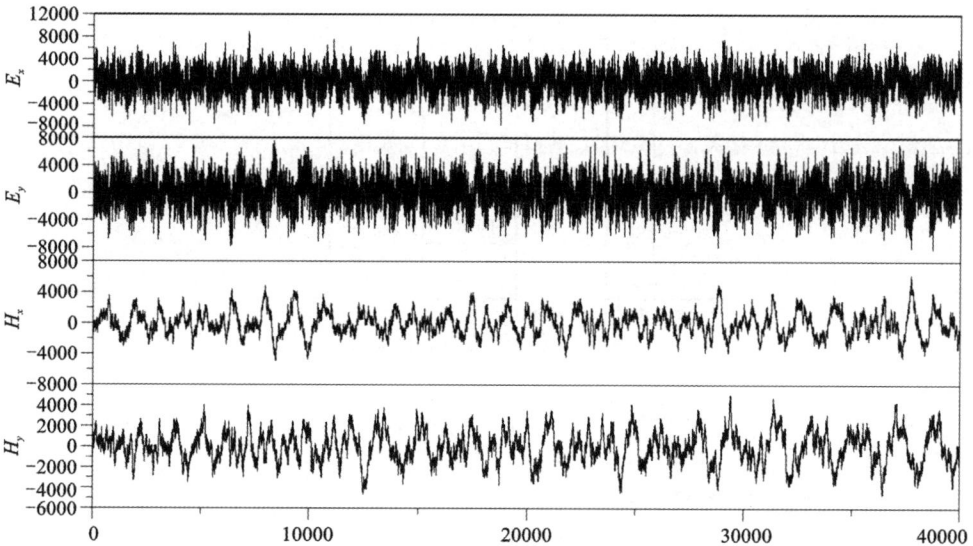

图 4 - 16　模拟时间序列波形；地电模型为 100 $\Omega \cdot$ m 均匀半空间

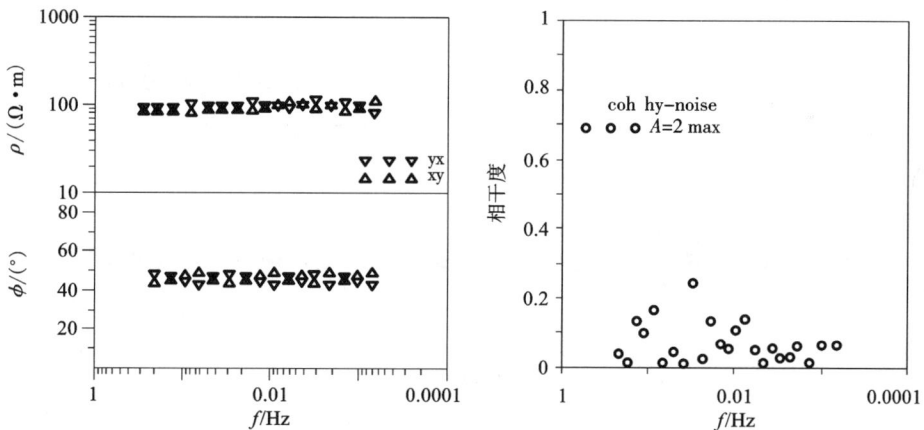

图 4 - 17　视电阻率相位曲线图（左）及噪声与信号相关度（右）

通过给原始时间序列的 H_y 道添加不同宽度、不同幅值、不同间距的方波噪声，考察噪声对 XY 方向视电阻率相位曲线的影响及远参考方法的去噪效果。在这之前，先考察了不同长度方波噪声对视电阻率相位曲线的影响及远参考的去噪效果。分别给原始时间序列长度的 1/4、2/4、3/4 加载宽度为 100、间距为 500、幅值为 2 倍 H_y 序列最大值的方波，其结果如图 4 - 18 所示。

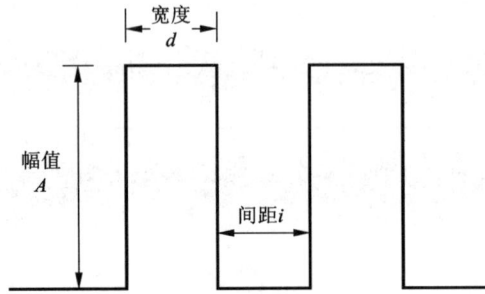

图 4 – 18　仿真方波示意图

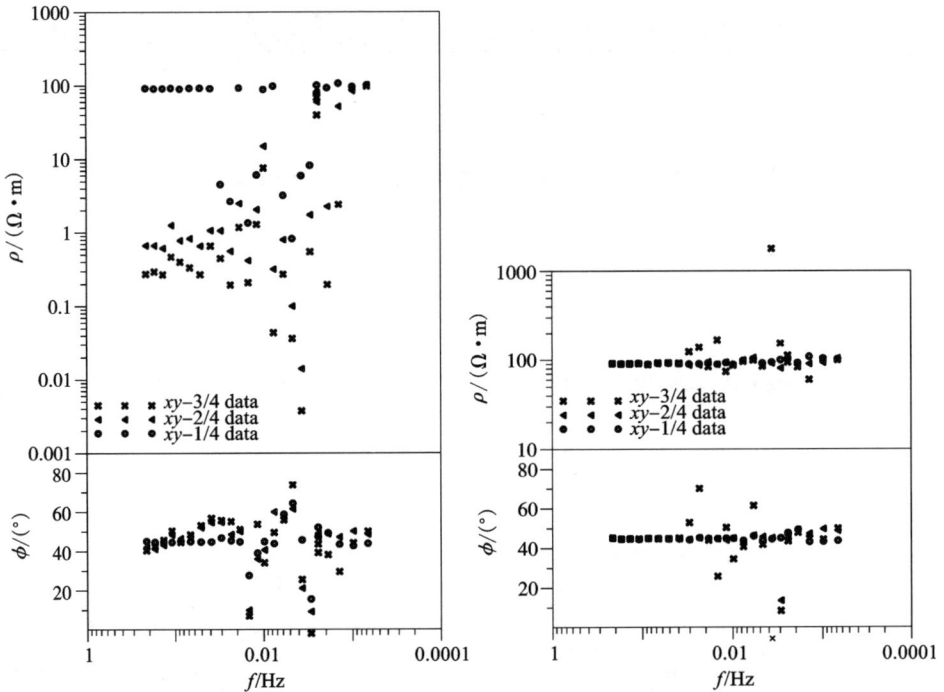

图 4 – 19　H_y 道中添加不同长度方波噪声后 xy 方向测深曲线(左)及远参考去噪结果(右)

　　从图 4 – 19 左图的测深曲线可以看出,当方波噪声长度为 1/4 的原始时间序列时,即受噪数据只有 1/4,方波噪声对测深曲线高频段几乎没有影响,中频视电阻率向下偏倚。当受噪数据增加到一半甚至更多时,方波噪声使得视电阻率曲线从高频第一个频点开始大幅度向下偏倚,同时受噪数据越多,视电阻率向下偏倚越大,相位曲线畸变也越大。从图 4 – 18 右图远参考去噪结果可知,当受噪数据小于一半原始序列，远参考方法能够获得全频段阻抗的无偏估计，当受噪数据为3/4时，远参考方法仅仅能部分改善曲线形态，获得高频无偏估计。由此可见，含噪数据的比例，将极大影响远参考方法的去噪效果。为了获得阻抗无偏估计，延长采集时间，获得更多不含噪数据是一种有效办法。

1）方波幅值的影响

仿真方波添加在时间序列的 H_y 道，宽度固定为100，间距固定为500，方波噪声长度是原始时间序列长度的一半，幅值变化分别为1000、1 倍时间序列的最大值及 2 倍时间序列的最大值；H_y 道添加方波噪声后 xy 方向测深曲线及远参考去噪结果如图 4－20 所示。

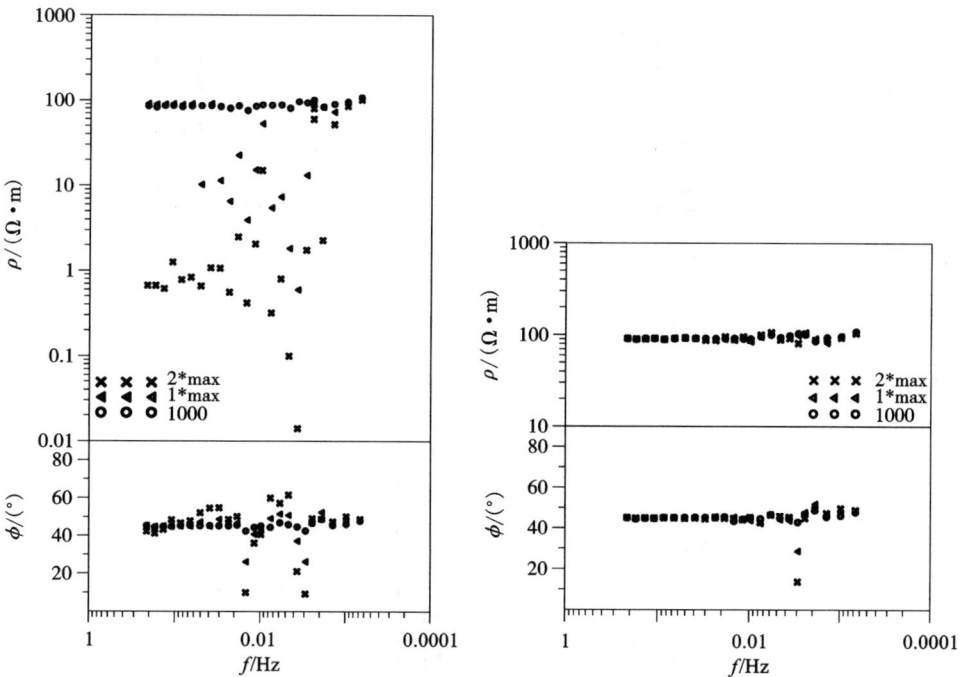

图 4－20　H_y 道中添加变化幅值的方波后 xy 方向测深曲线（左）及远参考去噪结果（右）

由图 4－20 可知，随着方波幅值增加，视电阻率、相位曲线受影响的范围保持不变，但是视电阻率曲线下掉幅度变大，相位偏倚增加。这是因为增加方波噪声的幅值，虽然受影响的频点不变但会大幅增加方波噪声频谱能量，如图 4－21 所示噪声频谱。远参考方法基本上完全消除了此类方波噪声的影响。但在低频0.003 Hz 附近频点的相位偏倚仍然明显，视电阻率曲线也有微小偏倚。对比原始测深曲线发现，这是受噪声影响视电阻率向下偏移严重、相位偏倚最大的一个频点，对比频谱曲线发现方波频谱能量在此处也较大。由此可见，当噪声能量达到一定程度后，远参考处理也不一定能获得可靠的结果，需要结合其他方法压制此类噪声。

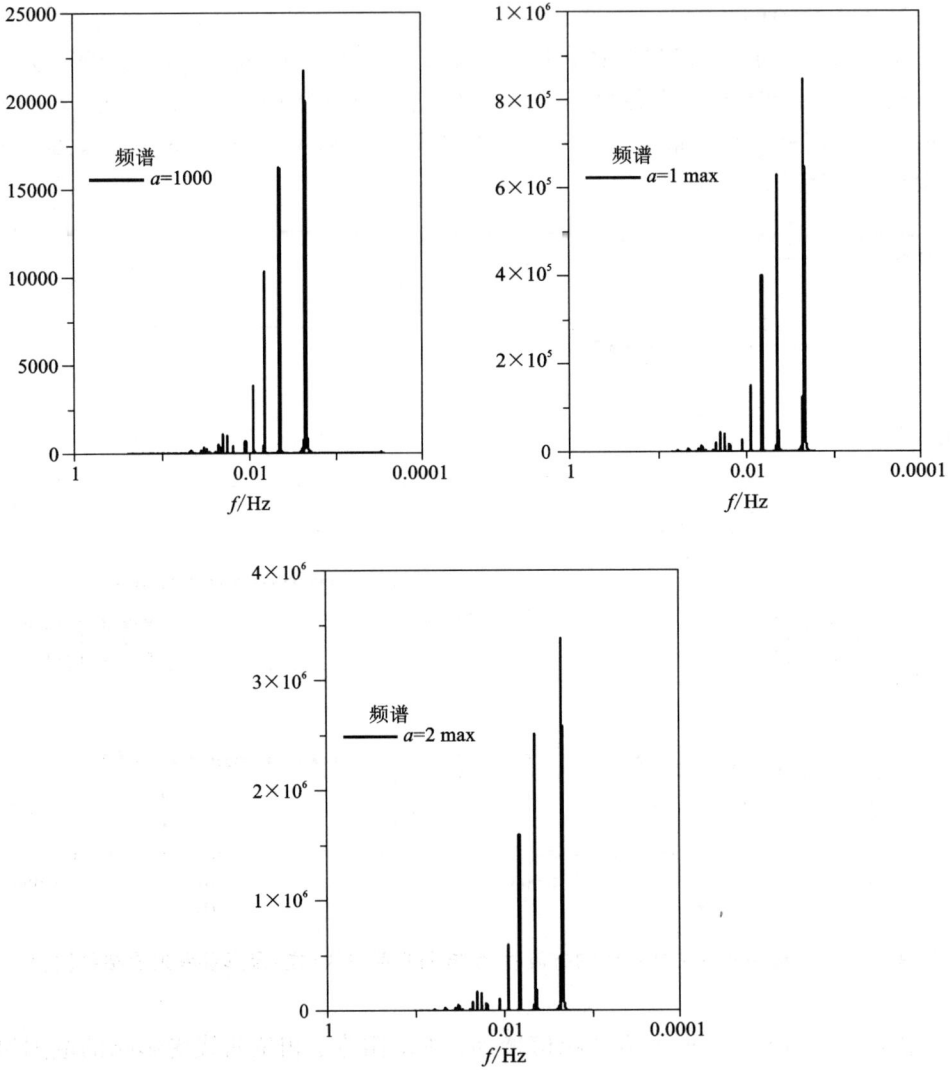

图 4-21　幅值 A 分别为 1000、1 倍时间序列最大值、2 倍时间序列最大值的方波噪声频谱图

2）方波宽度的影响

仿真方波添加在时间序列的 H_y 道，宽度变化为 10、100、200，幅值固定为时间序列的最大值，间距固定为 500。方波噪声长度是原始时间序列长度的一半。H_y 道添加方波后 xy 方向测深曲线及远参考去噪结果如图 4 - 22 所示。

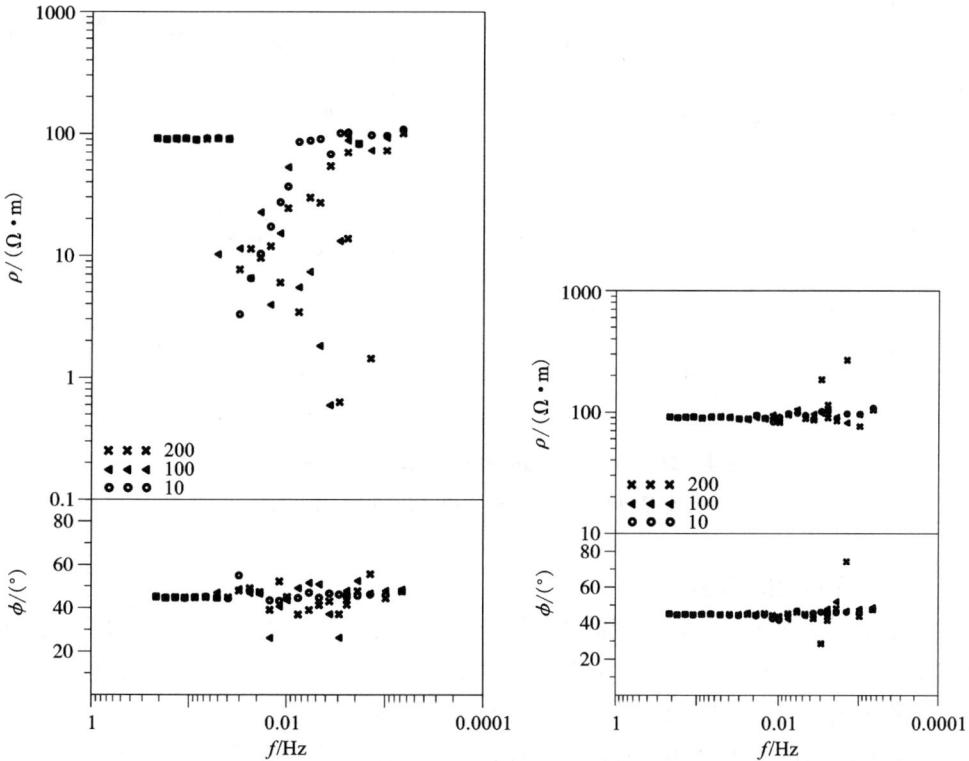

图 4 - 22　H_y 中添加变化宽度的方波后 xy 方向测深曲线（左）及远参考去噪结果（右）

由图 4 - 22 可知，随着方波宽度增加，视电阻率相位曲线受影响的范围从中频向中低频移动。远参考方法能够基本消除方波噪声的影响，但是对于加载了宽度为 200 的方波噪声其低频段远参考结果有偏倚。对数据进行相关性分析（图 4 - 23）发现，H_y 道加载宽度为 200 的方波噪声后，其低频 0.003 Hz 附近的两个频点与远参考 R_y 信号相关性接近 0，同时也发现高频段 0.3 Hz 附近频点的相关性也仅仅在 0.2 左右，但远参考完全消除噪声影响获得了阻抗无偏估计。这说明，远参考站与基站信号相干度影响远参考方法的去噪效果，低频低相干度的远参考结果是有偏倚的，为了获得低频阻抗无偏估计，需要参与计算的数据量足够大。

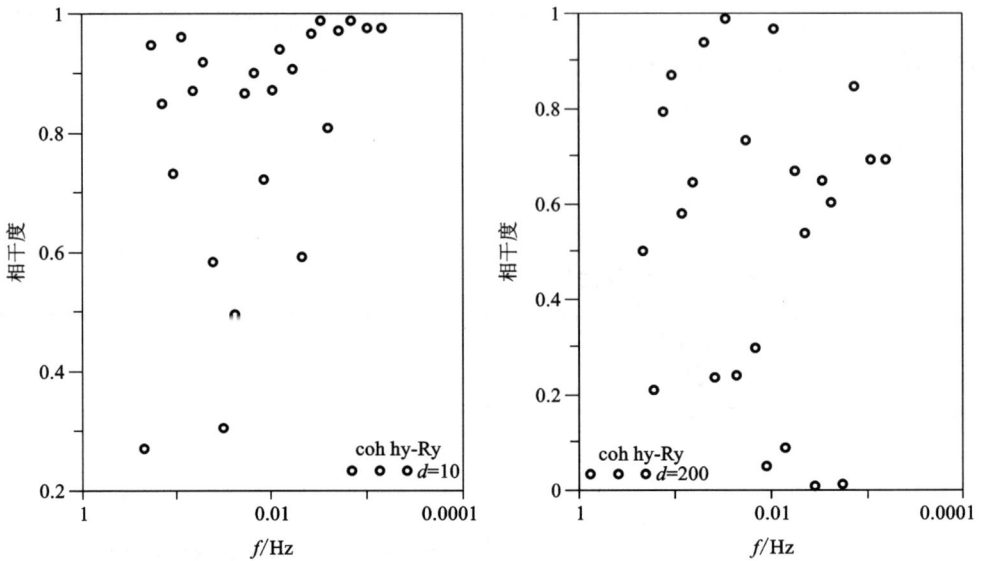

图 4-23　宽度 d 为 10 的 $hy-Ry$ 信号相干度(左)
及宽度 d 为 200 的 $hy-Ry$ 信号相干度(右)

3)方波间距的影响

仿真方波添加在时间序列的 H_y 道,间距变化为 100、500、1000,幅值固定为时间序列的最大值,宽度固定为 100。方波噪声长度是原始时间序列长度的一半。H_y 道添加方波后 xy 方向测深曲线及远参考去噪结果如图 4-24 所示。

由图 4-24 左图可知,随着间距的增加,受噪声影响的频点从高频逐渐变成中低频。小间距下的方波噪声造成视电阻率曲线的更大偏倚。方波噪声也使得相位曲线也发生了偏倚。图 4-24 右图是远参考方法去噪的结果。远参考方法能够消除大部分方波噪声的影响,获得视电阻率曲线的基本形态,但是在间距为 1000 时远参考中频结果偏倚严重,阻抗估计不真实。

4)测道耦合方波噪声仿真

噪声加载的方式有两种,第一种是只在 E_x 道中加载方波噪声,第二种是在 E_x、H_y 道均加载噪声,其中 E_x 中为三角波噪声,宽度幅值间距与 H_y 中方波噪声一致。选取的方波噪声宽度为 100,间距为 500,幅值为时间序列最大值的两倍,噪声长度是原始时间序列长度的一半。xy 方向测深曲线及远参考去噪结果如图 4-25所示。

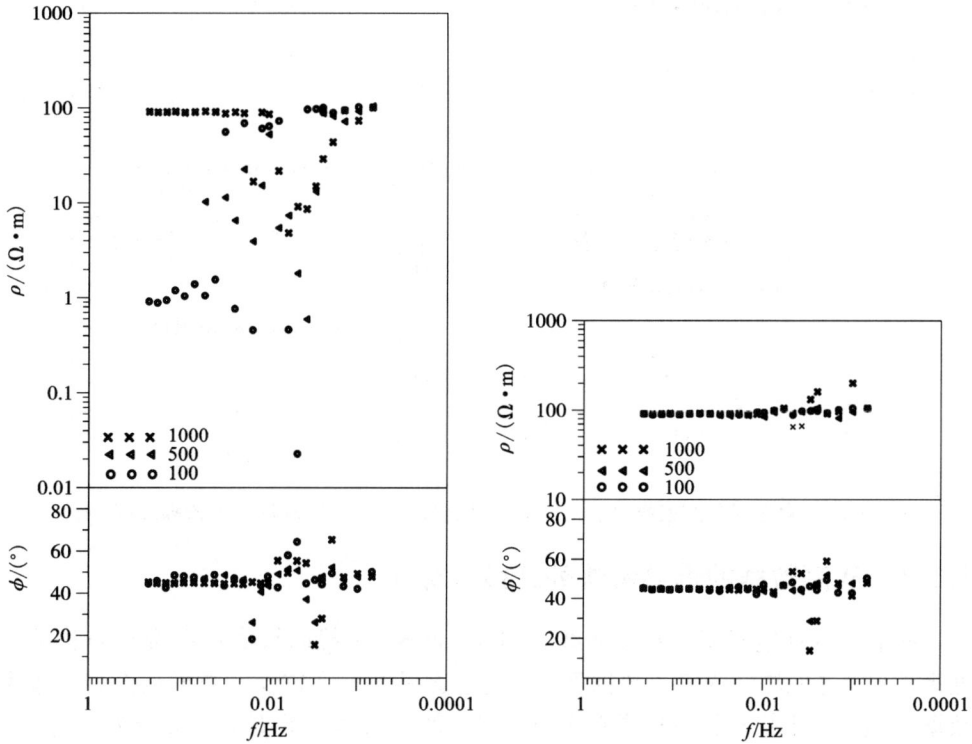

图 4 - 24　H_y 中添加变化间距的方波噪声后 xy 方向测深曲线(左)及远参考去噪结果(右)

图 4 - 25 中下三角代表的是只给 E_x 道加载噪声的结果,上三角表示 E_x、H_y 中添加耦合噪声的结果。由图可知,当把方波噪声加载在 E_x 时,E_x 中的方波噪声对 xy 方向视电阻率相位测深曲线影响小,只体现在中频的几个频点上,测深曲线保持了其原始的形态,远参考方法不能去除 E_x 中的方波噪声干扰获得全频段的无偏估计。对比在 H_y 道添加同样方波噪声的仿真结果可知,磁道比电道对噪声更敏感,远(磁)参考方法能压制磁道噪声,难以压制电道噪声。在 E_x、H_y 道加载耦合噪声,原始的视电阻率曲线形态差,除低频三四个频点均向下偏倚,相位曲线畸变严重,高频四个频点相位反向,由此可知,耦合噪声将极大影响视电阻率、相位测深曲线,它是造成相位畸变的重要原因。右图的远参考结果表明,远参考方法能很好地消除这类噪声干扰,获得阻抗的无偏估计。

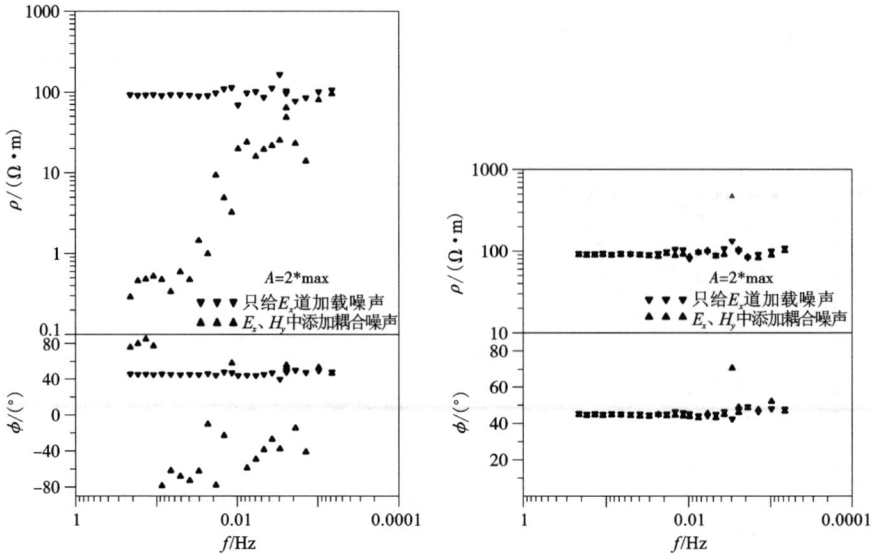

图 4 – 25 测道耦合方波噪声仿真的 *xy* 方向测深曲线(左)及远参考去噪结果(右)

4.3.3 实测数据的远参考法处理效果分析

我们选取视电阻率 – 相位曲线为典型"近源"干扰曲线类型的数据点作为待处理数据,选取测区内磁道数据平稳、受电磁噪声污染较少的数据点作为远参考数据,"近源"干扰数据点通常在 10 Hz 以下的中低频段数据受污染最为严重,视电阻率曲线呈近似45°抬升,相位趋于 0,与 CSAMT 近区效应一致,应用远参考处理技术对近源干扰数据进行处理,分析视电阻率 – 相位曲线、相干度以及信噪比的改善效果,进而评价远参考处理效果。

需说明,本节以本地磁场为参考信号计算大地电磁数据的信噪比,此时电场的信噪比为单道电场与两道磁场相关系数的平方值。

1)参考距离为 0.5 km 的远参考处理效果分析

图 4 – 26 给出了数据点 1 远参考处理效果。参考点与原始数据点相距 0.5 km,依据噪声信号不相关条件以及趋肤效应公式得到,远参考法有效改善最低频点大于 320 Hz。图(a)为数据点 1 原始视电阻率 – 相位曲线,在 10 Hz ~ 0.1 Hz 频段视电阻率曲线畸变,呈近似45°抬升,相位趋于零,为典型近源干扰特征。如图(b)所示,经过远参考处理后视电阻率 – 相位曲线形态基本一致,仅 320 Hz ~ 10 Hz 频段曲线较原始曲线光滑连续,在 10 Hz ~ 0.1 Hz 频段没有得到改善。如图(c)所示,数据点 1 原始数据与远参考点磁场信号相干度仅在高频的两个频点低于 0.9,其余均大于 0.9,说明信号间相关性较好,满足远参考处理条件。如图(d)所示,原始数据在 320 Hz ~ 0.08 Hz 频段相干度品质较好,均在 0.8 以上,

0.08 Hz ~ 0.01 Hz 频段相干度品质较差。如图(e)所示,原始数据在 320 Hz ~ 10 Hz频段相干度品质较好,10 Hz ~ 1 Hz频段急剧下降,1 Hz ~ 0.01 Hz 频段品质较差,均在 0.1 左右,说明原始数据 TE 模式受到较为严重的噪声污染,10 Hz 以后的中低频段数据可信度较差,并且经远参考处理后两种模式的相干度均没有得到改善。如图(f)、(g)所示,信噪比仅在 5 Hz ~ 2 Hz 的 3 个频点低于 0.7,其余均在 0.7 以上,远参考处理后 320 Hz ~ 10 Hz 频段品质有所改善,10 Hz ~ 0.01 Hz 频段品质非但没有改善,反而降低了。

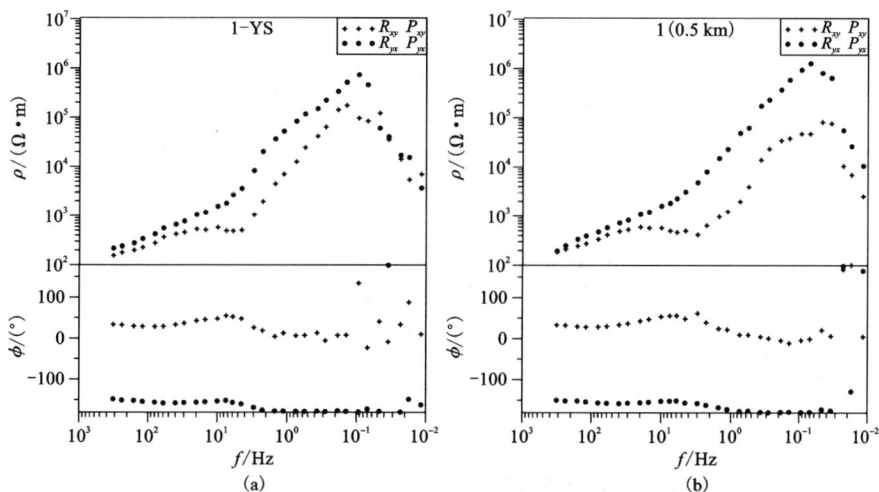

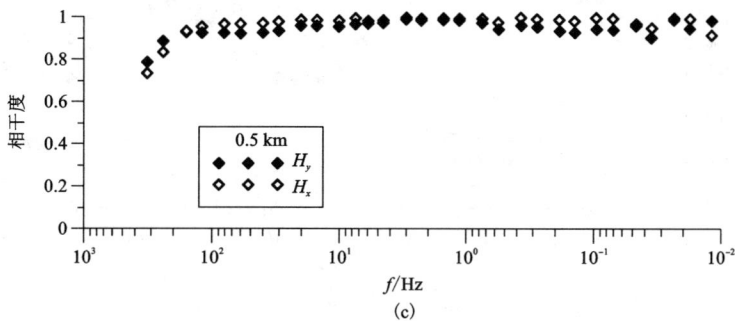

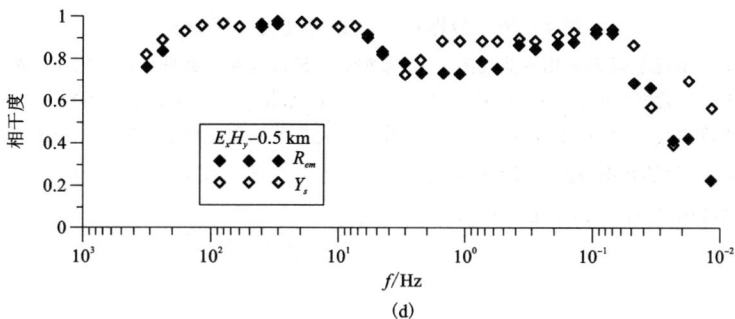

(a)　(b)

(c)

(d)

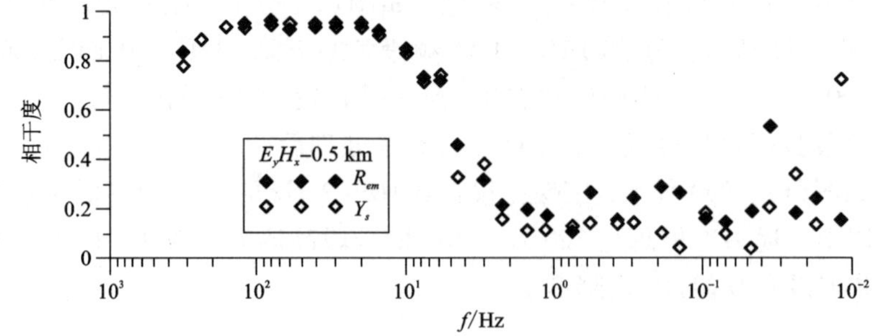

图 4 – 26　数据点 1 远参考处理效果分析

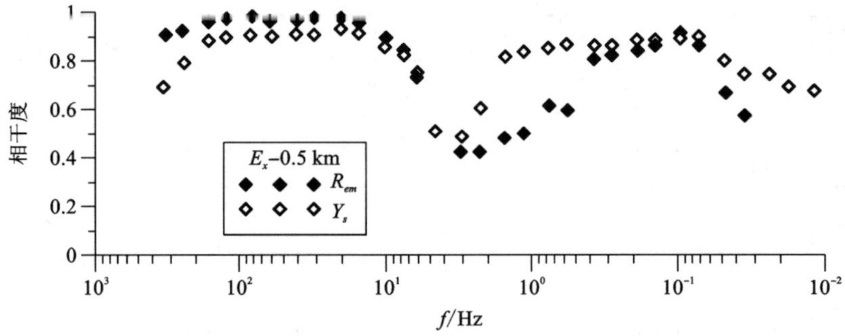

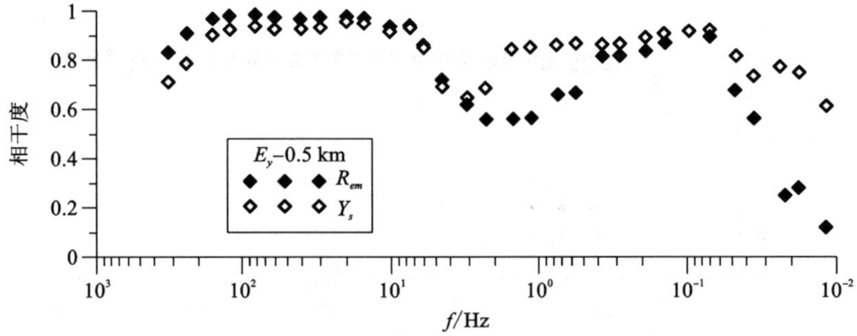

（a）数据点 1 原始视电阻率 – 相位曲线图；（b）数据点 1 经过远参考处理后视电阻率 – 相位曲线图；
（c）数据点 1 原始数据与远参考点磁场信号相干度图；（d）数据点 1 原始数据与远参考处理后数据电
道 E_xH_y 相干度曲线对比图；（e）数据点 1 原始数据与远参考处理后数据电道 E_yH_x 相干度曲线对比
图；（f）数据点 1 原始数据与远参考处理后数据电道 E_x 信噪比曲线对比图；（g）数据点 1 原始数据与
远参考处理后数据电道 E_y 信噪比曲线对比图

综上所述,参考点与原始数据点相距 0.5 km,经远参考处理后,相干度的品质没有得到改善,信噪比仅在 320 Hz ~ 10 Hz 频段有所改善,视电阻率 - 相位曲线没有得到改善,远参考处理效果较差。

2)参考距离为 10 km 的远参考处理效果分析

图 4 - 27 给出了某数据点 2 远参考处理效果。参考点与原始数据点相距 10 km,依据噪声信号不相关条件以及趋肤效应公式得到,远参考法有效改善最低频点为 7.5 Hz。图(a)为数据点 2 原始视电阻率 - 相位曲线,在 20 Hz ~ 0.1 Hz 频段视电阻率曲线畸变,呈近似 45° 抬升,相位趋于 0,为典型近源干扰特征。如图(b)所示,经过远参考处理后视电阻率 - 相位曲线在 20 Hz ~ 0.1 Hz 频段得到了压制,曲线形态得到了一定的改善,TM 模式较 TE 模式曲线形态改善效果更好,其中 0.1 Hz 左右视电阻率更是降低了多达一个数量级,相位曲线也得到了一定程度的改善。如图(c)所示,数据点 2 原始数据与远参考点 H_y 磁场信号在 320 Hz ~ 20 Hz 和 0.05 Hz ~ 0.02 Hz 频段 3 个频点相干度小于 0.9,其余频段均大于 0.9;H_x 磁场信号 0.2 Hz ~ 0.01 Hz 频段范围相干度大于 0.9,其余频点均小于 0.7。如图(d)、(e)所示,原始数据仅 TE 模式低频段几个频点相干度低于 0.7,其余频点相干度均在 0.7 以上,经远参考处理后对应于信号相关性较好的频段相干度得到了改善,其余频点相干度降低了。如图(f)、(g)所示,原始数据信噪比在 0.5 Hz ~ 0.01 Hz 频段低于 0.8,其余均在 0.8 以上,说明原始数据 0.5 Hz ~ 0.01 Hz 低频段数据受到严重的噪声污染,经远参考处理后 0.5 Hz ~ 0.01 Hz 频段数据得到了改善。

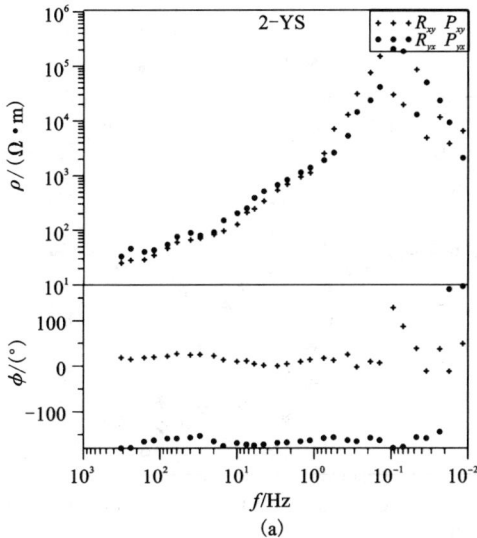

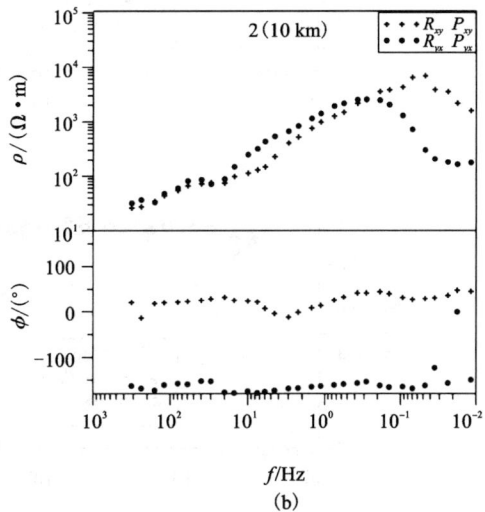

(a)　　　　　　　　　(b)

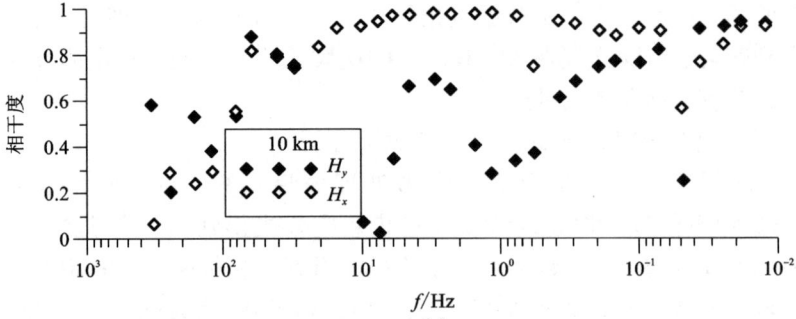

（c）

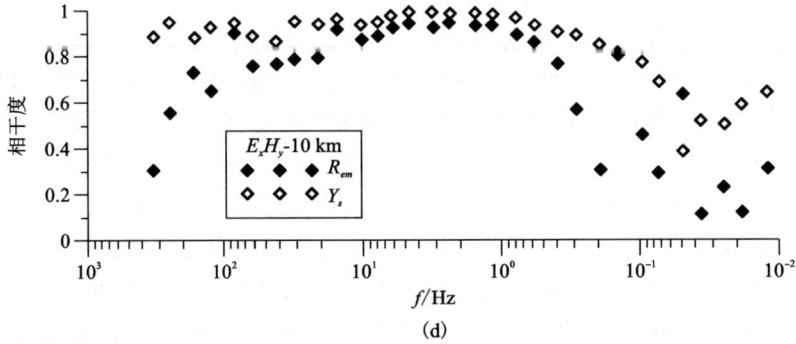

（d）

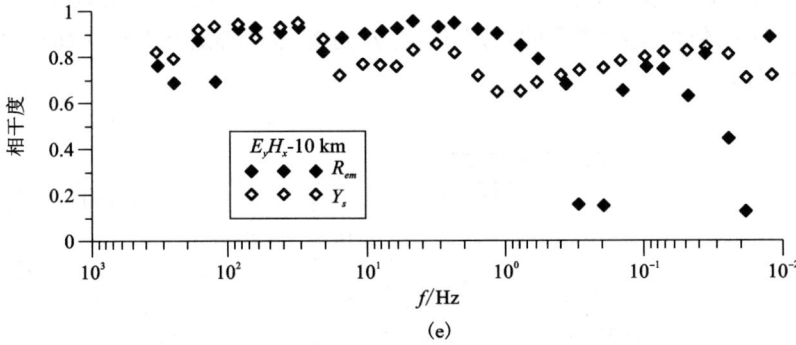

（e）

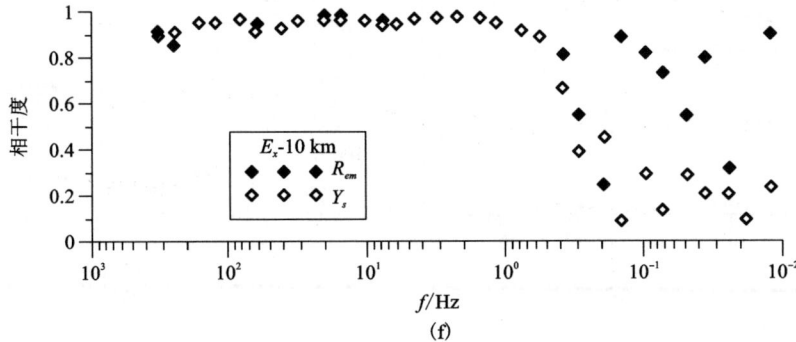

（f）

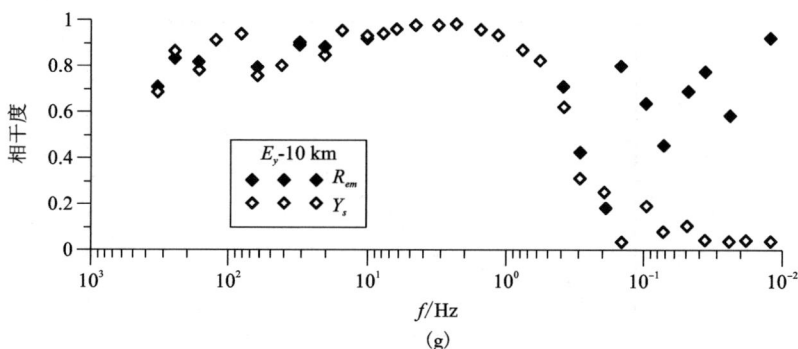

图 4 - 27 数据点 2 远参考处理效果分析

(a)数据点 2 原始视电阻率 – 相位曲线图；(b)数据点 2 经过远参考处理后视电阻率 – 相位曲线图；(c)原始数据与远参考点磁场信号相干度图；(d)数据点 2 原始数据与远参考处理后数据电道 E_xH_y 相干度曲线对比图；(e)数据点 2 原始数据与远参考处理后数据电道 E_yH_x 相干度曲线对比图；(f)数据点 2 原始数据与远参考处理后数据电道 E_x 信噪比曲线对比图；(g)数据点 2 原始数据与远参考处理后数据电道 E_y 信噪比曲线对比图

综上所述，参考点与原始数据点相距 10 km，由于磁场信号间相关性总体上较差，造成远参考处理后相干度的品质仅在 TM 模式 20 Hz ~ 0.1 Hz 频段得到了改善，其余频段没有得到改善，同时在 TE 模式 20 Hz ~ 0.1 Hz 频段相干度远参考处理后品质基本没有改变，但均大于 0.9，品质较好；信噪比在 0.2 Hz ~ 0.01 Hz 频段得到了一定的改善，其余频点没有得到改善，20 Hz ~ 0.1 Hz 和 0.2 Hz ~ 0.01 Hz 频段视电阻率 – 相位曲线形态改善效果明显，曲线光滑连续，说明远参考处理后相干度以及信噪比大于 0.9 时，远参考处理效果较好，数据可信度有所提升。

3）参考距离为 20 km 的远参考处理效果分析

图 4 - 28 给出了数据点 2 远参考处理效果，其中参考点与原始数据点相距 20 km，依据噪声信号不相关条件以及趋肤效应公式得到，远参考法有效改善最低频点为 2 Hz。如图所示，经过远参考处理后，在 20 Hz ~ 0.1 Hz 频段视电阻率曲线得到了压制，与图 4 – 27(a)对比，曲线形态得到了明显改善，其中 0.1 Hz 左右视电阻率更是降低了多达一个数量级，相位曲线也得到了一定程度的改善。与图 4 – 27(b)对比发现，20 Hz ~ 0.01 Hz 频段视电阻率曲线得到了进一步改善。磁场信号相关性总体上较参考距离为 10 km 磁场信号相关性好，远参考处理后数据相干度以及信噪比在相应频段范围品质有所提升。说明参考距离为 20 km 的远参考处理效果较参考距离为 10 km 远参考处理效果更好，数据质量得到了进一步的改善。

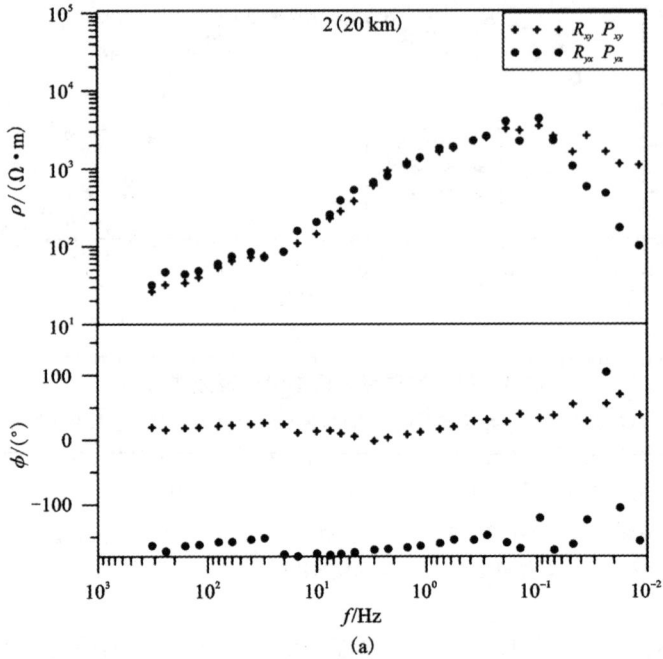

(a)

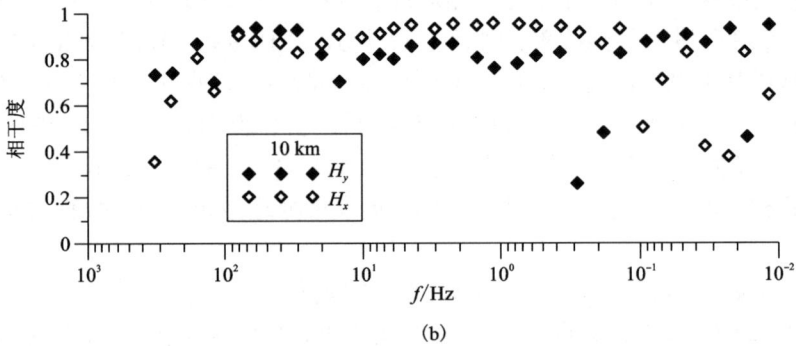

(b)

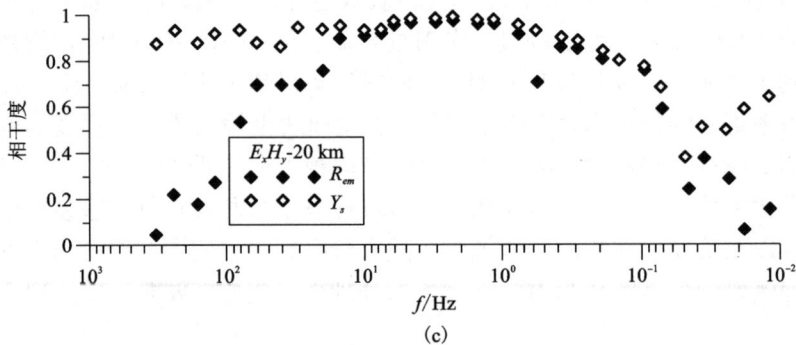

(c)

(d)

(e)

(f)

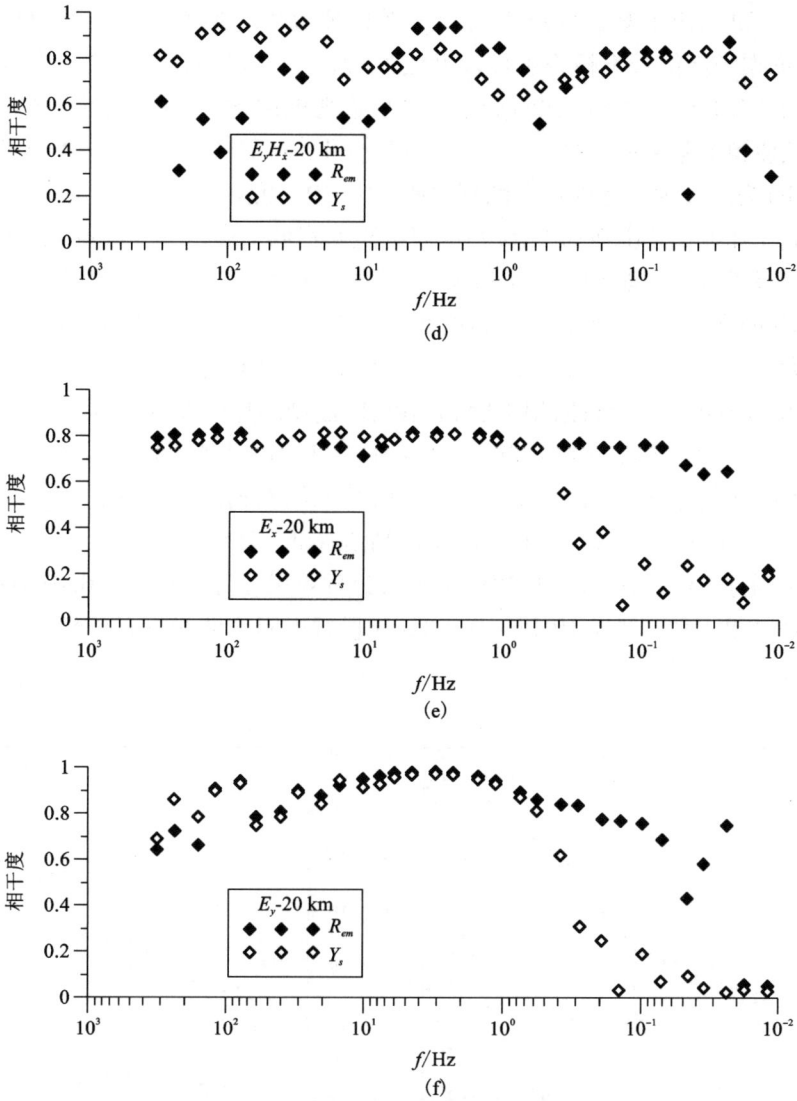

图 4 – 28　数据点 2 远参考处理效果分析

（a）数据点 2 经过远参考处理后视电阻率 – 相位曲线图；（b）原始数据与远参考点磁场信号相干度图；（c）数据点 2 原始数据与远参考处理后数据电道 $E_x H_y$ 相干度曲线对比图；（d）数据点 2 原始数据与远参考处理后数据电道 $E_y H_x$ 相干度曲线对比图；（e）数据点 2 原始数据与远参考处理后数据电道 E_x 信噪比曲线对比图；（f）数据点 2 原始数据与远参考处理后数据电道 E_y 信噪比曲线对比图

4)参考距离为 50 km 的远参考处理效果分析

图 4-29 给出了某数据点 3 的远参考处理效果。参考点与原始数据点相距 50 km，依据噪声信号不相关条件以及趋肤效应公式得到，远参考法有效改善最低频点为 0.2 Hz。图(a)为数据点 3 的原始视电阻率-相位曲线，在 10 Hz ~ 0.1 Hz 频段视电阻率曲线畸变，呈近似 45°抬升，相位趋于零，为典型近源干扰特征，图(b)为经过远参考处理后的视电阻率-相位曲线，10 Hz ~ 0.1 Hz 频段曲线畸变得到了压制，其中在 0.1 Hz 左右视电阻率降低了多达一个数量级，但是曲线形态依然是近源干扰类型，并且 10 Hz 以后的中低频段相位较原始数据跳变更为剧烈。如图(c)所示，数据点 3 的原始数据与远参考点磁场信号 320 Hz ~ 1 Hz 频段相干度均大于 0.9，相关性较好，1 Hz ~ 0.01 Hz 频段相干度较差。如图 4~29(d)~图 4-29(g)所示，原始数据相干度和信噪比在 320 Hz ~ 10 Hz 频段较好，均大于 0.9，10 Hz ~ 1 Hz 频段急剧下降，1 Hz ~ 0.01 Hz 频段品质较差，经远参考处理后，相干度和信噪比在 320 Hz ~ 1 Hz 频段与原始数据基本一致，其中 320 Hz ~ 10 Hz 频段大于 0.9，1 Hz ~ 0.01 Hz 频段品质降低，且均较差。

综上所述，320 Hz ~ 10 Hz 频段远参考处理效果较好，10 Hz ~ 0.01 Hz 频段远参考处理效果不佳，造成 10 Hz ~ 0.1 Hz 频段视电阻率曲线形态仍然是"近源"畸变型曲线。

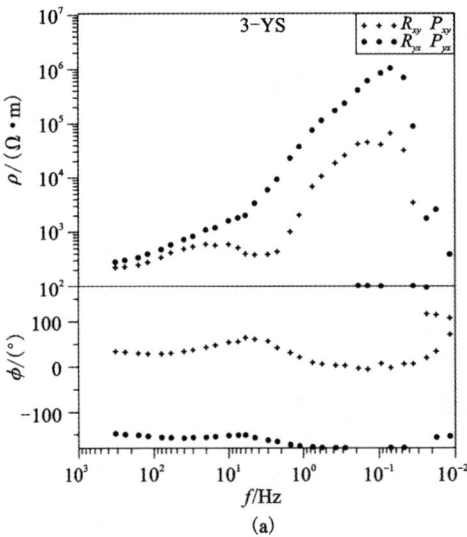

(a)

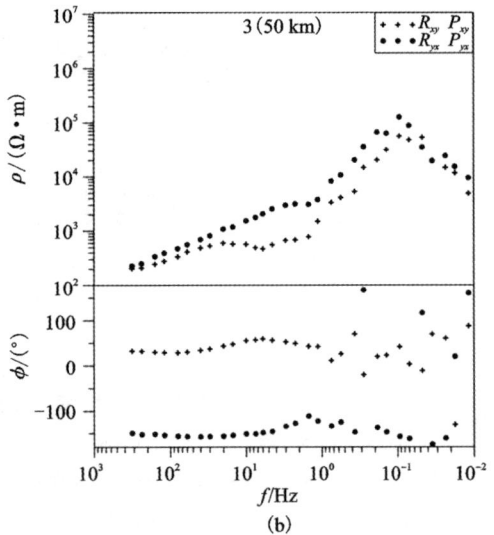

(b)

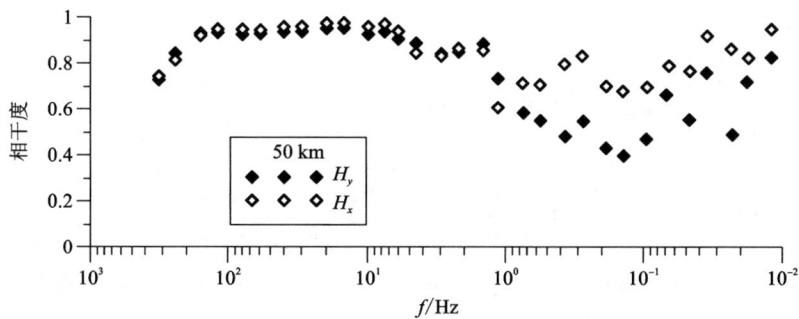

(c)

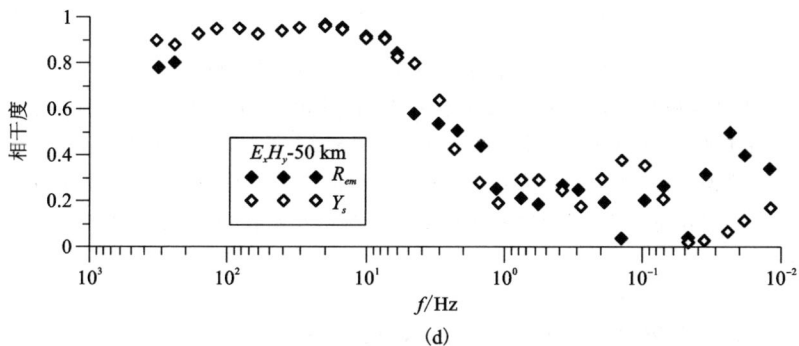

(d)

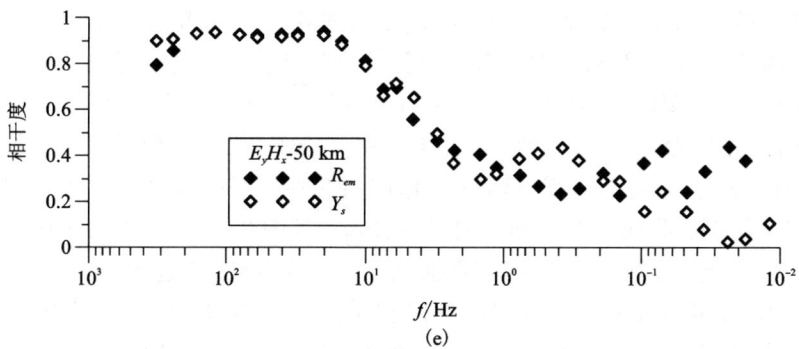

(e)

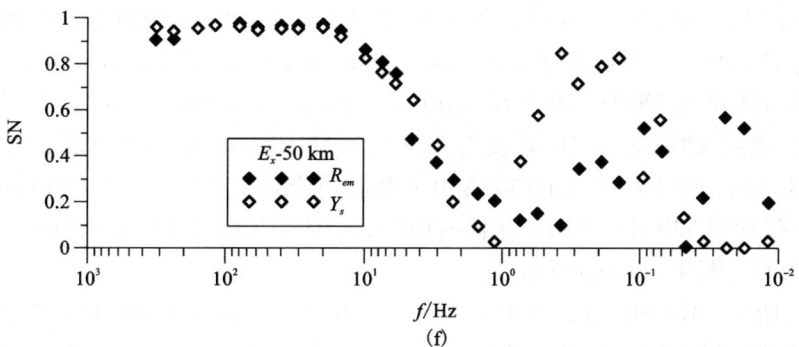

(f)

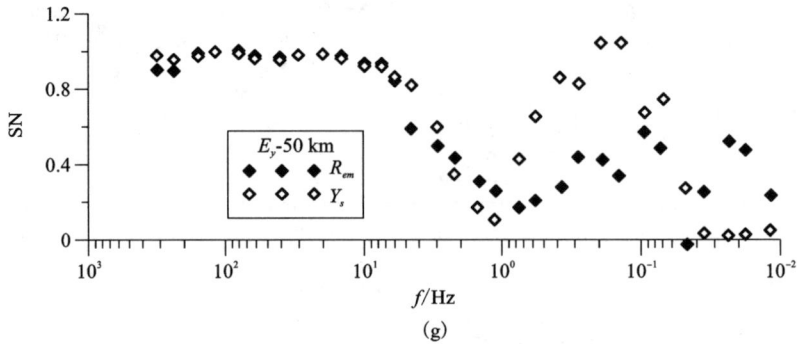

图 4 - 29   数据点 3 远参考处理效果分析

(a)原始视电阻率 – 相位曲线；(b)经过远参考处理后的视电阻率 – 相位曲线；(c)原始数据与远参考
点磁场信号相干度图；(d)数据点 3 原始数据与远参考处理后数据电道 $E_x H_y$ 相干度曲线对比图；(e)
数据点 3 原始数据与远参考处理后数据电道 $E_y H_x$ 相干度曲线对比图；(f)数据点 3 原始数据与远参
考处理后数据电道 E_x 信噪比曲线对比图；(g)数据点 3 原始数据与远参考处理后数据电道 E_y 信噪比
曲线对比图

5）参考距离为 70 km 的远参考处理效果分析

图 4 - 30 给出了某数据点 4 的远参考处理效果。参考点与原始数据点相距
70 km，依据噪声信号不相关条件以及趋肤效应公式得到，远参考法有效改善最低
频点为 0.05 Hz。图(a)为数据点 4 的原始视电阻率 – 相位曲线，在 10 Hz ~ 0.1 Hz
频段视电阻率曲线畸变，呈近似 45°抬升，相位趋于 0，为典型近源干扰特征。如
图(b)所示，远参考处理后视电阻率 – 相位曲线在 1 Hz ~ 0.01 Hz 频段视电阻率
曲线得到了压制，曲线形态得到了明显的改善，其中 0.1 Hz 左右视电阻率降低了
多达一个数量级。如图(c)所示，数据点 4 的原始数据与远参考点磁场信号在
320 Hz ~ 10 Hz 和 0.1 Hz ~ 0.01 Hz 频段相干度大于 0.9，相关性较好，10 Hz ~
0.1 Hz 相干度较差。如图 4 - 30(d) ~ 图 4 - 30(e)所示，原始数据在 TE 模式
320 Hz ~ 0.2 Hz 频段相干度均大于 0.8，0.2 Hz ~ 0.01 Hz 频段相干度较差；在
TM 模式 320 Hz ~ 1 Hz 频段相干度均大于 0.8，1 Hz ~ 0.01 Hz 频段相干度较差。
信噪比在 TM 模式 320 Hz ~ 0.2 Hz 频段均大于 0.8，0.2 Hz ~ 0.01 Hz 频段信噪比
较差；TE 模式 320 Hz ~ 1 Hz 频段均大于 0.8，1 Hz ~ 0.01 Hz 频段信噪比较差。
远参考处理后，10 Hz ~ 0.1 Hz 频段相干度品质降低，其余频段与原始数据基本
一致，信噪比仅 320 Hz ~ 30 Hz 频段有所改善，其余频段与原始数据基本一致，如
图 4 - 30(f)、图 4 - 30(g)所示。

综上所述，320 Hz ~ 10 Hz 和 0.1 Hz ~ 0.01 Hz 频段远参考处理效果较好，视
电阻率曲线光滑连续，10 Hz ~ 0.01 Hz 频段远参考处理效果不佳，造成 10 Hz ~

0.1 Hz 频段视电阻率曲线形态仍然是"近源"畸变曲线。

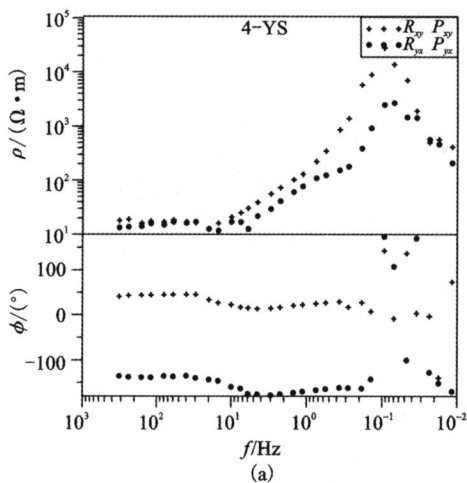

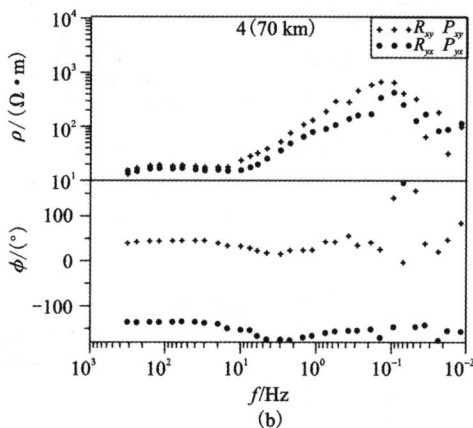

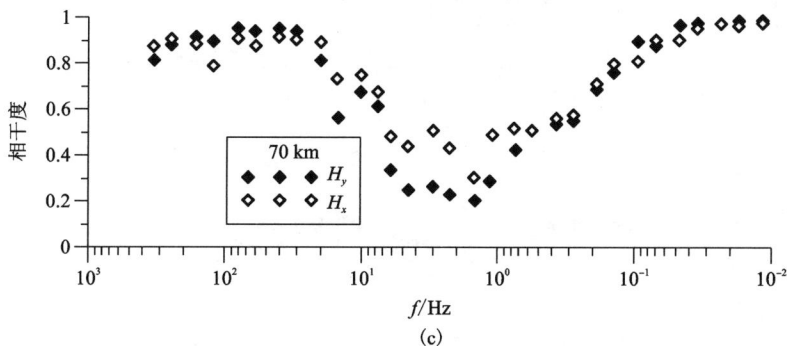

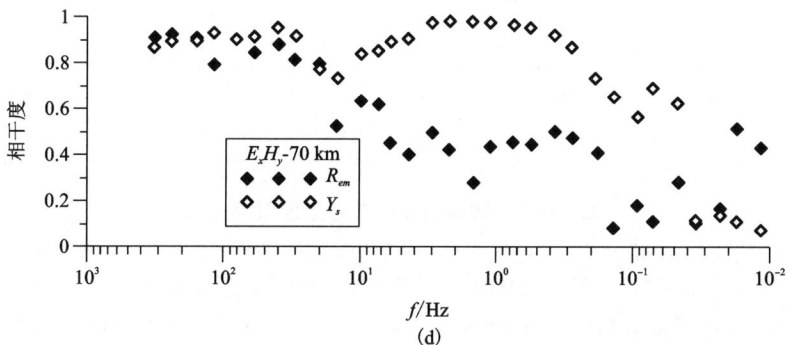

(a)　(b)　(c)　(d)

(e)

(f)

(g)

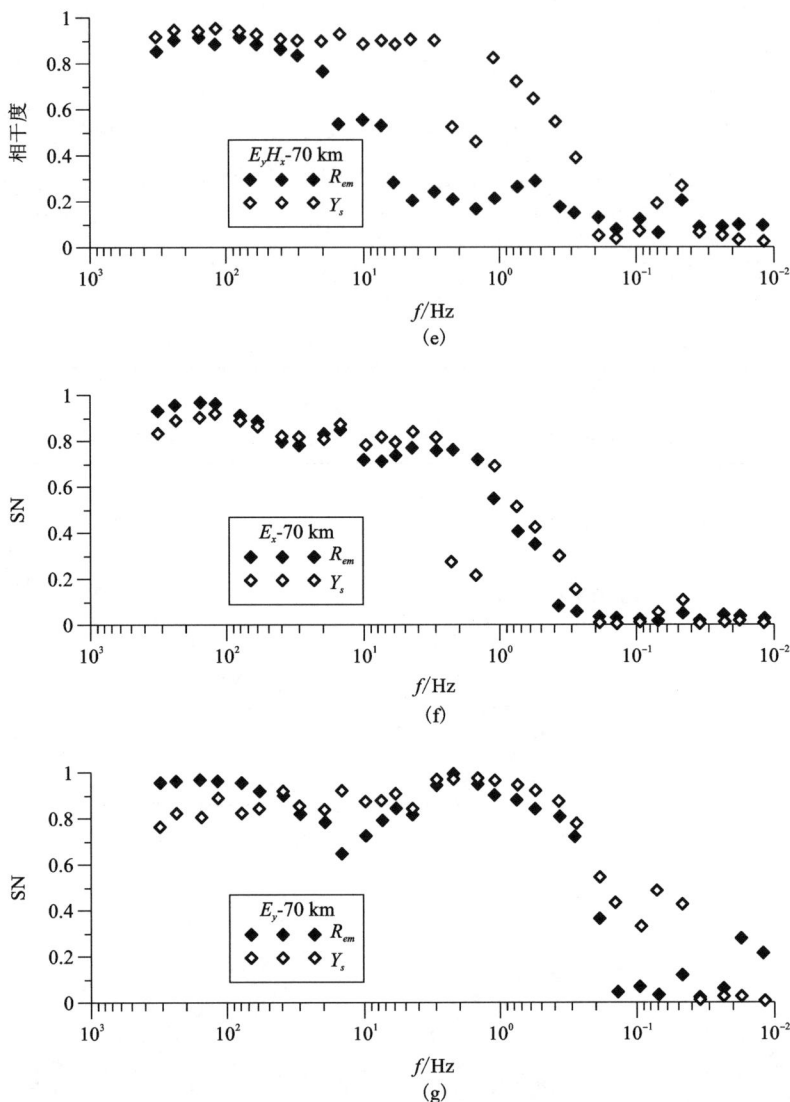

图 4-30 数据点 4 远参考处理效果分析

(a)原始视电阻率-相位曲线图;(b)经过远参考处理后视电阻率-相位曲线;(c)原始数据与远参考点磁场信号相干度图;(d)数据点 4 原始数据与远参考处理后数据电道 $E_x H_y$ 相干度曲线对比图;(e)数据点 4 原始数据与远参考处理后数据电道 $E_y H_x$ 相干度曲线对比图;(f)数据点 4 原始数据与远参考处理后数据电道 E_x 信噪比曲线对比图;(g)数据点 4 原始数据与远参考处理后数据电道 E_y 信噪比曲线对比图

4.4　互参考与电参考

与远参考原理类似，互参考和电场参考也可用于 AMT 数据的处理分析过程中。如前一节所述，远参考(一般参考道为磁场)并不能改善所有类型的数据，甚至对部分测点处理后的数据质量会有所降低。因此，互参考与电参考也可尝试作为辅助处理手段，以期对数据质量有所改善。

4.4.1　互参考

图 4 - 31 给出了本地磁参、互参考与远参考的效果对比。可以看出，该测点利用互参考取得了较好的效果，DL19293A 点的死频带脱节数据得到了一定的校正，视电阻率的畸变频点减少，相位基本趋于合理。但值得注意的是，远参考也取得了同样的效果。该例说明，当远参考的数据缺失或质量不够理想时，可以尝试使用测区内高质量的测站作为替代参考站。

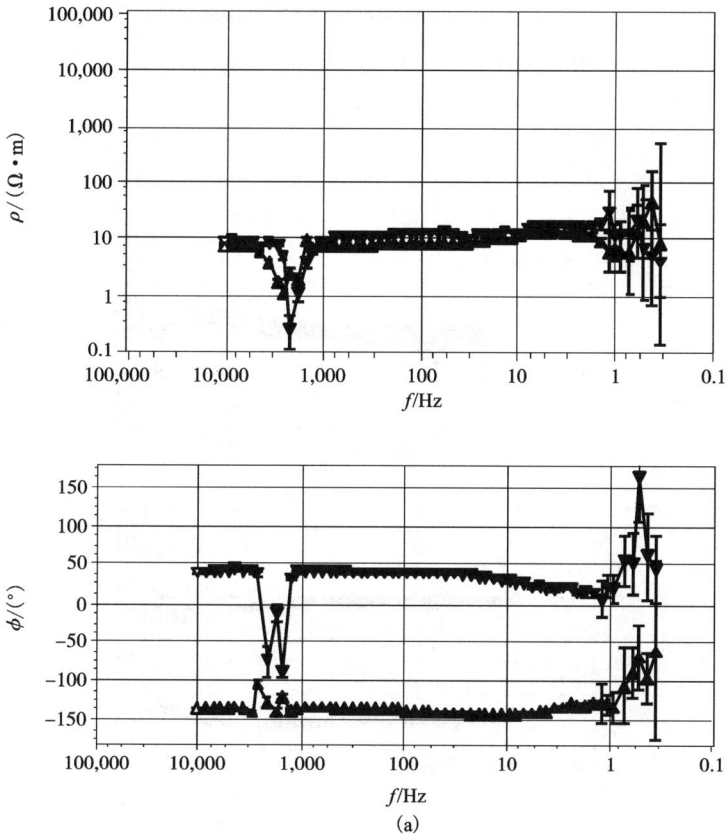

(a)

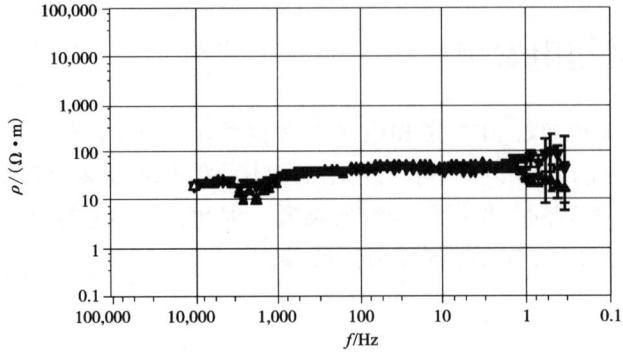

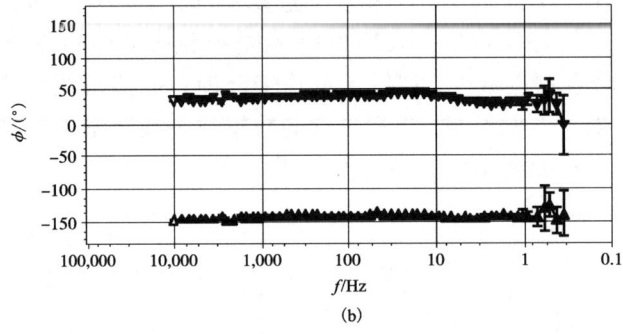

(b)

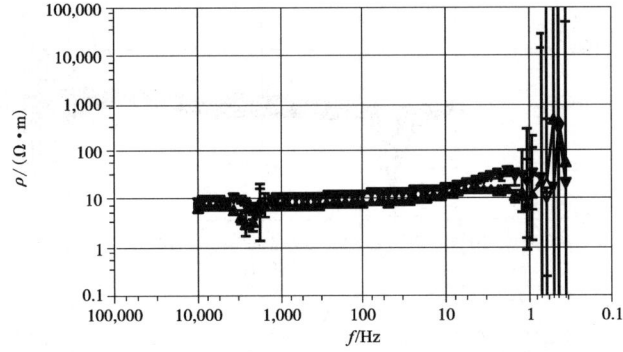

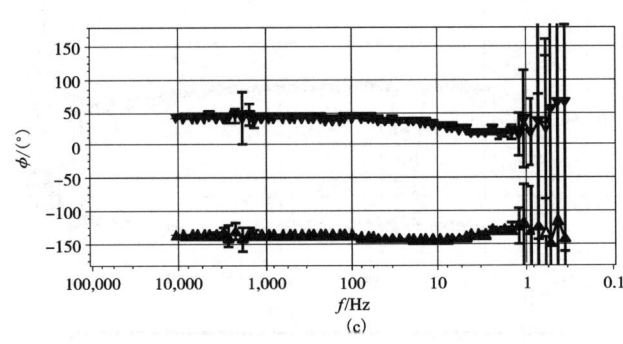

(c)

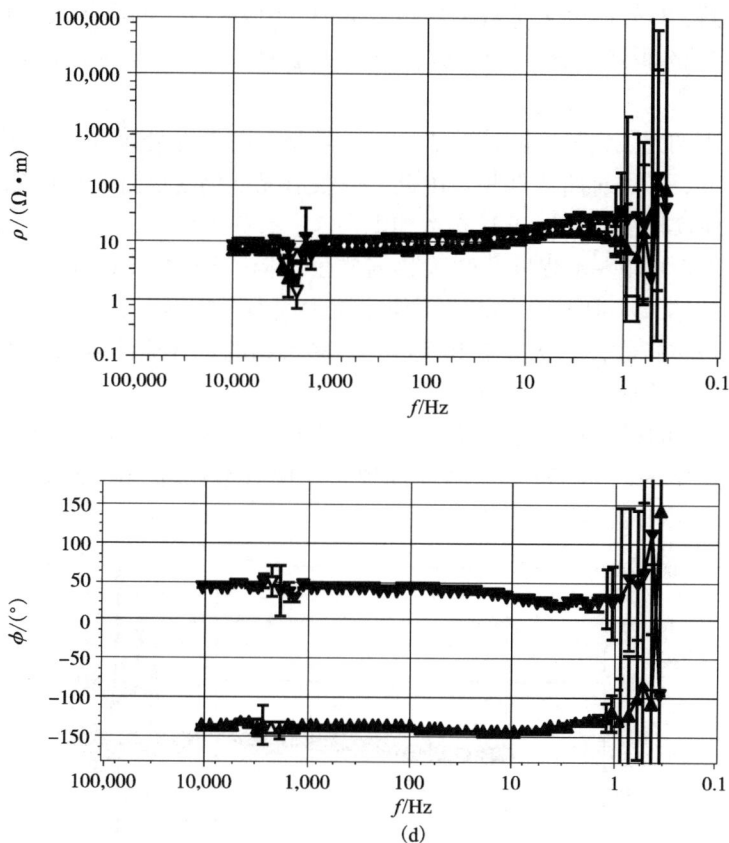

图 4 – 31　DL19293A 点本地磁参、互参考与远参考的效果对比

（a）DL19293A 点的本地磁参考结果；（b）IL23278A 点的本地磁参考结果；（c）DL19293A 的互参考结果，参考道为 IL23278A 的磁道；（d）DL19293A 的远参考结果，参考道为 Y120927A 的磁道

━▲━ *xy* 模式　━▼━ *yx* 模式

4.4.2　电参考

　　一般地，对于本地自功率谱计算、远参考和互参考处理，我们使用的参考道都是磁场。其立足点是认为磁场相对稳定，信号的相关性更好，受噪声影响较小。但有时由于特定的磁场干扰，使得参考站的磁测道含噪严重，并不适合作为参考道。此时可尝试利用电场作为参考道进行处理。

　　图 4 – 32 给出了一例常规自功率谱处理本地磁参考、本地电参考、远参站磁参考以及远参站电参考的结果比较。由图中可以看出，CL07287A 点的本地磁参考结果低频段出现了严重的跳变，特别是在 *xy* 道基本无形态。利用本地电场进行参考处理，低频形态得到了明显的校正，并且其趋势与远参站的磁参考、电参

考结果均一致，有效地改善了数据质量。同时，10 Hz 以上的高频段，本地磁参考和本地电参考的曲线形态一致，数值接近，表明该电参考的处理是有效和可信的。

需要指出的是，大量实际情况表明，一般地，电参考处理与磁参考处理结果有一定的差异，特别对曲线低频。因此，一般情况下仍建议首先选用磁参考道。

结合大量实际案例，对于互参考和电参考，有如下认识：

（1）互参考可在一定程度上改善数据质量。但一般地，使用远参即可达到同样甚至更优的结果。但远参考效果不佳或缺少远参考数据时，互参考可作为一种辅助处理手段进行尝试。为压制相关噪声，参考站的选择应注意与待处理测站有一定距离，且应选择高质量的测点。

（2）电参考同样可在一定程度上改善数据质量。但一般地，电参处理与磁参处理结果有一定的差异，特别对曲线低频。为使数据在统一的框架下进行处理，一般建议统一采用磁参处理。

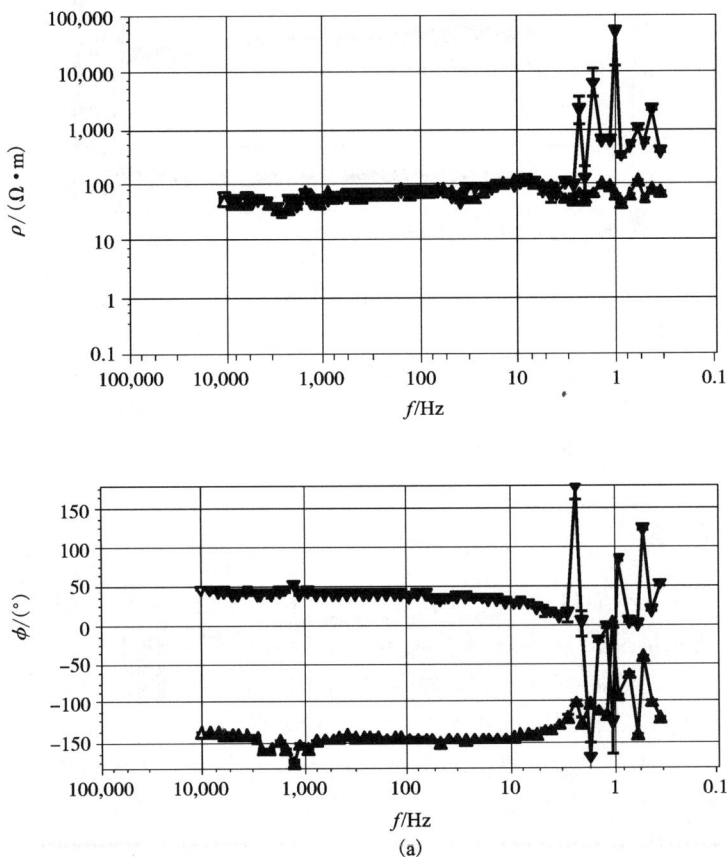

(a)

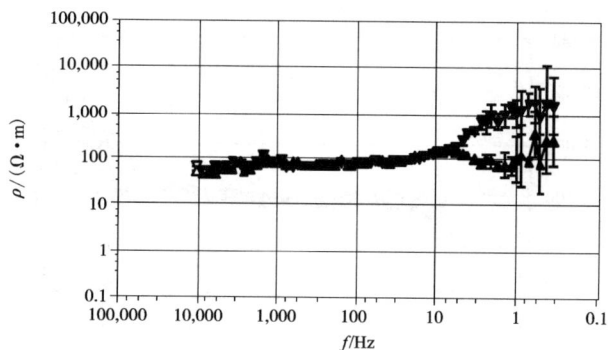

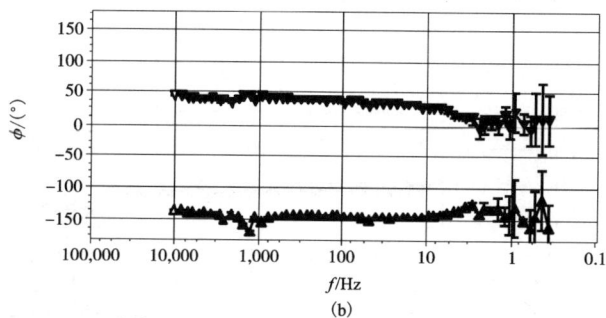

(b)

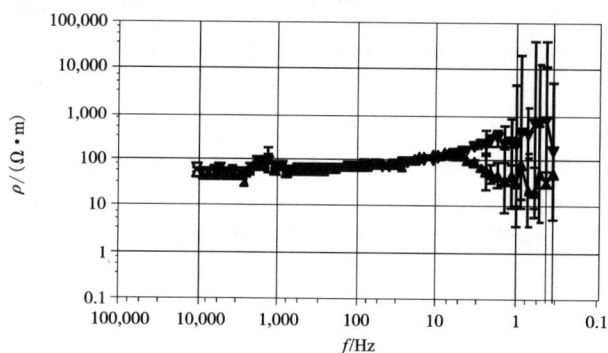

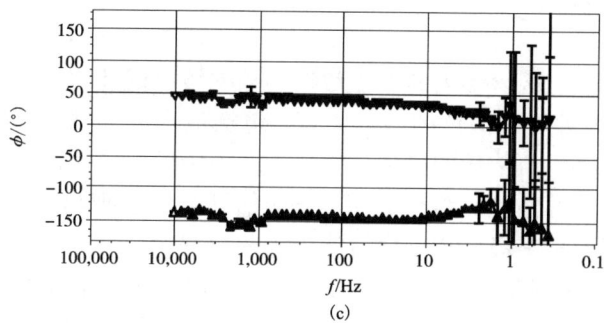

(c)

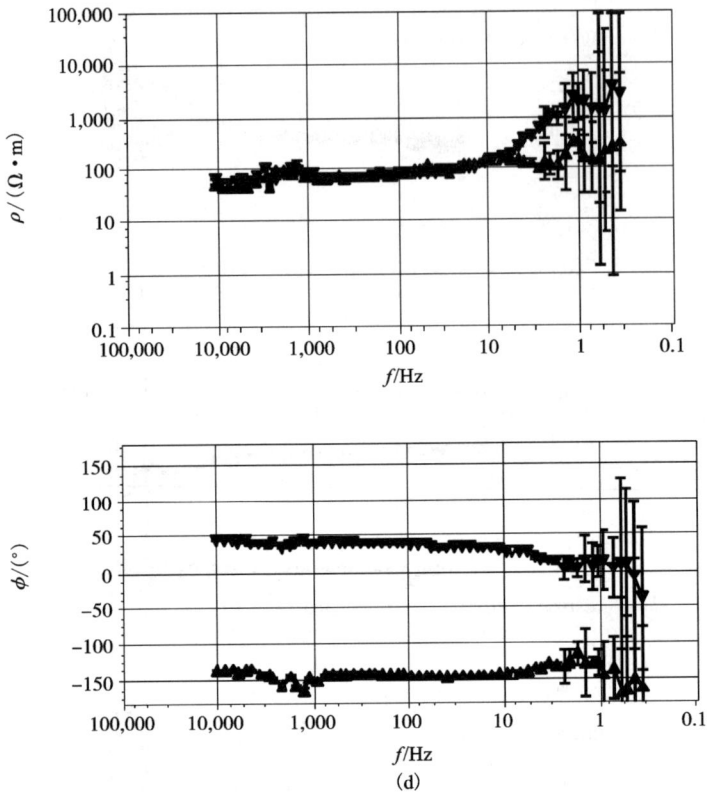

图 4 - 32 试验点本地磁参、本地电参、远参磁参以及远参电参的结果比较

(a) CL07287A 本地磁参结果；(b) CL07287A 本地电参结果；

(c) CL07287A 远参磁参结果；(d) CL07287A 远参电参结果

▲ *xy* 模式   ▼ *yx* 模式

4.5 本章小结

本章讨论了矿集区含噪大地电磁数据的频率域数据处理技术。

(1)阐述了稳健阻抗估计的基本原理，包括最小二乘估计、M 回归估计、有界影响估计和重复均值估计四种估计方法。开展了模拟及实测数据处理，测试了不同稳健估计方案的性能。结果表明，稳健估计算法表现出了良好稳定的性能，可作为一种常规处理手段应用到所有待处理的数据中。

(2)介绍了频率域数据的删选处理，实例处理表明，针对含间歇性噪声的部分强干扰电磁数据，通过功率谱删选处理，有可能会改善数据质量。

(3)远参考处理是改善频域数据质量的重要手段，仿真和实测数据的远参考处理效果表明，原始数据与参考站数据的信号相关性是影响远参考效果的一个关键因素。选择合适的参考距离，远参考处理可以有效地改善近源干扰类型的数据，提高处理质量。

（4）互参考和电参考可在一定程度上改善数据质量，可作为常规处理的辅助手段。当远参考效果不佳或缺少远参考数据时，互参考可作为改善质量的选择方案，但互参考站的选择直接关系处理成败。当磁参考道受噪声影响导致处理质量偏低时，采用电参考处理有改善数据质量的可能。

第 5 章　多频点多测点数据处理

经过时间域处理、时频转换和阻抗估计处理步骤后获得的阻抗数据仍可能存在畸变。基于此，在频率域进行多频点数据联合处理，在空间域进行多测点数据阵列分析，可进一步提高数据质量。本章以庐枞矿集区为例，讨论了频域曲线畸变的相位校正和 Rhoplus 校正，对于多测点数据，简要介绍了时空阵列数据处理技术。

5.1　频域视电阻率曲线畸变的相位校正

某些条件下，大地电磁观测资料中的相位数据质量会优于视电阻率数据质量（杨生等，2001）。此时可利用相位资料校正视电阻率数据。

在大地电磁法中，以测点本身的磁场分量或电场分量作为参考信号时，所计算出的阻抗分别称为本地磁参考阻抗 Z^H 和本地电参考阻抗 Z^E，而以一定距离以外的电磁场为参考信号时，所计算出的阻抗称为远参考阻抗 Z^R，在电性主轴上三种阻抗可表示为：（仅以 Z_{xy} 为例）

$$Z_{xy}^H = \frac{\overline{E_x H_y^*}}{\overline{H_y H_y^*}} \tag{5-1}$$

$$Z_{xy}^E = \frac{\overline{E_x E_X^*}}{\overline{H_y E_X^*}} \tag{5-2}$$

$$Z_{xy}^R = \frac{\overline{E_x R_y^*}}{\overline{H_y R_y^*}} \tag{5-3}$$

式中：$*$ 表示共轭复数，$\overline{AB^*}$ 表示功率谱平均值。

当有电磁噪声时，可将实测电磁场表示为信号和噪声之和：

$$E_x = E_{xs} + E_{xn} \tag{5-4}$$
$$H_y = H_{xs} + H_{xn} \tag{5-5}$$
$$R_y = R_{xs} + R_{xn} \tag{5-6}$$

下标 s、n 分别表示信号和噪声，在参加平均的数据量足够大且电磁噪声不相关时，式(5-1)~式(5-3)写为：

$$Z_{xy}^H = \frac{\overline{E_{xs}H_{ys}^*}}{\overline{H_{ys}H_{ys}^*} + \overline{H_{yn}H_{yn}^*}} = Z_{xys} \bigg/ \left(1 + \frac{\overline{H_{yn}H_{yn}^*}}{\overline{H_{ys}H_{ys}^*}}\right) \qquad (5-7)$$

$$Z_{xy}^E = \frac{\overline{E_{xs}E_{xs}^*} + \overline{E_{xn}E_{xn}^*}}{\overline{H_{ys}E_{xs}^*}} = Z_{xys}\left(1 + \frac{\overline{E_{xn}E_{xn}^*}}{\overline{E_{xs}E_{xs}^*}}\right) \qquad (5-8)$$

$$Z_{xy}^R = \frac{\overline{E_{xs}R_{ys}^*}}{\overline{H_{ys}R_{ys}^*}} = Z_{xys} \qquad (5-9)$$

式中：Z_{xys} 为无偏阻抗。

不难看出，当有干扰噪声存在时，由于自功率谱项的存在，使得 Z_{xy}^H 的振幅比其真值偏低，Z_{xy}^E 的振幅比其真值偏高，而 Z_{xy}^R 不受噪声影响。但对相位而言，信号的自功率谱平均值和噪声的自功率谱平均值均为实数，相位为 0，所以 Z_{xy}^H、Z_{xy}^E 和 Z_{xys} 的相位是一致的，换言之，在电性主轴上不同参考方式阻抗的相位均不受电磁噪声的影响。这一结论说明相位资料具有重要的利用价值。

大地电磁响应的振幅和相位并不是独立的，在一维条件下阻抗振幅与相位之间的关系可由希尔伯特转换公式给出。

$$\theta(\omega) = \frac{\pi}{4}\left(1 + \frac{\mathrm{dlg}\rho_a}{\mathrm{dlg}\omega}\right)\theta(f) = -\frac{1}{\pi}\int_{-\infty}^{+\infty}\frac{\lg|z(g)|}{f-g} \qquad (5-10)$$

式中，θ 为相位，f 为频率。

由此求得近似公式：

$$\theta(\omega) = \frac{\pi}{4}\left(1 + \frac{\mathrm{dlg}\rho_a}{\mathrm{dlg}\omega}\right) \qquad (5-11)$$

则

$$\frac{\mathrm{dlg}\rho_a}{\mathrm{dlg}\omega} = \frac{4}{\pi}\theta(\omega) - 1 \qquad (5-12)$$

上式给出了视电阻率幅值和相位的关系，虽然是在一维条件下推出的，但根据大量实测数据的分析，在非一维条件下也常常满足上述关系。

以差分形式取代式(5-12)中的微分，并推得：

$$\lg\frac{\rho_a(\omega_{i+1})}{\rho_a(\omega_i)} = \left[\frac{4}{\pi}\theta(\omega) - 1\right]\lg\frac{\omega_{i+1}}{\omega_i} \qquad (5-13)$$

则由相位计算视电阻率的递推公式为：

$$\rho_{a,\,p}(\omega_i) = \begin{cases} \rho_{a,\,p}(\omega_i) & i = m \\[2mm] \rho_{a,\,p}(\omega_{i-1})\left(\dfrac{\omega_i}{\omega_{i-1}}\right)^{\left[\frac{4}{\pi}\theta(\omega_i)-1\right]} & i = m+1,\ m+2,\ \cdots,\ N \\[3mm] \rho_{a,\,p}(\omega_{i+1})\left(\dfrac{\omega_i}{\omega_{i+1}}\right)^{\left[\frac{4}{\pi}\theta(\omega_i)-1\right]} & i = m-1.\ m-2,\ \cdots,\ 1 \end{cases} \qquad (5-14)$$

上式分别给出了由高频向低频和由低频向高频递推的计算公式,为了与由振幅计算出的视电阻率 ρ_a 加以区别,称 $\rho_{a,\,p}$ 为相位视电阻率。初始值可由实测视电阻率给出,选择在离差较小、曲线形态正确的频段内。

下面以庐枞地区典型测点为例,应用相位校正法对 AMT"死频带"畸变数据进行校正,如图 5-1 所示。图名表明了点号与数据模式,如:"SYE2548_Zxy"表示点号 SYE2548 的 xy 方向数据,而"SYE2548_Zyx"表示该点 yx 方向数据。图中,orig-night、orig-summer 分别表示夜间、夏季观测结果,orig-day、orig-autumn 表示日间、秋季观测结果,需要说明的是,各测点均包含不同时间段采集的数据,日间或秋季测量的结果中,各图中曲线在"死频带"均出现了脱节;夜间或夏季测量结果中,曲线形态明确,死频带数据没有畸变。显然,在针对日间或秋季测量数据的死频带校正方法研究中,可以将夜间或夏季结果作为该方法是否可靠的判断依据。利用相位校正视电阻率曲线时,通常以第一个频点的视电阻率值作为起算基准。

可以看出,当相位数据质量较高时,利用相位校正视电阻率曲线得到的校正曲线与夜间采集的数据吻合较好,但当相位数据受到干扰时,完全依赖于相位得到的视电阻率曲线毫无疑问将偏离真实值,即校正曲线严重依赖于相位数据的质量。而纯净的相位数据往往较难获取,干扰严重时甚至会出现频点丢失的现象,此时显然无法通过相位校正法获得合理的视电阻率曲线。另外,由于相位计算视电阻率采用的是递推公式算法,前一频点的误差会累加到后一频点上,因此并不建议在全频域用相位视电阻率取代实测视电阻率,但是可以只对一段畸变较严重的频段进行相位校正。在处理死频带数据资料时,在某些相位资料质量优于视电阻率资料的情形下,可以利用相位资料恢复死频带畸变视电阻曲线。

事实上,利用式(5-13)所述的关系,当视电阻率数据质量高于相位数据时,还可利用视电阻率数据对相位进行校正。过程与上述处理类似,不再赘述。

5.2 基于 Rhoplus 的校正方法

AMT"死频带"内阻抗视电阻率、相位数据的严重畸变会导致错误的反演结果。因此,必须进行相应的校正。基于 Rhoplus 理论(Parker et al., 1996),本章提出了 AMT"死频带"畸变数据的一种校正方法,并讨论了该方法的适用性、关键技术以及存在问题。

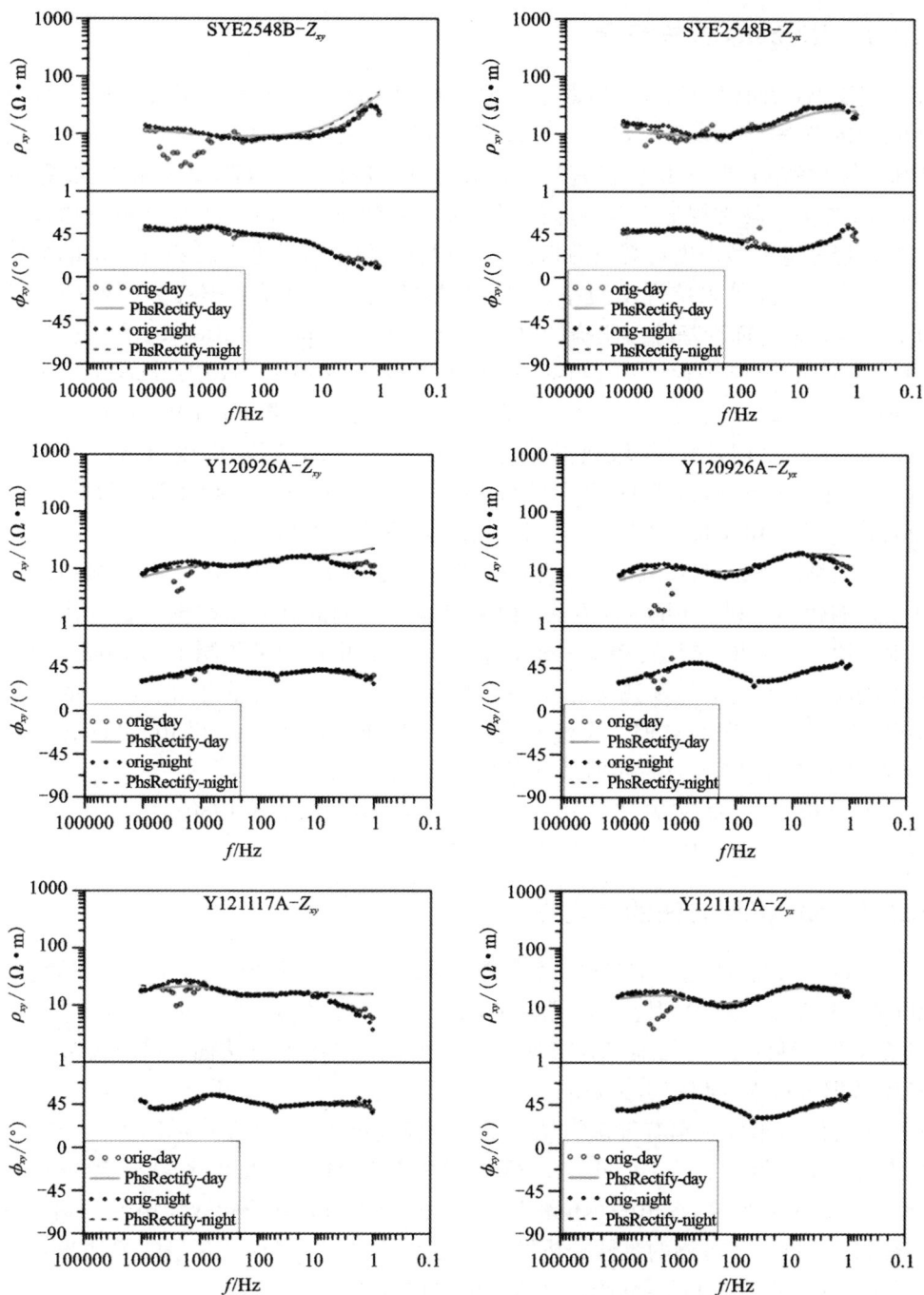

图 5-1　庐纵地区典型测点及其相位校正曲线

5.2.1 Rhoplus 方法简介

基于 Weidelt(1972，1994)对于大地电磁测深法(Magnetotelluric，MT)一维反演问题的描述，Parker(1980)、Parker 等(1981)提出了 Dplus 反演方法，并由 Parker 等(1996)进一步发展完善，提出了直接反演视电阻率和相位参数的 Rhoplus 方法。与常规最小二乘迭代拟合反演方法不同，该方法通过构造物理有效的理想地电模型来进行观测数据的最优拟合，利用最优化方法获得稳定的数值解。该方法考虑了阻抗视电阻率、相位数据的关联性以及数据在频率域的连续性，具有完整的理论基础与明确的物理背景。如今，Dplus 和 Rhoplus 方法已成为MT 方法中的重要理论之一(Fischer et al.，1991；Parker，2010；Parker，2011；Chave et al.，2012)，获得了大量应用，如张量阻抗估计(Pomposiello et al.，2009；Beamish et al.，1992)，频域数据拟合(Tang et al.，2013)与拼接(Bailey et al.，2000)，视电阻率相位数据的一致性检测(Spratt et al.，2005)等；谭捍东等(2004)论述了 Rhoplus 方法在大地电磁法中的几类主要应用。

一般情况下，AMT"死频带"数据的畸变仅在部分频率范围内，其他频段的数据受影响较小。利用 Rhoplus 方法，由未受畸变影响的高质量数据可估计出一理论地电模型，即 R + 模型(Parker et al.，1996)；再由该模型预测出"死频带"内的数据响应。R + 模型与预测数据来源于原始数据中的高质量部分，而不依赖于"死频带"内已畸变的数据，故可不受该畸变数据的影响。因此 Rhoplus 方法对AMT"死频带"畸变数据的处理具有很好的前景。

关于 Rhoplus 理论部分 Parker 已有详细阐述(Parker，1980；Parker et al.，1981；Parker et al.，1996)，此处不再赘述。

5.2.2 Rhoplus 方法的适用性

Rhoplus 方法的适用性需从两方面考虑。其一是地电维性条件。理论上，Rhoplus 是基于一维模型提出的反演方法，Parker 指出(Parker et al.，1996)，其适用条件是一维(1D)及二维(2D)TM 模式。因此，应用本方法前，对所需处理的AMT 数据进行维性判别是必要的。

电性结构维性判别有很多方法，如二维偏离度 Skew 维性指示因子(Swift Jr，1967)，GB 分解(Groom et al.，1989)，WALDIM 分析(Martí et al.，2009)等，Caldwell et al.(2004)提出的相位张量的方法，可以有效地避免浅层电性不均匀体的影响，提供更为可靠的维性分析结果。在本章中，采用相位张量的方法进行维性分析，对 1D 及 2D 的 TM 模式数据，可以进行 Rhoplus 处理。

实际应用中，信号低值期间采集结果的相位张量在"死频带"会出现畸变，并导致错误的维性分析结果。但注意到，"死频带"前后相邻频段的相位张量不受畸变影响，维性分析结果可靠。在构造最小化的假设下，可推断"死频带"内维性的变化处于前后频段的过渡状态。"死频带"前后相邻频段呈明显的 1D 分布，由此可推测在"死频带"内数据同样应呈 1D 分布。夜间采集结果证明了这一推测，同时表明了 Rhoplus 处理该测站"死频带"数据的可行性。事实上，在安徽、内蒙等地进行的大量实测 AMT 数据表明，多数情况下 AMT 数据在高频段呈现出 1D 电性特征，Rhoplus 处理 AMT"死频带"问题是适用的。

其二，是原始数据质量。原始数据质量的要求是一个共性的问题，数据质量极低时，大多数处理方法均无能为力。Rhoplus 处理对 AMT"死频带"内的数据质量要求不高，但为了得到合适的 R + 模型（Parker et al.，1996），对整体数据质量提出了要求。一般地，只要"死频带"前后相邻频段具有一定频率的高质量数据，就可得到合理的处理数据；或者阻抗视电阻率、相位有一条曲线质量较高，也可恢复出较为合理的结果。

AMT 测量及实测数据常具备以下特点：①一般的 AMT 观测设备在 10 kHz ~ 100 Hz 的频率范围内均有较好的传感器响应；②由于采样频率高，野外观测时会保证在高频段有充足的叠加次数；③AMT 数据在 10 kHz ~ 6 kHz 以及 800 Hz ~ 100 Hz 内信号较强，数据质量较高；④相位数据受"死频带"畸变影响相对较小；⑤人工源噪声的影响常常在更低的频段（Wei et al.，1991），如 10 Hz ~ 0.1 Hz。因此，Rhoplus 处理对于数据质量的要求通常是可以满足的。仅在部分信噪比极低的测区，会出现无法达到以上条件的情况，进而降低 Rhoplus 处理的适用性。

5.2.3　关键技术

1）拟合频率范围的选择

拟合频率范围的选择与适用性问题相关。由于 Rhoplus 处理适用于 1D 模型，故可根据维性分析结果选择需处理的频段。有时希望 Rhoplus 在处理"死频带"的同时，对工频或其他频段的不连续同时进行处理，则可以选择整体拟合，也可以进行分段拟合。大量实测数据的处理表明，在高、中频段（10 kHz ~ 10 Hz），Rhoplus 处理可以得到满意的结果。

2）频点数据的删选

数据的删选处理是影响结果的关键因素之一。Rhoplus 方法允许对数据进行删选，进而影响所得的反演模型与预测数据。对于"死频带"数据，直接剔除某一频段（如 1 kHz ~ 5 kHz）内的视电阻率或相位数据的考虑显然不合理，不仅无法有效的识别和利用数据，而且可能会带来错误的处理结果。完全依靠人工处理，则增加了工作量，且会引入主观因素。信号功率谱、相干度等数据与"死频带"畸变数据的频段、频点有较好的对应关系，可以利用这些参数作为视电阻率、相位数据删选的依据。这种处理一方面有量化标准，另一方面也为批量处理提供了一种可能的途径。信号功率谱的强弱虽然是造成"死频带"数据畸变的直接原因,但如果作为参考却难以使用,一方面需要考虑电场、磁场两个参数,另一方面,其阈值的设定与频段的选择相对复杂。相干度是衡量电磁场信号相关性的参数(Reddy et al.,1974),也常用于阻抗数据的估计(Egbert et al.,1996)与数据质量的评价(Weckmann et al.,2005)。其取值范围为[0,1],可以方便地设置阈值。

在本节中,将相干度数据作为 Rhoplus 处理时数据初选的标准。根据不同的噪声类型和水平,设置相应的相干度阈值,将低于阈值的频点对应的视电阻率、相位数据同时或分别剔除,可快速自动完成数据删选工作,得到初步处理结果。实际处理中,相干度阈值设置时,既可以全频段统一,也可以分频段设置,由于数据在不同频段信噪比本身就存在差异,故后一种考虑更为实用。对于 AMT"死频带"处理,一般可仅在 10 kHz ~ 100 Hz 内设置阈值删选数据。

部分情况下,相干度自动处理会得到不合理的结果。如当信号中存在很强的相关噪声时,会使相干度增大乃至接近于 1,使得自动处理无法给出合理的删选结果。此时需要辅以"人机交互"的手段,进行人工挑选,使结果更可控,以得到更合理的结果。"人机交互"处理实用化的关键是设计开发一套易于操作的、界面友好的交互式软件。

3)处理结果的评价

目前,对 AMT 数据质量的评价主要依赖于对阻抗视电阻率、相位曲线连续性的判断。国内有成文的评价标准,如石油大地电磁测深法技术规程(SY – T 5820 –1999)(国家石油和化学工业局,1999),地质矿产大地电磁测深法技术规程(DZ_T 0173 – 1997)(中华人民共和国地质矿产部,1997),以阻抗视电阻率、相位数据曲线的连续性以及标准偏差等参数进行质量评价。参照这些标准,同时要求对观测数据中的高质量数据予以保持,即可判断 Rhoplus 处理结果的质量。

如前所述,"死频带"阻抗视电阻率、相位数据在日间、秋冬季受到了畸变影响,而在夜间、夏季受影响较小,曲线形态明确,质量较高。因此,为评价 Rhoplus 处理的有效性,将夜间和夏季的实际观测数据作为 Rhoplus 处理结果评价的依据。

4)处理流程

综上所述,Rhoplus 处理 AMT"死频带"数据的流程如下:

①适用性分析之原始数据质量分析:评价测站原始数据质量,判断条件 A:"死频带"前后相邻频段具有一定频率的高质量数据;B:阻抗视电阻率、相位有一条曲线质量较高,是否满足其中之一,若满足,继续。

②适用性分析之维性分析:利用 AMT 数据和相位张量等工具,进行电性维性分析;"死频带"内阻抗数据产生畸变,无法得出正确的维性结果,可根据相邻的更高频段(如 10 kHz ~ 5 kHz)和更低频段(如 1 kHz ~ 100 Hz)的维性分析结果对

"死频带"内的数据维性进行推测；根据维性分析结果，选择合适的处理频段，一般情况下，1D 和 2D 数据均可进行处理尝试。

③数据删选之相干度阈值法：在选定的处理频段内，设置统一的或分频段相异的相干度阈值，自动剔除低于阈值的数据，使用保留的数据参与 Rhoplus 反演计算；完成后进行⑤。

④数据删选之"人机交互"方法：人工判断并挑选可以参加 Rhoplus 反演计算的视电阻率、相位频点数据，完成后进行⑤。

⑤Rhoplus 反演与预测（Parker et al., 1996）。

⑥结果评价：判断阻抗视电阻率、相位数据曲线的连续性，如果校正后的数据在"死频带"连续性好，曲线光滑，同时未受畸变影响的数据得到了最大程度的保留，曲线整体符合测区的地电认识和观测预期，可以认为处理结果有效，进行⑦；否则进行④。

⑦处理完成，保存数据。

图 5 - 2 给出了相应的处理流程图。

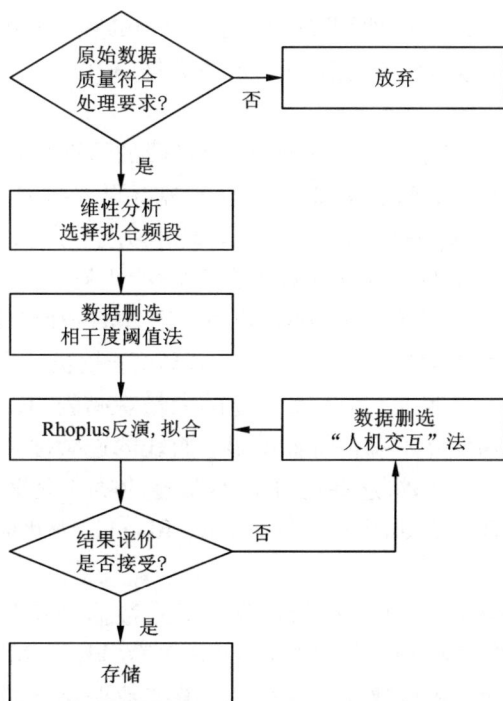

图 5 - 2　Rhoplus 处理 AMT"死频带"数据流程图

5.2.4 应用实例

为验证 Rhoplus 处理方法的有效性,对实测的含"死频带"畸变的数据进行了处理,同时以夜间或夏季未受畸变影响的实测数据作为参考,对处理结果加以评价。

图 5 - 3 为部分实验点畸变数据 Rhoplus 处理前后的结果。其中,数据的删选利用相干度阈值自动进行,10 kHz ~ 100 Hz 内阈值设置为 0.85,计算时剔除相干度小于阈值的频点对应的原始视电阻率、相位数据。

图 5 - 3(a)中测站 S1 代表了"死频带"数据畸变的一个典型。待处理数据(日间观测结果)视电阻率向下偏倚、相位不连续特征明显,且这些频点数据对应的相干度数据较低。相干度阈值自动删选十分准确地剔除了受到畸变影响的频点数据。处理结果与参考数据(夜间观测结果)吻合很好,表明处理结果是可信的。

图 5 - 3(b)中测站 S2 代表了另一个典型。待处理数据(日间观测结果)视电阻率向上偏倚,相位脱节无形态,而畸变数据频点对应的相干度数据仍然较高。相干度阈值自动删选并未很好地剔除受到畸变影响的频点数据。尽管如此,自动处理的结果仍是可以接受的,视电阻率与参考数据(夜间观测结果)吻合较好,相位稍差。

图 5 - 3(c)中测站 S3 代表了数据畸变较隐蔽的情况。待处理的 ρ_{xy} 数据(日间观测结果)在 5 kHz ~ 1 kHz 仅有 2 个频点的视电阻率数据发生了明显的脱节,其余频点数据以及相位 φ_{xy} 曲线均连续,未表现出明显的畸变特征。但对比参考数据(夜间观测结果),不难发现日间数据在 5 kHz ~ 1 kHz 各频点均存在畸变,且畸变数据与参考数据差异显著。Rhoplus 处理利用 AMT"死频带"前后频段的高质量数据,有效识别出了 AMT"死频带"内的隐蔽畸变,校正结果与未受畸变的参考数据吻合,结果可信。事实上,在安徽等地的大量观测表明,"死频带"内阻抗视电阻率、相位数据的畸变并不总是特征明显,曲线的连续性和标准偏差等参数难以完全表征其畸变特征。如将这些特征并不明显的畸变数据作为高质量数据看待,会导致错误的处理。而如图 5 - 3(c)所示,Rhoplus 为此情况提供了一种更有效地识别和处理手段。

图 5 - 3(d)中测站 S4 代表了极低信噪比导致数据严重畸变的情况。待处理的数据(日间观测结果)"死频带"影响频率范围宽(6 kHz ~ 700 Hz),视电阻率数据脱节无形态,误差大,相位数据连续性低,畸变数据对应的相干度数值也无明显规律,高低并存。Rhoplus 自动处理取得了相对满意的效果,视电阻率与参考数据(夜间观测结果)基本一致,相位稍差。

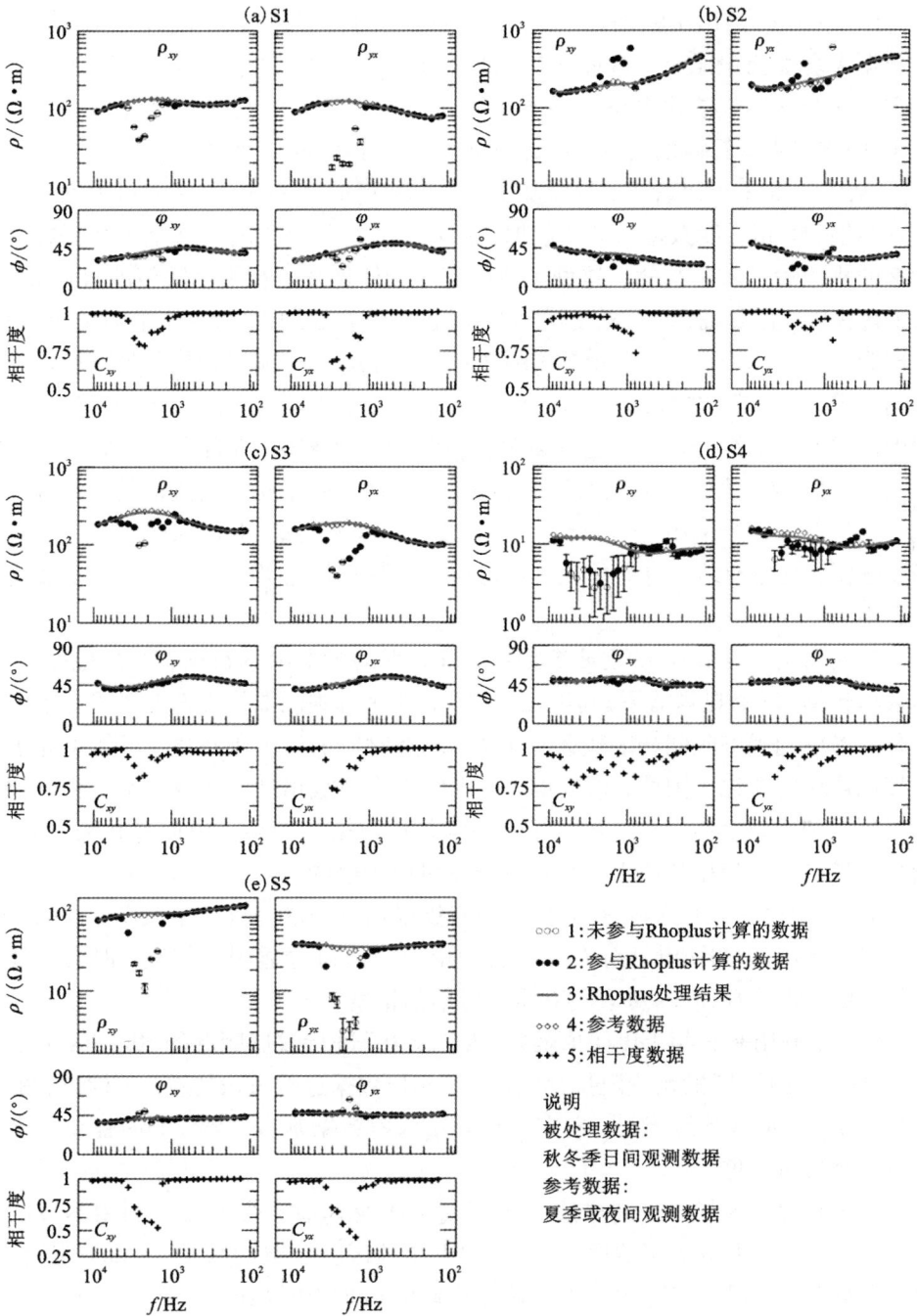

图 5 - 3　部分实验测站处理结果

数据删选采用相干度阈值自动处理方式；(a)、(b)、(c)、(d)、(e)分别代表不同的实验站

图 5 - 3(e)给出了秋季"死频带"数据畸变的典型测站 S5 的处理结果,其参考数据为夏季测量结果。Rhoplus 处理获得了满意的结果,仅 ρ_{yx} 的处理结果在 3 kHz ~ 1 kHz 与参考数据稍有差异。不难发现,其原因是参考数据在 3 kHz ~ 1 kHz 同样产生了轻微的畸变,数据质量较低,而 Rhoplus 处理结果更可信。

从图 5 - 3 中可以看出,尽管基于相干度阈值的 Rhoplus 方法常可得到满意的处理结果,但相干度数据与畸变数据的频点并非总是对应的。这是由观测数据中含有的相关噪声所引起的。这种不对应有时会使得基于相干度阈值的 Rhoplus 方法处理失败,需要辅以"人机交互"的手段进行重新处理,图 5 - 4 中测站 S6 的处理即为一例。基于相干度阈值的 Rhoplus 方法对 ρ_{xy}、φ_{xy} 畸变数据的处理获得了满意的结果,与参考数据较为吻合。而对 ρ_{yx}、φ_{yx} 数据则处理失败,自动 Rhoplus 处理的曲线明显不符合预期,且与高频端(10 kHz ~ 5 kHz)的高质量数据不符。这是因为"死频带"内畸变数据的相干度值较高,使得基于相干度阈值的自动数据删选方法失效。此时采用"人机交互"的手段,可以方便地剔除"死频带"内的明显畸变数据,其处理结果符合预期,并且与参考数据形态相符、数值接近,表明结果合理。

需要指出,测站 S6 的观测数据中,待处理的视电阻率数据(秋季观测结果)与参考数据(夏季观测结果)间出现了细微的差别,观测曲线在双对数坐标下略有平移。考虑到观测时间相隔较久,且夏季测量时段前后下雨频繁,可能引起了地表接地环境的变化。因此,两次观测的视电阻率曲线出现了平移差异,相位数据在高频段和低频段不一致,并引起了相位张量数据的差异。由此导致的 Rhoplus 处理结果与参考数据数值上的总体差异是可以理解的。

此外,图 5 - 4 中测站 S6 的夏季观测数据相位张量分析结果表明,该测站在高频段呈现出 2D/3D 电性分布。尽管理论上尚需讨论适用性问题,但实际处理结果表明,此时 Rhoplus 处理仍获得了可信的精度。

综上,利用基于相干度阈值辅以"人机交互"进行数据删选的 Rhoplus 方法可以对 AMT"死频带"的畸变阻抗视电阻率、相位数据进行可信的校正,校正后的结果形态明确,曲线连续光滑,与实测高质量参考数据基本一致,同时保留了其他频段的高质量数据。

值得指出,本节方法同样适合于压制工频及其他窄带畸变。利用本节的方法,笔者近年对大量实测数据(如长江中下游地区所获取的数千个 AMT 实测点)进行了处理,取得了满意的效果,证明了本方法的实用性和一般性。

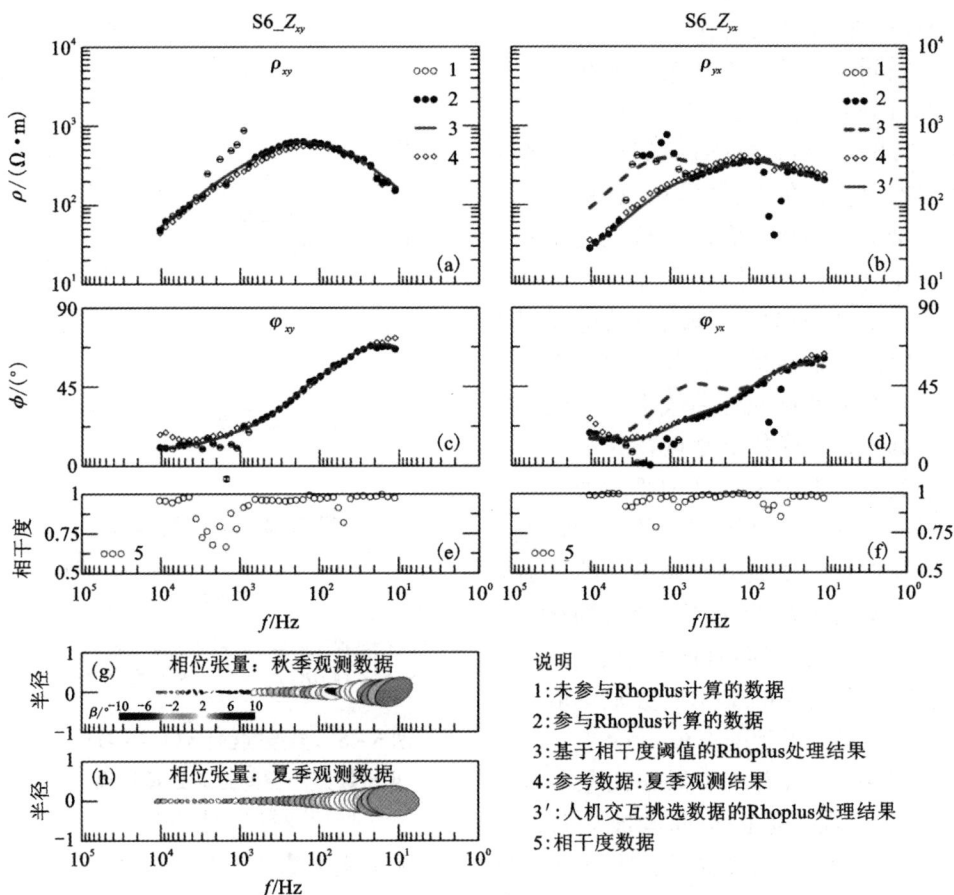

图 5 - 4　测站 S6 处理与对比结果

其中数据删选采用相干度阈值与人机交互相结合的方式。(a)xy 方向视电阻率；(b)yx 方向视电阻率；(c)xy 方向阻抗相位；(d)yx 方向阻抗相位；(e)xy 方向信号相干度；(f)yx 方向信号相干度；(g)秋季相位张量；(h)夏季相位张量

5.3　剖面数据的静态效应及校正

理论上，当地表存在局部电性不均匀体时，电流流过不均匀体，并在其表面形成积累电荷，进而产生一个与外电流场成正比的附加电场，使得实测的各个频率的视电阻率值相对于局部不均匀体有一个常系数的变化；从而在浅层不均匀体周围引起电流密度的密集或稀疏分布的畸变现象，导致地表观测的电场分量增强或减弱。目前，静态校正的方法有很多，比如曲线平移法，空间域滤波法(七点或

漢宁窗口滤波，中值滤波，EMAP），时频压制与分离法，相位换算法，阻抗张量分析法，联合反演法等。

空间滤波处理方法是目前在处理静态校正中应用比较广泛的一种方法，其思想是：一种由局部异常引起的局部效应，在广大区域上这种局部效应会被平均掉。它的一般处理流程是：首先，根据工区地电条件，选择一个在工区内厚度、深度以及电阻率都相对比较稳定的电性层，同时大致估计它在频率域测深曲线上对应的频段。其次，计算各个测点在这个频段上的实测视电阻率的几何平均值。然后将相邻的若干个测深点的平均视电阻率和选定的滤波函数做数字滤波运算，计算出平均视电阻率的滤波值，将其记录在滤波窗口的中心点上。最后，以各个测点的平均视电阻率取出它的滤波值，得到静态校正系数。

图 5－5 给出了安徽霍山某剖面 120 Hz 频域数据的空间滤波处理结

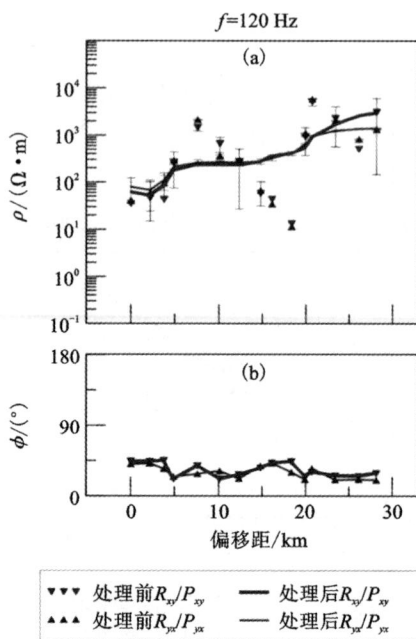

图 5－5　典型剖面（A1）120 Hz 频域数据的空间滤波处理结果
（a）视电阻率；（b）相位

果。可以看出，经过空间滤波处理，可以压制视电阻率数据在空间上的不均匀现象，保留数据的整体特征；而相位数据由于几乎不受地表不均匀体的影响，处理前后数据保持不变。

仍需说明，空间滤波处理前必须对数据体受"静态效应"影响的程度进行判断，并谨慎选择滤波参数，以保留原始数据的特征为基本原则。

5.4　时空阵列数据处理技术

5.4.1　大地电磁阵列观测系统

从系统论角度，我们可以将地球看作是由电磁参数构成的分布系统，场源激励信号是该系统的输入，观测站测量的电磁场是该系统的输出。在此框架下，我们分析传统的电磁勘探方法，可以发现目前所有的电磁法在理论上都假设输入端同时只存在一个场源，输出端同时也只存在一个观测站（即使有多个同步测站，处理时也是分开的），即研究的是地球空间某一点对某一个特定场源的响应，遵循的是传统的单输入－单输出的系统分析方法，并进行重复观测以压制噪声及观测误差。然而，实际的电磁勘探中，不论我们主观上如何假设，多种类型的电磁场源总是同时存在的。

对线性时不变的地球电磁系统，我们假设其输入端同时存在多个不同类型的场源（包括天然电磁场源和人工电磁场源），可以随时间变化。即系统输入端在空间上存在多个场源，且随时间变化（即每个场源对系统都有多个时刻的独立激励，而非简单重复），构成空间阵列场源在不同时刻对异质同构系统的输入时空阵列；输出端存在多个测站，每个测站可以有多个测道，同步观测系统对输入端所有场源在不同时刻激励的响应，构成空间阵列测道对异质同构系统的输出时空阵列。在此框架体系下，我们的核心任务归结为多场源－多时刻激励－多道接收的系统分析问题。

5.4.2　时空阵列数据处理方法原理

同步阵列电磁观测及处理的基本思想源于 Egbert 和 Booker（1989a，1989b），利用多测点多测道同步观测多变量数据，并采用时空联立的方式建立多元统计模型，通过分析观测数据间所蕴含的定量关系获得所需信息。

当观测区内人文活动较强，且不存在可控人工场源输入时，输入端包含天然场源和未知人文场源。如图 5－6 所示，在考虑相关噪声的条件下，假设观测系统中共有 L 个场源，包含 M 个天然电磁场源以及 N 个人文噪声场源，$L=M+N$；在 I 个观测时窗内，天然电磁场源随时间及空间变化的极化参数构成 $M \times I$ 阶矩阵 A，相关噪声场源随时间及空间变化的极化参数构成 $N \times I$ 阶矩阵 B。

阵列观测模型中，假设阵列数据中共含测点 J 个，$J \geqslant 2$，每个测点观测 5 道数据，阵列数据中共含 $K=5J$ 道数据（对 AMT 而言，如垂直磁场 H_z 未测量，则为 4 道数据，$K=4J$）；共有同步观测时窗 I 个，所有测道、时窗中均允许存在输出端噪声。测站的所有观测数据矩阵构成 $K \times I$ 阶矩阵 X。

根据 Egbert（2002）及周聪（2016），可建立时空阵列方程组

$$X = UA + VB + R = \mathit{\Psi}S + R \qquad\qquad (5-15)$$

式中，U、V 分别为与天然场源、人文场源相对应的空间模数矩阵，U 为 $K \times M$ 维矩阵，V 为 $K \times N$ 维矩阵；R 为 $K \times I$ 阶频域输出端噪声矩阵，$\mathit{\Psi}$ 为 $K \times I$ 阶频域输出端噪声矩阵，R 为 $K \times I$ 阶频域输出端噪声矩阵，且有，

$$\mathit{\Psi} = (U \quad V), \ S = \begin{pmatrix} A \\ B \end{pmatrix}.$$

阵列电磁法的关键问题即是式（5－15）的求解。

由于空间模数矩阵的维数未知，直接采用矩阵分解的方法获得的空间模数矩

图 5 – 6　阵列电磁勘探模型示意图

阵难以与不同的场源类型相对应；并且当未知人文场的响应强于天然场响应时，矩阵分解获得的天然场空间模数矩阵精度较低。

为此，采用增加远参考及磁场差分测道的方法，先求解各个场源的极化参数，再求其空间模数的分步骤求解方案。

第一步，利用远参考站及同步阵列中天然场成分占优测站的观测数据构建天然场时空阵列数据矩阵 X^r。显然，X^r 满足：

$$X^r = U^r A + R^r \qquad (5-16)$$

式中，U^r 为与 X^r 各测道对应的空间模数；求解上述时空阵列方程组获得天然场源的极化参数矩阵 A：

$$[U^r, A] = \Re(X^r) \qquad (5-17)$$

式中，符号 $\Re$ 代表一种数据降维方法。

第二步，对各个同步测站的水平磁场做两两差分。考虑到天然磁场的区域均匀性，水平磁场的差分可认为是人工场信号占优，以此可以构建人工场信号占优的时空数据矩阵 X^c。同样地，X^c 满足：

$$X^c = V^c B + R^c \qquad (5-18)$$

式中，V^c 为与 X^c 各测道对应的空间模数；求解上述时空阵列方程组获得未知人文场源的极化参数矩阵 B，

$$[U^c, B] = \Re(X^c) \qquad (5-19)$$

注意此步骤中的隐含条件，该问题必须满足可降维的要求，即差分测道的总

数需大于未知人文场源的个数：$K' = J(J-1) > L_2$，且观测时窗的总数也需大于未知人文场源的个数：$I > L_2$。

第三步，构建场源极化参数矩阵：

$$S = \begin{bmatrix} A \\ B \end{bmatrix} \tag{5-20}$$

构建测站时空阵列数据矩阵 X，由最小二乘估计：

$$\boldsymbol{\Psi} = (XS^{\dagger})(SS^{\dagger})^{-1} \tag{5-21}$$

求解测站分别对应于天然场源、未知人文场源的空间模数矩阵 U 和 V。

第四步，利用 U 和 V 提取各个测站对应于各个场源的解释参数。

从以上过程可知，与常规阵列数据处理相比，本方法并非直接对测站数据矩阵进行处理，而是分别利用远参考站信号构建天然场数据矩阵、测站水平磁场差分信号构建未知人文场数据矩阵，将天然场成分与人文场成分分离处理。由于时空阵列方程组求解方法的精度限制，一般仅能保证信号中主要成分的提取精度，因此直接对含强输入端噪声的测站时空阵列数据矩阵进行求解难以获得准确的天然场信息，而分离处理分别利用不同的数据矩阵提高时空参数分离的精度，可得到更合理的处理结果。

不难推知，上述求解过程隐含了对时空阵列大地电磁数据处理方法实施方案的要求。本方法与大地电磁法的实施方案有两点主要不同，一是必须布设远参考站，二是测区测站数需满足 $J \geq 2$。

5.4.3　应用案例

基于前述理论及设计，选用凤凰 MTU－5A 型仪器，进行了时空阵列大地电磁数据处理方法野外数据采集和数据处理试验研究。由于仪器硬件条件的限制，在工频处(50 Hz)，难以获得可靠的采集数据及处理结果。因此，下文的处理结果中，50 Hz 及其相邻频点处的结果未予显示。

试验地点选择在安徽庐枞矿集区内，试验区内包含矿山、城镇等强烈的人文噪声干扰。如图 5－7 所示，阵列中共包含 10 个测区测站及 1 个远参考站，平均点距约 300 m，同步采集时长超过 4 h。

1）与常规方法的对比

为验证时空阵列大地电磁数据处理方法的效果，首先测试了包含 S3、S5 的 2 站阵列数据的处理效果。

图 5－8 给出了 xy 方向两个测站的处理结果。可以看出，受强相关噪声的影响，最小二乘(LS)与远参考法(RRLS)均未能得到合理的估计结果，LS 在中低频段(40 Hz ~ 1 Hz)出现典型的类似于可控源音频大地电磁法的"近区畸变"效应，RRLS 估计数据曲线在低频段(6 Hz ~ 1 Hz)出现明显脱节，且同样出现"近区畸

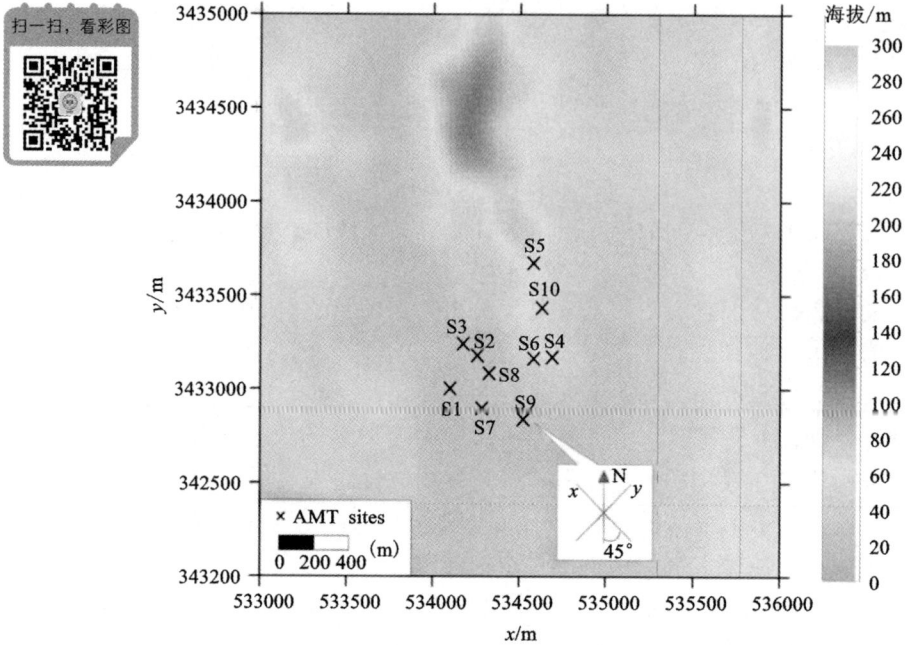

图 5-7　庐枞矿集区时空阵列差分大地电磁法实验阵列布设

变"效应。利用本章方法，2 站阵列数据所得到天然场阻抗数据在高中频段（600 Hz ~ 6 Hz）与 RRLS 效果基本相当，但在低频段（6 Hz ~ 1 Hz）效果明显优于 RRLS，数据曲线更为连续。

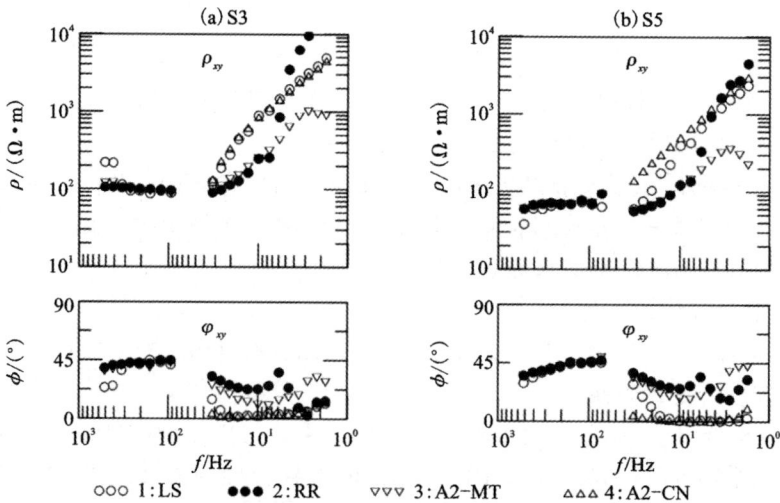

图 5-8　xy 方向两点阵列数据不同方法处理结果对比

图 5 - 9 给出了 yx 方向两点阵列数据不同方法处理结果对比。可以看出，在高中频段(600 Hz ~ 7 Hz)，本节方法所得到的天然场阻抗数据与 RRLS 效果基本相当。而在低频段(7 Hz ~ 1 Hz)，几种方法均无法得到合理的结果。分析本节方法所得到的未知人文场阻抗数据可知，两个测站的未知人文场阻抗起始畸变频点不同、曲线畸变斜率不同，这表明本测区 yx 方向的未知人文场源分布更为复杂，此时，仅用 2 站的差分阵列已难以获得主要未知人文场源的极化参数，进而得到合理的天然场阻抗估计数据。这一结果表明，当干扰源复杂时，小规模阵列难以保证处理效果。

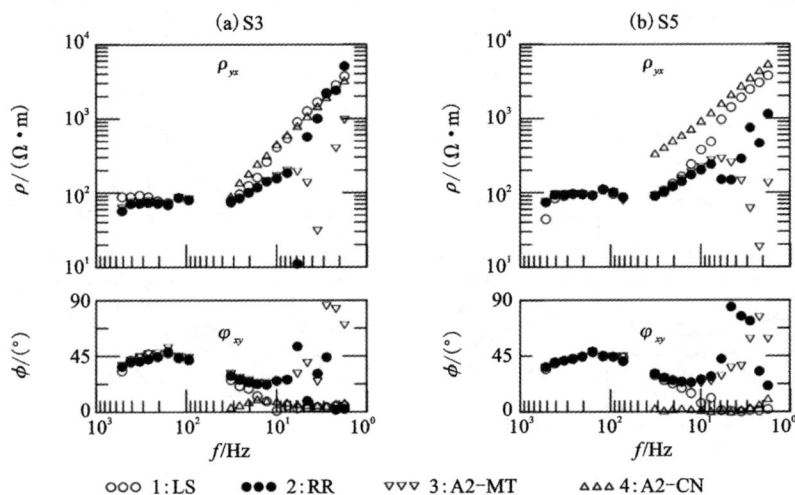

图 5 - 9　yx 方向两点阵列数据不同方法处理结果对比

2)处理结果分析

在上述分析基础上，利用时空阵列大地电磁数据处理程序，对 10 站阵列进行了统一处理。图 5 - 10 分两个部分给出了处理结果。分析可知，几乎在所有测站上，时空阵列大地电磁数据处理均取得了优于传统方法的结果。

从图中还可发现，部分测站(如 S6)处理效果不佳，且各测站的相位数据处理质量也不高。其原因可能有几点，一是因为该测站处干扰更强于其他测站，需要更大的阵列规模才能得到合理的结果；二是当测站处信噪比过低时，现有仪器的动态范围不足，难以在强人文信号的背景中获取微弱的天然场信号；三是本节开发的处理程序算法稳健性仍需优化，未完全满足本节方法处理的需求。这三个方面问题的处理措施将是时空阵列电磁法实际工作与下一步研究的关键。

综上，时空阵列数据处理均取得了预期的效果；水平磁场差分测道数据的利用有效提取了未知人文场源的极化参数信息，联合远参考和测区数据，实现了基于场源类型的系统响应分离；更大规模的阵列数据可以获得更为可靠的处理结果。应用结果证明了本节提出的时空阵列电磁数据处理方法的可行性与有效性。

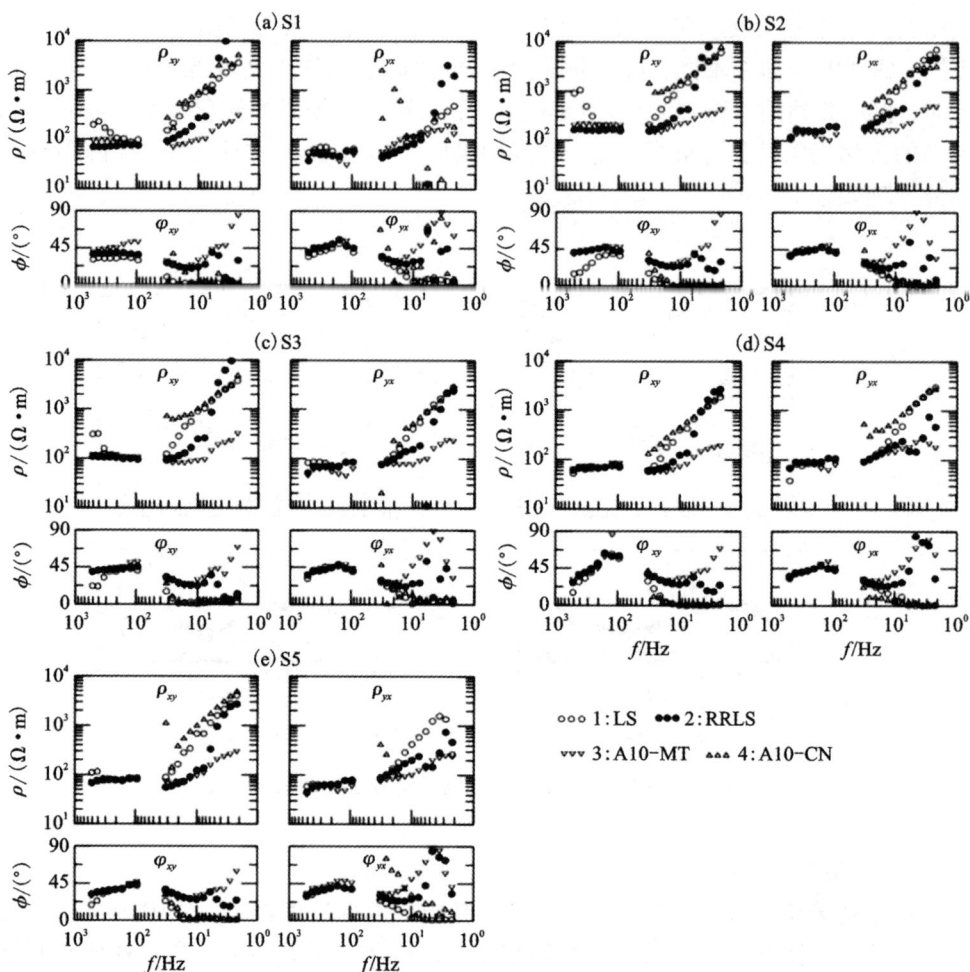

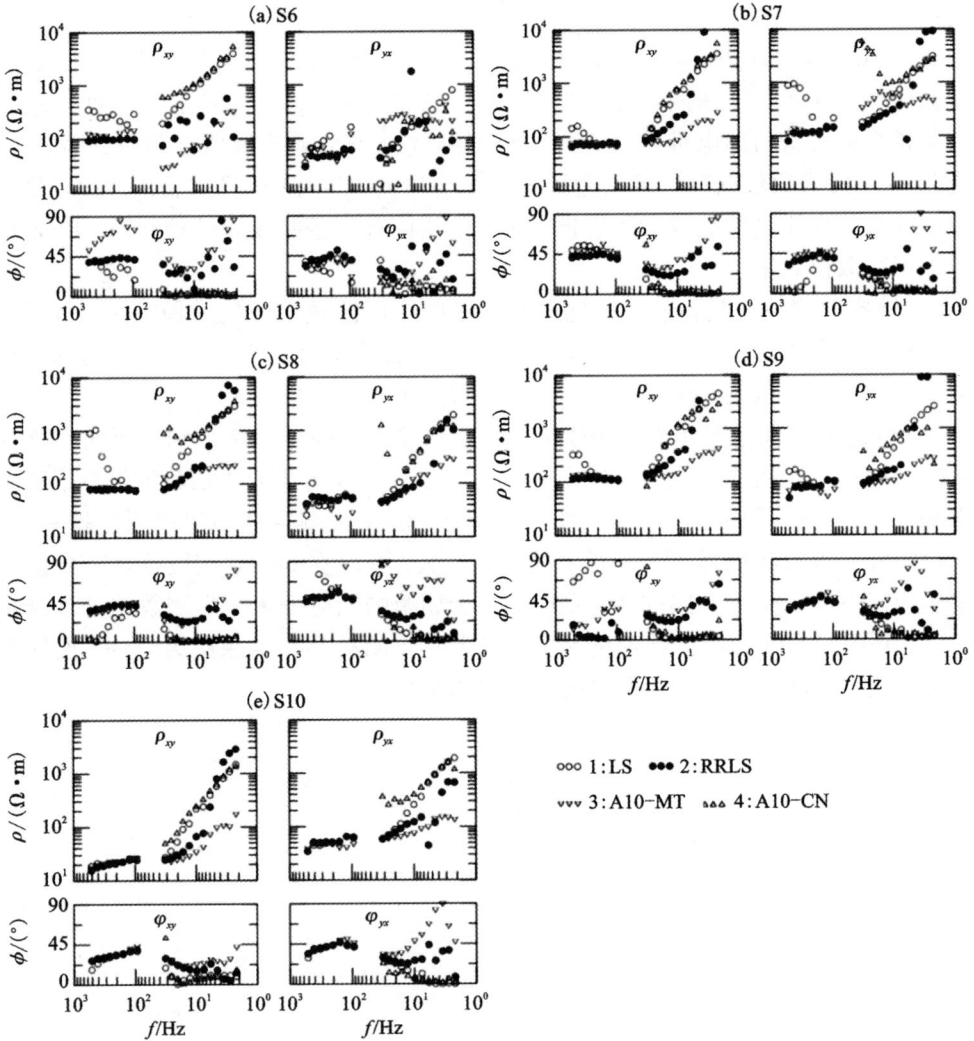

图 5 - 10　10 站阵列处理结果

(a)S1 ~ S5 处理结果；(b)S6 ~ S10 处理结果

5.5　小结与讨论

本章讨论了矿集区含噪大地电磁数据的多频点多测点数据处理技术。

(1)介绍了多频点数据相位校正的基本原理，给出了校正案例。结果表明，当相位数据质量较高时，利用相位校正视电阻率曲线可提高数据质量，但当相位数据受到干扰时，处理效果则不够理想，即校正曲线严重依赖于相位数据的质量。

（2）Rhoplus方法可以对AMT"死频带"畸变数据进行快速有效的校正，同时在其他频段保留高质量的数据，改善低质量数据。Rhoplus处理的适用性要求包含原始数据质量与地电维性两方面。根据维性分析结果选择拟合频段，对呈1D或2D TM模式的数据频段可以进行Rhoplus处理；当"死频带"前后相邻频段具有一定频率的高质量数据或者阻抗视电阻率、相位有一条曲线质量较高时，Rhoplus处理可以取得效果。

（3）空间滤波法是目前在处理静态校正中应用比较广泛的一种方法，本章给出了该方法在矿集区数据处理中的应用实例。结果表明，经过空间滤波处理，局部不均匀得到了压制，剖面的区域性结构得到了更清晰的反映。

（4）论述了时空阵列数据处理技术的基本原理及应用案例。阐述了时空阵列数据处理技术压制强干扰的策略；利用远参考站信号构建天然场数据矩阵、测站水平磁场差分信号构建相关噪声场数据矩阵、测站观测数据构建观测数据矩阵，通过矩阵分解方法获得了不同场源的极化参数，进而在测站观测数据矩阵中获得了对应于不同场源的空间模数，实现了基于场源的响应分离。实测数据处理结果表明，利用时空阵列数据处理技术得到的天然场阻抗估计结果更为合理，曲线总体更加光滑，且形态更符合平面波场数据的特征。

第 6 章　强干扰区大地电磁数据采集技术

数据采集技术是改善数据品质的最直接方式。本章以庐枞矿集区为例，讨论了强干扰区电磁数据采集的主要难点及应对措施。

6.1　强干扰区电磁数据采集的主要难点

相较于常规测区，矿集区内电磁数据的主要问题是强电磁干扰（图 6-1），其主要特点可概括为如下几点。

（1）电磁干扰强度大。矿集区内常分布有 110 kV 以上的高压线、变电站等，形成了高强度的噪声背景。

（2）电磁干扰持续时间长。矿集区内存在持续型的电磁噪声源，如工业及民用交流电、通信发射塔等，覆盖了所有观测窗口。

（3）电磁干扰空间分布密。矿集区周边常常人口众多，城镇乡村、厂矿企业、道路交通、输电网络等密集分布，常构成覆盖工区的立体干扰网络。

（4）电磁干扰类型复杂。矿集区内的电磁干扰按类型可分为交流噪声和直流噪声，其中交流噪声与工业及民用交流电密切相关，而直流噪声的典型实例是井下矿石运输采用的大功率直流电力牵引机车，一般机车工作电流在 50 A 以上，且回路为直接嵌入基岩的铁轨，在直流电力牵引机车工作过程中可形成大规模的持续性的地下游散电流。

6.2　测点布设方案

由于矿集区内干扰强烈，如何保证数据采集质量是 MT/AMT 探测的核心问题之一。本节以 AMT 数据采集为例，讨论提高采集质量的实施方案和质量控制方法。

6.2.1　单点采集时间

单点数据采集时间决定了 MT/AMT 原始数据的质量。理论上，采集时间由最低频率决定。一般地，0.1 Hz 的最低频率，在没有干扰的地区，10 ~ 15 min 即

(a)

(b)

图 6-1　工区主要干扰源

(a)工区内的矿山、采石场；黑色圆点为设计点位；(b)庐枞矿集区的实测照片

可得到较好的数据。但在长江中下游等强干扰区，矿山广布，人烟稠密，各种电磁干扰十分严重。为选择既符合技术要求又经济的最佳采集时长，在测区内进行了前期试验工作。

图 6-2 是安徽庐枞某地某实验测站在同一测点上进行不同采集时间的曲线对比，最长时间为 2 h。从各图可以看出，在 xy 方向，在低频段 15 min 和 30 min 的视电阻率曲线和相位有稍微跳变；随着采集时间的增加（从 15 min 到 2 h），视电阻率及相位整条曲线的基本形态不再有明显改善，说明 xy 方向测点基本未受到干扰；但在 yx 方向，采集 15 min 所得的视电阻率和相位曲线在 100 Hz 以下跳变大，曲线光滑性差，而采集 30 min 所得的视电阻率和相位曲线只在 1 Hz 以下有跳变点，说明该方向受到了一定的干扰；但当采集时间达到 1 h，随机干扰被压制，曲线变得光滑连续，并且随着采集时间的进一步增加（1.5 h，2 h），视电阻率及相位整条曲线的基本形态改善不再明显。因此，在实际中，应综合考虑勘探深度、数据采集质量，干扰程度以及采集成本，确定单点采集时间。实际中可将单点采集时间统一要求为不低于 1 h。

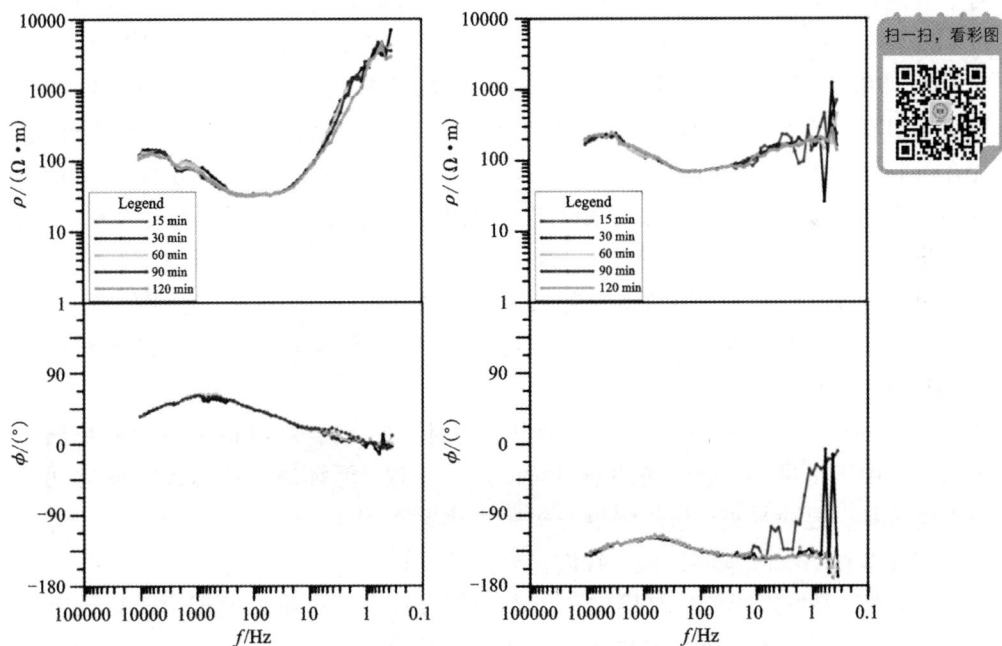

图 6-2　安徽庐枞某地不同采集时间曲线对比

（左：xy 方向视电阻率及相位；右：yx 方向视电阻率及相位）

6.2.2 电偶极长度

测量电偶极长度影响着信号强度和横向分辨率。为在保证横向分辨率的条件下，尽可能地提高采集信号强度，需确定合适的测量极距。为此，在安徽庐枞某地选取试验点，开展了电偶极长度对比试验。

图 6 - 3(a)、(b)中给出了试验点的阻抗视电阻率、相位对比分析；图 6 - 3(c)、(d)给出了相应的相对误差(相对于三个结果的平均值)分析。各极距对应的阻抗计算所需功率谱数据选择一致。

由图结合计算数据可知，①在高频段(10400 Hz～1000 Hz)，Z_{xy} 曲线基本重合，视电阻率数据相对误差基本控制在 7% 以内(最大 7.03%)，相位数据相对误差基本控制在 5% 以内(最大 5.65%)。Z_{yx} 中 D - 50 曲线与 D - 80 曲线基本重合，但 D - 25 视电阻率、相位曲线均与 D - 50、D - 80 曲线出现明显不一致，并导致对平均值的相对误差均较大(超过了 10%)。从对平均值的相对误差结果来看，两个方向均是 D - 50 的误差最小。Z_{xx}、Z_{yy} 曲线均基本重合，但能分辨出差别，同时，由于数值较小，计算的相对误差均较大。②在中频段(1000 Hz ~ 10 Hz)，Z_{xy}、Z_{yx}、Z_{yy} 曲线均基本重合，相对误差控制在 10% 以内，同时注意到工频段曲线不光滑且出现飞点。Z_{xx} 曲线已出现明显差别，但形态一致，相对误差依然较大。③在低频段(10 Hz ~ 1 Hz)，Z_{xy}、Z_{yx}、Z_{yy} 曲线均基本重合，相对误差控制在 10% 以内。Z_{xx} 曲线形态完全不一致，相对误差也更大。④在低频端(1 Hz ~ 0.35 Hz)，Z_{xy}、Z_{yx}、Z_{xx}、Z_{yy} 四曲线均出现不一致，Z_{xx}、Z_{yy} 数据凌乱，无明显规律，Z_{xy} 虽趋势一致，但数值相差大，相对误差超过 10%；Z_{yx} 曲线形态一致，数值稍有差别，误差仍基本控制在 10% 以内。⑤整体而言，以 Z_{xy}、Z_{yx} 数据对平均值的相对误差计，D - 50 最优。

图 6 - 4(a)、(b)分别给出了三种电极距对应的 E_x、E_y 电道的时间域数据对比结果。由图可见，三道电场的信号特征基本一致，但幅值变化与极距变化几乎成正比关系。显而易见，信号强度与极距大小紧密相关，极距越大，信号越强。

综合多点的实际观测试验，我们得到以下认识。

(1)测量偶极矩影响的是横向分辨率和信号强度。更小的电极距能得到更高横向分辨率，而更大的电极距则能获取更大的信号强度。一般地，应综合考虑这两个因素，选择合适的极距。

(2)极距越大，信号越强，是否信噪比也越高？在强干扰区，答案是否定的，很多时候，更长的极距意味着离干扰源更近或是噪声更强，信噪比显然并不会提高。实际工作中，应根据干扰、地形等环境分布灵活调整电极的位置。

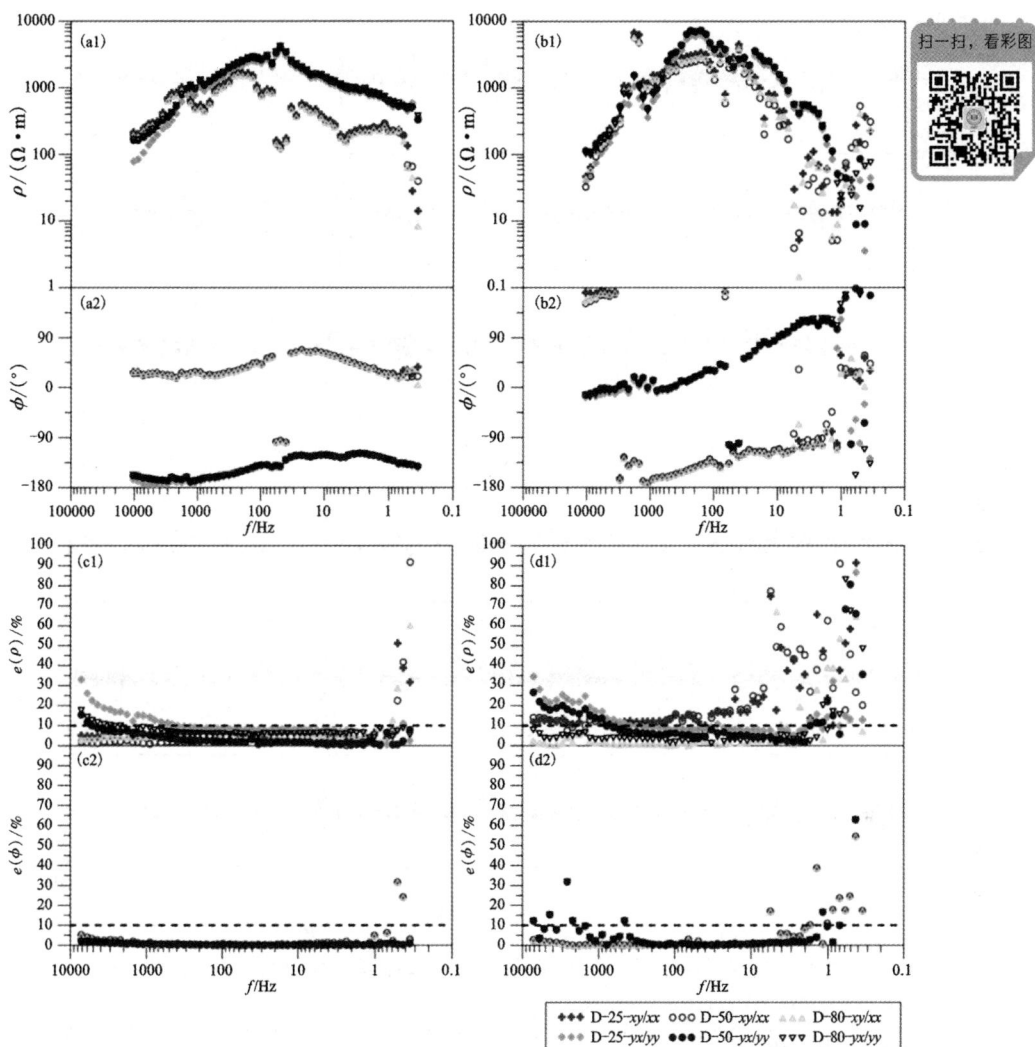

扫一扫，看彩图

图 6 - 3   安徽庐枞某极距试验点的阻抗数据结果

（a1）、（a2）：Z_{xy}、Z_{yx} 的视电阻率、相位对比；（b1）、（b2）：Z_{xy}、Z_{yx} 的视电阻率、相位对比；（c1）、

（c2）：Z_{xy}、Z_{yx} 的视电阻率、相位误差对比；（d1）、（d2）：Z_{xy}、Z_{yx} 的视电阻率、相位误差对比

6.2.3   标量或张量测量方式

一般地，为压制天然电磁场极化方向随机变化对阻抗估计的影响，并保证对

二、三维地质结构、构造的分辨，AMT 应采用张量测量。但在某些情况下，受场

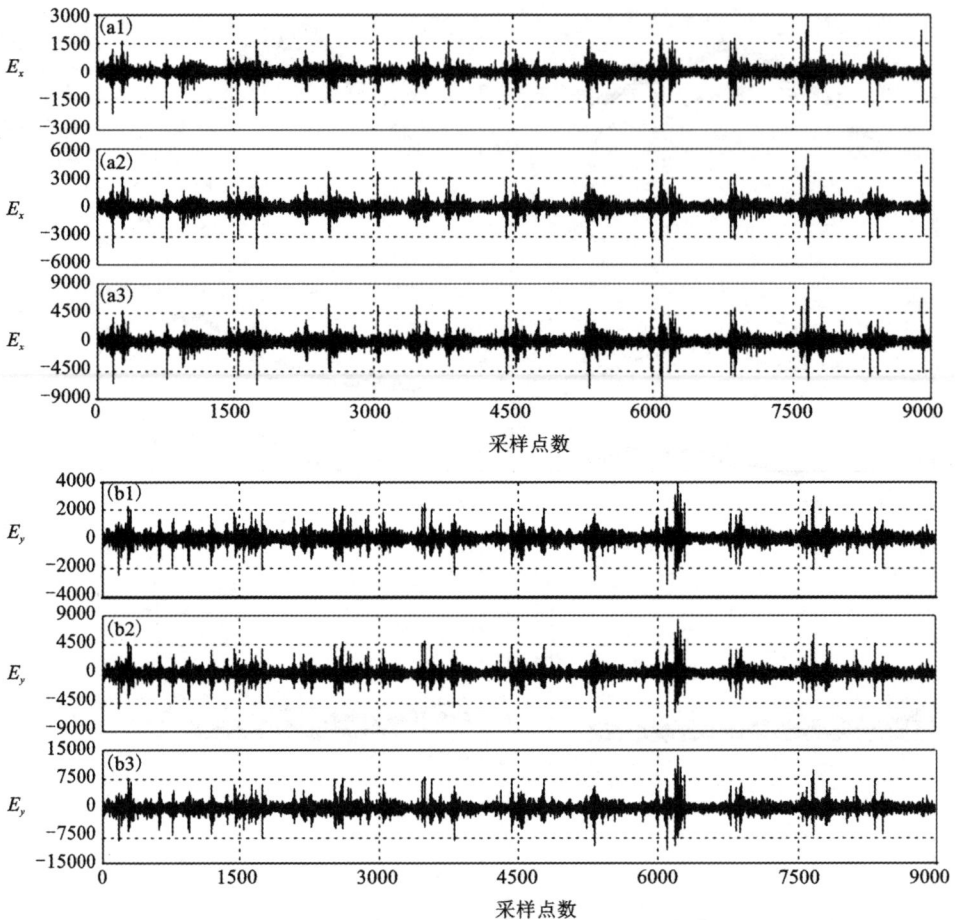

图 6 - 4　时间域数据对比；TS4 文件(低频信号)，时间段：8：38：49 - 8：39：49

(a1)、(a2)、(a3)：D - 25、D - 50 及 D - 80 的 E_x 时间域数据；(b1)、(b2)、(b3)：D - 25、D - 50 及 D - 80 的 E_y 时间域数据

地、干扰等条件限制，张量测量存在一定的困难，是否可以仿照 CSAMT 的标量测量方式简化布极？为此，我们开展了实际测量对比、实验。

图 6-5 给出了不同噪声环境下实测点张量阻抗与标量阻抗估计的对比。不难发现：①即使在弱噪声环境下，标量阻抗估计结果与张量阻抗估计结果也不尽相同；②标量与张量阻抗估计结果的差异频段不固定，差异方向也不固定；③在含噪环境中，张量阻抗估计结果明显优于标量阻抗估计结果，张量阻抗估计结果仅在工频段和 1 Hz 附近质量低，在其他频段形态明确，而标量估计结果数据离散程度更高，部分频段无明确形态。

图 6 - 6 给出了弱噪声环境下实测点张量阻抗与标量阻抗估计稳定性的对比。可以看出，即使在低噪环境下，标量电阻率的稳定性也明显更差，复测结果相对误差超过 5%，不满足相关规范要求。

综上，我们认为：标量测量不适用于 AMT，在任何 AMT 观测方案设计中，都应避免使用标量测量方式。

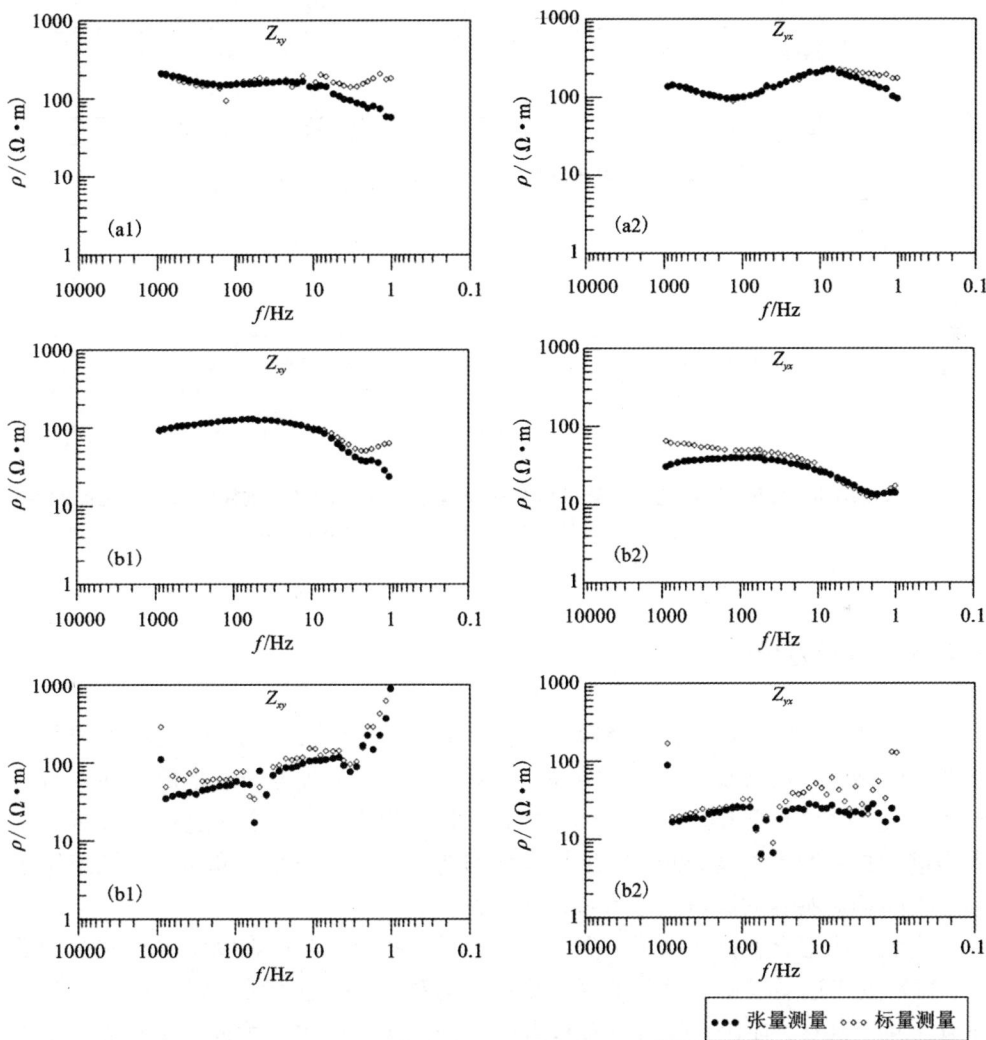

图 6 - 5　实测点张量阻抗与标量阻抗估计的对比

（a1）、（a2）：安徽某地 A 测站（低噪声环境）对比；（b1）、（b2）：安徽某地 B 测站（低噪声环境）对比；
（c1）、（c2）：安徽某地 C 测站（高噪声环境）对比

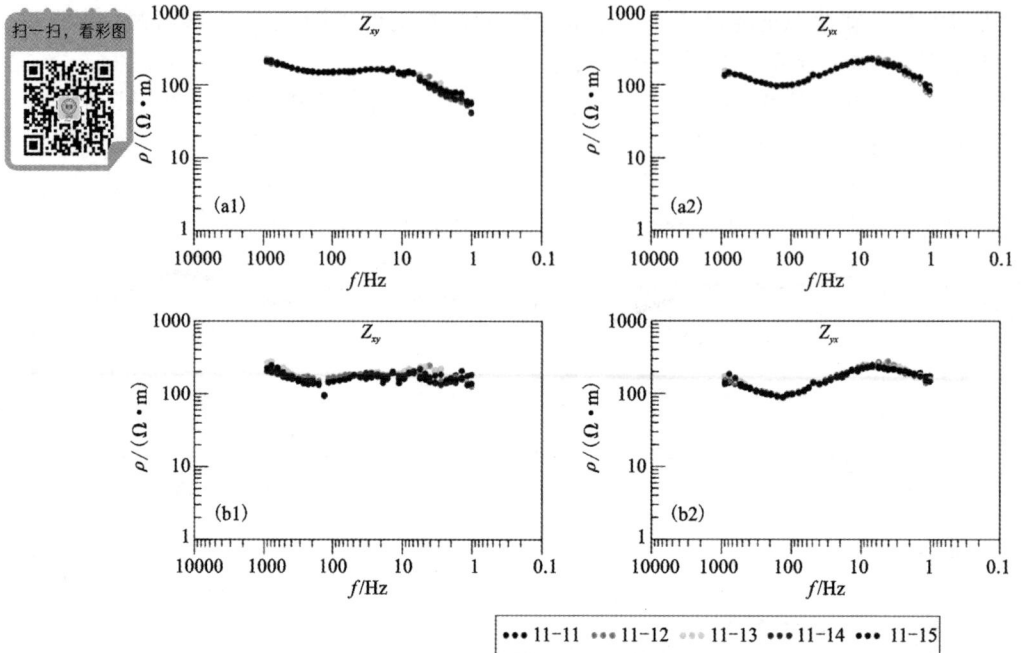

图 6-6　安徽某地(低噪环境)连续 5 天的张量阻抗视电阻率与标量阻抗视电阻率稳定性的对比
(a1)、(a2)：张量视电阻率变化；(b1)、(b2)：标量视电阻率变化

6.2.4　布极方位

　　一般地，为方便后期数据处理与解释，在所有测点采用统一的观测方位是比较合适的做法。通常采用的布极方位有两种，一是与地理方向或地磁方向平行及垂直布极，此时主要考虑的有，测区构造走向不明确、需在全区进行三维观测或者需进行长周期大深度观测；二是与区域构造走向平行及垂直布极，常被采用于构造走向相对明确的区域或进行近地表观测。

　　当测点附近存在高压线或公路、铁路等强干扰时，常常难以获得高质量的数据，特别是当这类线型干扰源垂直于测线方向时，即使适当偏离设计点位也难以避开干扰。那么，能否通过改变布极方位压制这类干扰呢？为此，我们进行了大量布极方位测量试验。

　　图 6-7 是安徽某地 SY0924 测点的方位试验结果。测点位于农田中，地势平坦，表层泥土，西北边 100 m 有南北向的公路和电线(10 kV)，北边 100 m 有村庄和民房。试验中，两套仪器布设于同一测点，但一台偶极方向为平行和垂直于测

线方向（北偏西 33°或方位角 = 147°）；另一台偶极方向为测线方向旋转 45°后（北偏东 12°，或方位角 = 102°）平行和垂直的方位。布极方式呈米字形，极距相当（54 m/55 m – 54 m/57 m），4 根磁棒分别布设于不同象限，相距 5 m 以上。采集参数设置一致，开关机时间等均一致。

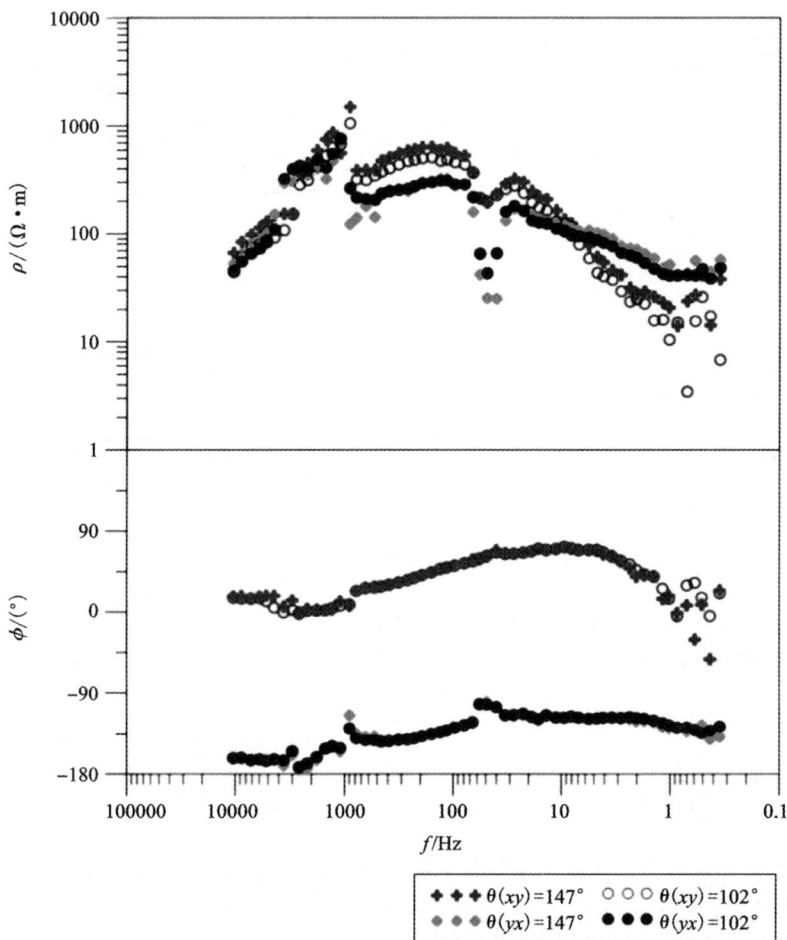

图 6 – 7　阻抗（Z_{xy}、Z_{yx}）数据结果（全部功率谱叠加）

从图中可以看出，两个方位的电阻率、相位曲线形态基本一致，但也有差别。xy 方向两角度测量数据在对数坐标下略有分离，而相位重合，可能是地表电阻率不均匀所致；yx 方向曲线重合，视电阻率曲线低频稍有分离，可能是深部的 2D/3D 构造所致；工频段方位角 = 102°的曲线影响稍小，但仍然有较大跳变，说明布极方位对工频干扰会有一定压制，但效果并不理想。

图 6-8 是 241513 测点的方位试验结果。设计测点位于高压线下，实际测点位于旱田中，北侧 70 m 有高压线，300 m 是高速公路，东侧 200 m 为村庄。试验中同一套仪器分别按方位角 = 103°、方位角 = 148° 两次布极测量。

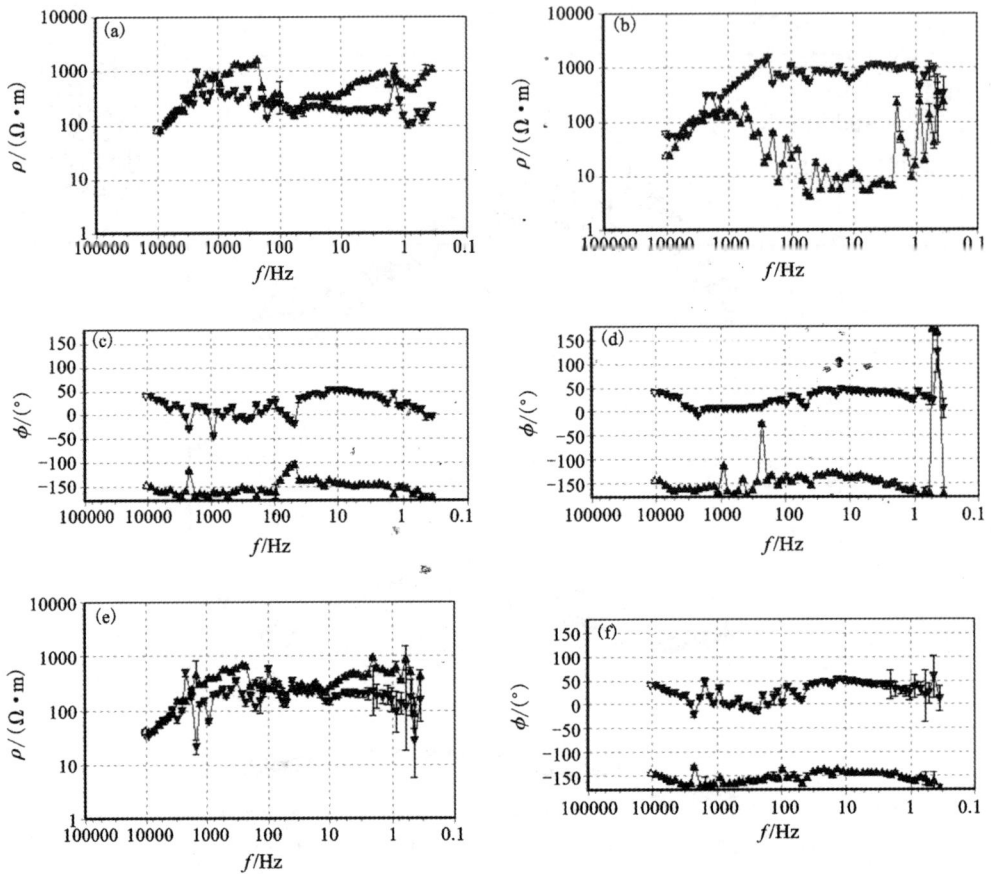

图 6-8 典型测站 241513 的布极方位观测对比：同一套仪器两次布极测量

(a)、(c)：xy 方向方位角为 103° 观测；(b)、(d)：xy 方向方位角为 148° 观测；

(e)、(f)：xy 方向方位角为 148° 观测计算时旋转 45°

▲— xy 模式　▼— yx 模式

从图中可以看出，角度旋转前后，电阻率、相位曲线形态相差较大，说明该测点深部构造较复杂，另外，高压线等干扰也可能是造成这一差异的原因。综合所有布极方位试验结果，我们认为：①在强干扰地区，改变布极方位并不总能给数据质量带来明显的改善；②改变布极方位对数据质量的改善效果没有远参考的效果明显；③在复杂地质环境下，布极方位对测量结果有明显影响。

6.2.5　接地电阻的影响

一般地,为保证电场测量的准确,接地电阻越低越好。因为大的接地电阻会增大两个接地电极间的分布电容,进而对电场观测造成影响。这一影响在对高频观测时尤其显著,会造成高频数据的畸变。

为了从实际数据上说明接地电阻稳定性对 AMT 测量的影响,于安徽某地 BL06174C 号点上进行了试验,对电极坑进行处理,即每个电极坑尺寸为 50 cm × 50 cm × 50 cm,取出石块草根等,电极坑填充满黄泥土,加入大量食盐搅匀,并浇取大量饱和盐水,埋入泥土固定和压实,每一个小时用万用表测量接地电阻,测量 3 h。其中 yx 方向上接地电阻有很明显的变化,测量结果分别为 2600 Ω、2200 Ω、2000 Ω,结束时接地电阻为 2000 Ω,视电阻率和相位曲线如图 6 - 9 所示。

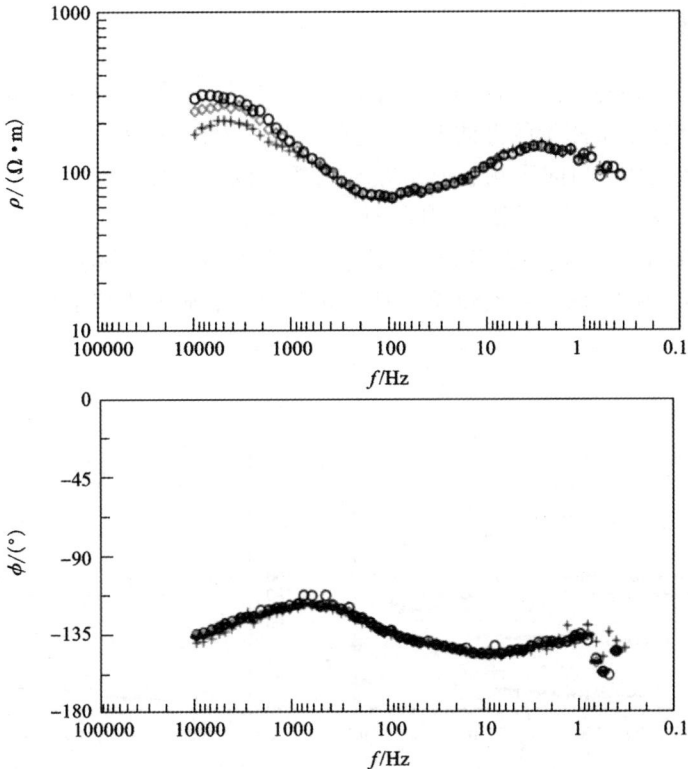

图 6 - 9　安徽某试验点不同时间段 yx 方向视电阻率和相位曲线图

(+ 第 1 个小时,◇ 第 2 个小时,○ 第 3 个小时)

试验结果表明,接地电阻不稳定对视电阻率和相位曲线的高频段影响很明显,视电阻率更为敏感。高接地电阻导致视电阻率和相位曲线高频下降,随着接地电阻的下降,视电阻率和相位曲线不断抬升,最终趋于稳定。因此接地电阻应尽量控制在 2000 Ω 以内。

当接地电阻大于 2000 Ω 时,可以采用以下方法来降低接地电阻:

(1)重新安置电极,往坑中倒入更多的盐水;

(2)重新选择电极坑位置,在原电极坑旁几米处再挖一极坑,将电极放入其中,因为原极坑下方可能有石块、树根等杂物;

(3)将极坑中的泥浆换成膨润土盐水泥浆或颗粒状泥土混合的盐水泥浆;

(4)采用多个电极并联的方式降低接地电阻。

6.3 提高质量的常规采集措施

6.3.1 重复观测

对于已按规范施工、严控施工质量后由于受强干扰影响导致数据品质低的测点,应选择反复多次测量的办法改善数据质量。另外,对于测量过程中出现的异常点,如曲线畸变、与前后测点形态差异大等,也视情况进行复测。复测的方式有原点复测、偏移复测、寻找干扰时空间隙复测等。

图 6-10 给出了重复观测改善安徽某测点数据质量的示例。可以看出,经过重新选点重复观测,该测点经过重新选点偏移复测,显著改善了数据质量。

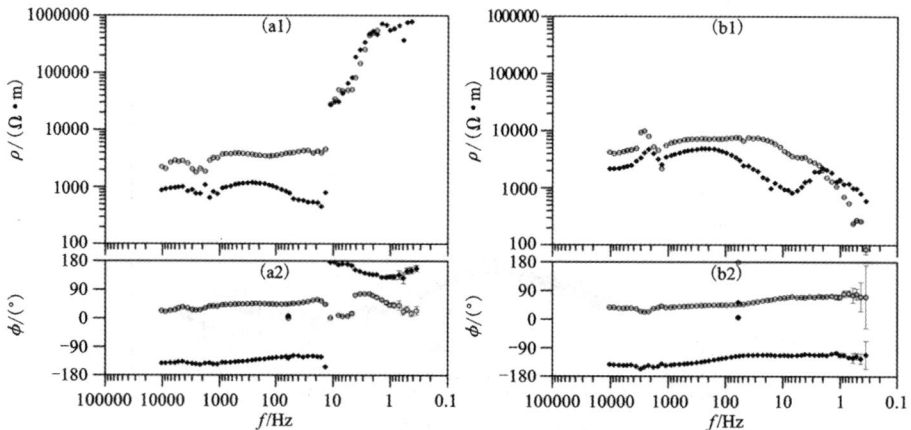

图 6-10 安徽某测点重复观测改善数据质量的示例

(a1、a2)第一次测量结果;(b1、b2)重新选点后复测结果

$\diamond\diamond\diamond R_{xy}/P_{xy}$, $\blacklozenge\blacklozenge\blacklozenge R_{yx}/P_{yx}$

6.3.2　优选观测时段

在不同时间段里,天然电磁场的信号强度有周期性的变化规律。一般而言,AMT 的数据采集工作应尽量选在天然电磁场信号较强的时段,如夏季和夜间,以增加信噪比和提高数据质量。

图 6 – 11 是安徽某地 Y120926A/Y120926B(A 和 B 表示测量次数)测点上白天和夜间采集的数据对比。测点位于山区旱田中,地势有高差,表层泥土,东北向有小型鱼塘,北方 300 m 有村庄、民房和电线,附近无明显干扰。第一次白天测量时间段为 2012 – 09 – 26 07:04:49 – 2012 – 09 – 26 17:28:49;第二次夜间测量时间段为 2012 – 09 – 26 18:04:49 – 2012 – 09 – 27 07:01:31。从图 6 – 11 中可以看出,白天测量结果出现"死频带"脱节现象,影响了整体数据质量的评价;夜间测量结果曲线形态明确,显著改善了"死频带"数据质量。

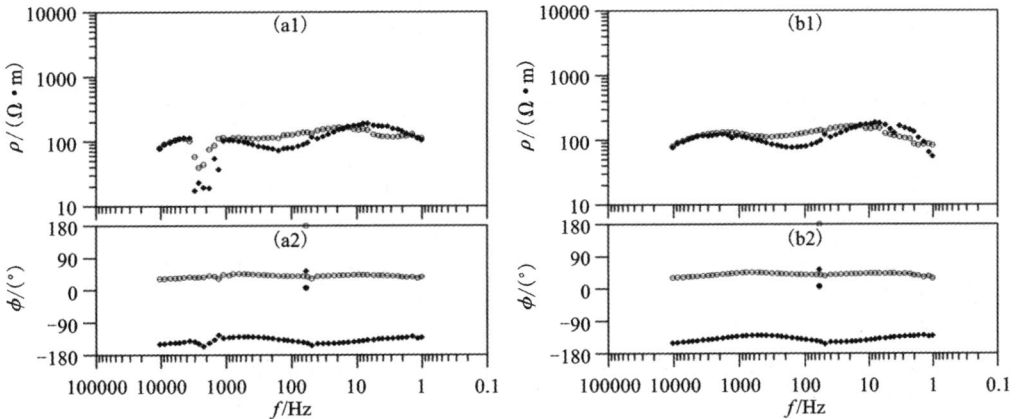

图 6 – 11　安徽某地 Y120926A 点日间(a1、a2)、夜间(b1、b2)测量结果对比

$\diamond\diamond\diamond R_{xy}/P_{xy}$　　$\blacklozenge\blacklozenge\blacklozenge R_{yx}/P_{yx}$

为提高数据质量,在能够进行夜间测量情况下,尽量在夜间进行长时间观测。综合各点夜间观测结果,有如下规律:

(1)夜间采集可以改善高频"死频带"的数据品质。

(2)在干扰小的区域,夜间采集可以改善数据品质。

(3)对公路附近等存在震动干扰的地区,利用夜间车流量小的时段进行数据采集可在一定程度上改善数据质量。

(4)对民用线、信号塔等干扰,在夜间较难改善数据质量。

(5)对矿山附近的区域,数据质量受矿山大型设备影响,如夜间设备在工作,则数据质量低,而在其工作间隙所采数据相对较好。

因此，夜间采集是改善 AMT"死频带"数据质量的直接手段；但对其他频段，在干扰环境复杂的矿集区和城市周边，夜间采集并不总能有效地改善数据质量。

除在信号较强的时段进行采集，另一种策略是在噪声较弱的时段进行采集。图 6-12 给出了安徽某试验点不同时段观测结果。第一次测量过程中噪声相对较强，视电阻率曲线出现了明显的飞点和不连续。第二次重新选择在噪声相对较小的时段进行采集，数据质量得到了一定的改善。

实际应用中，考虑到实际要求、安全、采集成本以及单点采集时间等因素，采集时段的选择常有限制。

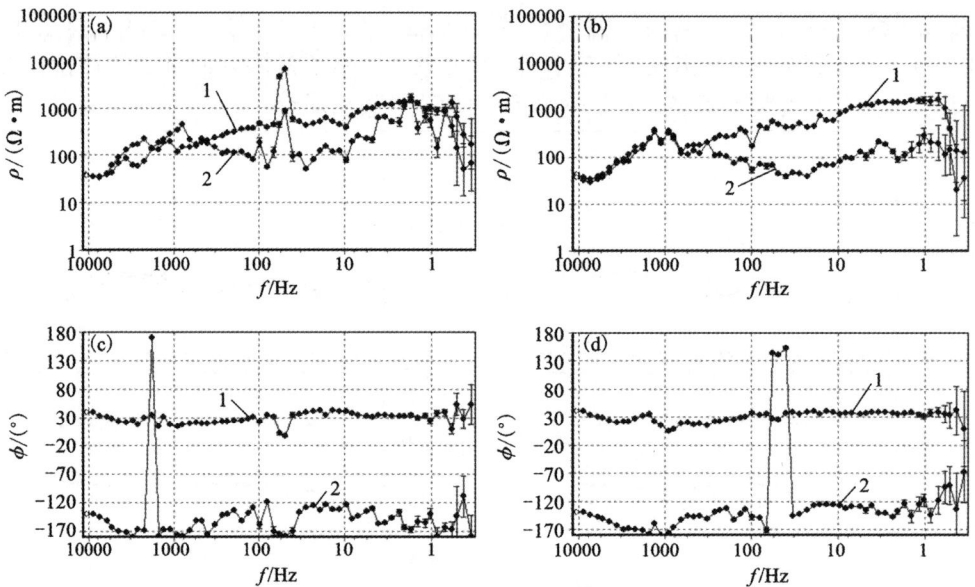

图 6-12　安徽某试验点不同时段观测结果
（a）、（c）—第一次：0807 16:33:49～17:36:22
（b）、（d）—第二次：0812 19:09:17～20:33:07
1—xy 模式，2—yx 模式

6.3.3　延长采集时间

可以说，单点数据采集时间决定了 MT/AMT 原始数据的质量。理论上，采集时间由最低频率决定。一般地，在干扰相对较小的地区，对宽频 MT，如所需最低频率为 0.001 Hz，十几个小时的观测时长常可满足要求；对 AMT 而言，如最低频率要求为 1 Hz，10～15 min 常可得到较好的数据。但在强干扰区，矿山广布，人烟稠密，各种电磁干扰十分严重，必须采用更长的观测时长；针对部分高噪测站，还可采用延长采集时间的方式提高数据质量。

图 6-13 中给出了在测点上进行不同采集时间的曲线对比，最长时间为
36 h。可以看出，随着采集时间的增加，随机噪声得到有效的压制，曲线的低频
部分越来越光滑，且数据的误差棒越来越小。当采集时间达到 12 h 时，视电阻率
曲线在 0.1 Hz 以下的频点跳动仍比较厉害，且误差棒也比较大，无法满足要求。
整体而言，36 h 的观测曲线数据质量最高。因此，实际中，建议在采集成本允许
的条件下，采用尽可能长的观测时间，以提高数据质量。

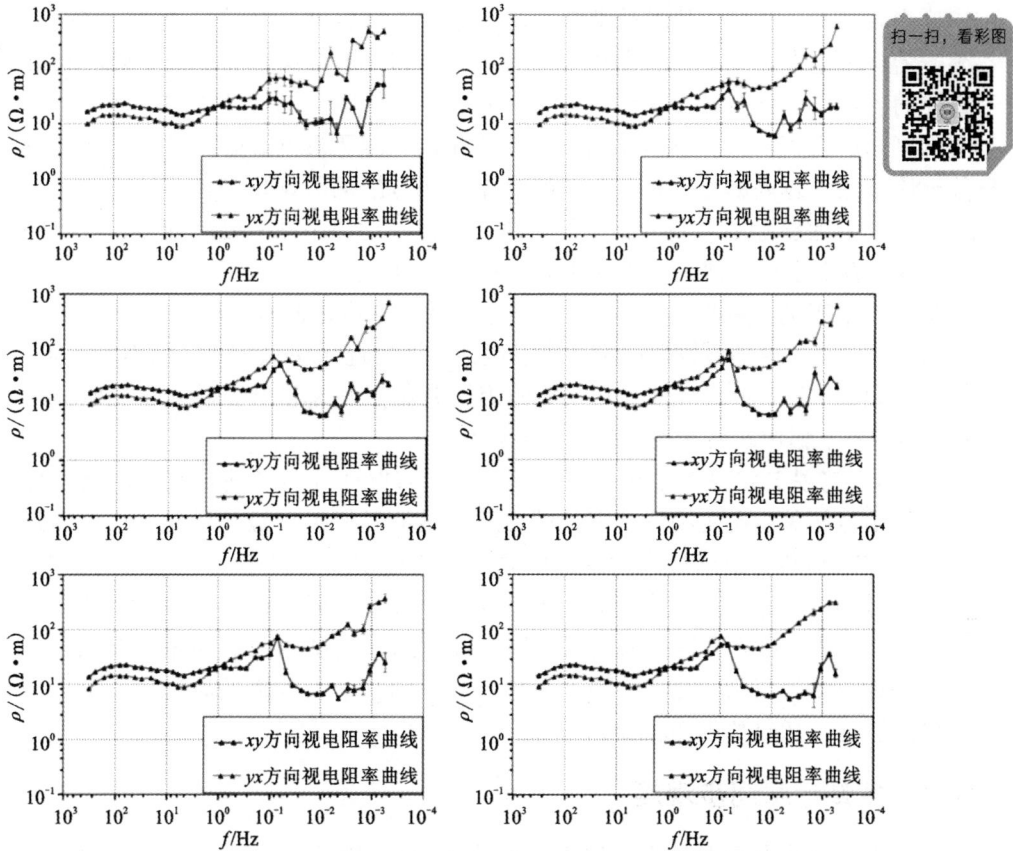

图 6-13　相同测深点不同采集时间的视电阻率曲线

(a)6 h *xy*、*yx* 方向视电阻率曲线；(b)12 h *xy*、*yx* 方向视电阻率曲线；(c)18 h *xy*、*yx* 方向视电阻
率曲线；(d)24 h *xy*、*yx* 方向视电阻率曲线；(e)30 h *xy*、*yx* 方向视电阻率曲线；(f)36 h *xy*、*yx* 方
向视电阻率曲线

6.4 提高质量的多站同步采集措施

6.4.1 优选远参考站

远参考技术(Gamble et al., 1979)是改善 MT/AMT 数据质量的重要措施。参考道的利用形式多样,以距离尺度可划分为远参考、互(近)参考,以参考道类型可划分为磁参考、电参考及多道参考,以参考站数量可划分为单站参考、多站参考等。为保证远参考站能最大限度地改善数据质量,远参考站的优选与精心布设是必要的。这其中涉及几个关键的考虑点:远参考站本身的观测质量、远参考站与测区测站的距离以及远参考站所处的地质条件。毫无疑问,远参考站的本地测量数据质量要求越高越好,因为这样可以保证在有限的数据量条件下,获得最佳效果。而对于远参考站与测区测站的距离选择以及远参考站所处的地质条件等问题,许多学者都进行了研究,并得到了一些有益的结论。

基于大量实例,笔者认为,常规远参考站的选取应遵循以下原则:

(1)远参考站本身的数据质量要求,包括:①附近无明显干扰,噪声水平低;②电磁场数据平稳,波形无畸变;③频域阻抗各频点功率谱数据稳定,无明显跳变;视电阻率、相位曲线光滑平稳,误差棒小;

(2)远参考站与测区测站相对距离的要求,需保证远参考站与测区内测站保持天然场信号相关,人文场信号不相关;天然场信号相关一般是满足的,仅当远参考站与测站的距离过大时,高频端可能会出现天然场信号不相关的情况;人文场信号不相关则要求远参考站与测区测站的距离足够远;

(3)远参考站处地质条件的要求,如仅考虑测区测站的数据质量,则对远参考站所处地质条件无特别要求;但一般地,考虑到多参考数据的利用,远参考站应尽可能选在地质结构简单的地区。

6.4.2 多参考站同步观测

多参考站同步观测及处理是提高处理质量的可行手段。多参考站既可以通过在测区外布设多个远参考站实现,也可以在测区内选择高质量测站作为参考站补充,如图 6-14 所示。对于多参考站的应用,可以通过常规方法进行对比或叠加,也可以研究新的算法进行改进。如利用常规远参考法,可以对需处理的含噪目标测站分别应用多个参考站进行处理,并叠加功率谱,优选最终结果;利用第 5 章所述的时空阵列电磁数据处理技术,可以将所有选择的参考站装入统一的阵列数据集,计算出天然场极化参数,进而对含噪目标测站进行多参考道处理或阵列处理。

图 6 - 15 给出了强干扰区内某典型测站多远参考处理结果分析。其中子图（A）为待处理测站 S01 的常规稳健估计结果；图（B）、（C）及（D）分别为该测站利用远参考站 Y、Z 及 X 的磁道参考处理结果；图（E）为三个参考站磁参考道的阵列处理结果。其中，远参考站 Y、Z 及 X 分别为部署在测区外噪声相对较低地区的参考站。

可以看出，常规稳健估计结果 2 Hz ~ 0.1 Hz 频段存在一定的畸变，特别是 yx 模式的数据。该频段符合第 2 章所述 MT"死频带"畸变特征。利用远参考站 Y、Z 及 X 的磁道参考处理结果分别在一定程度上改善了数据质量。相对而言，远参考站 X 改善的频点最少，远参考站 Z 改善的频点最多。这说明，远参考站 Z 本身观测到的天然场信号质量最高。利用阵列数据处理方法，得到的视电阻率曲线相对质量最高，但相应的相位稍差。这说明，利用阵列数据处理算法，有望提高多参考站的利用效率。

本实例说明，无论是采用单独参考处理而后优选或叠加的方式，还是采用阵列处理直接利用多参考站估计天然场极化参数的形式；基于多参考站同步观测数据，都可能提高数据处理质量，是强干扰区提高数据质量的有效措施。

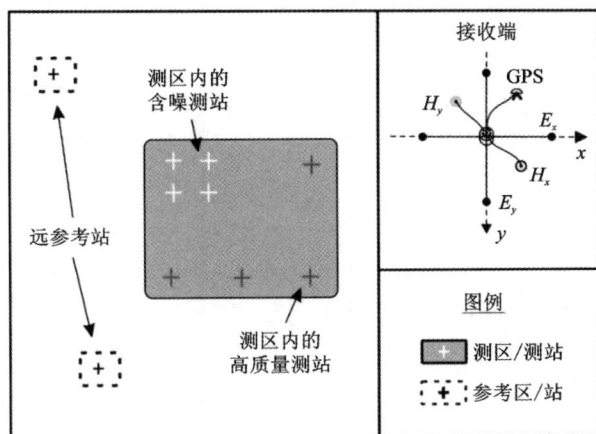

图 6 - 14　多参考站的部署及应用示意图

既可以在测区外布设多个远参考站（如图中黑色十字），也可以在测区内选择高质量测站作为参考站；利用常规远参考法，可以对待处理的含噪目标测站分别应用多个参考站进行处理，并叠加功率谱，优选最终结果；利用阵列处理算法，可以将所有选择的参考站装入统一的阵列数据集，计算出天然场极化参数，进而对含噪目标测站进行参考道处理或阵列处理

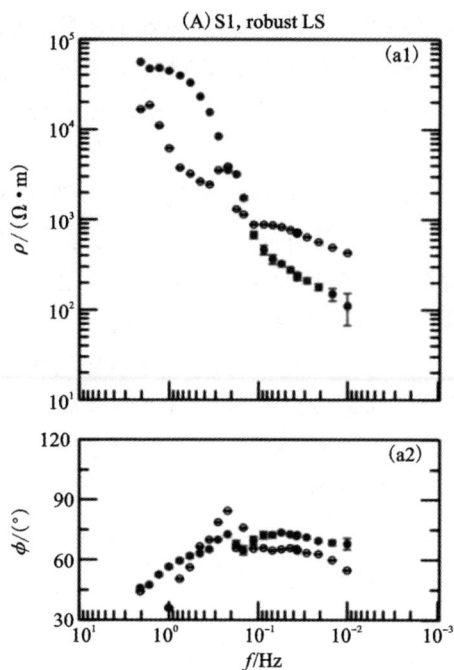

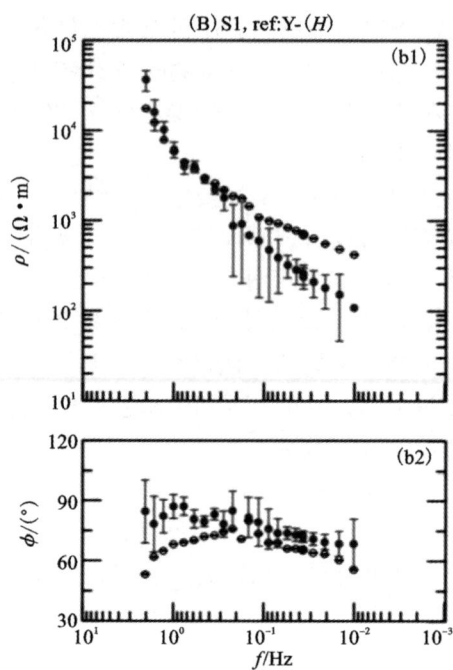

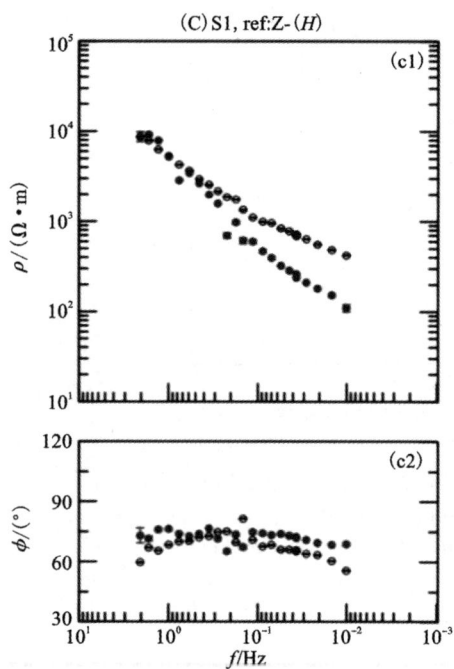

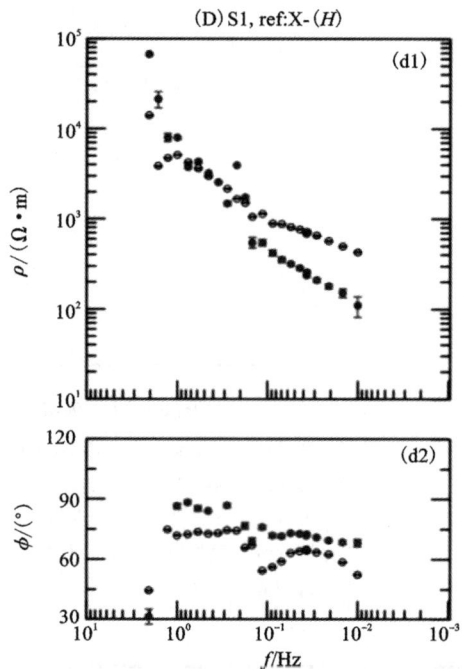

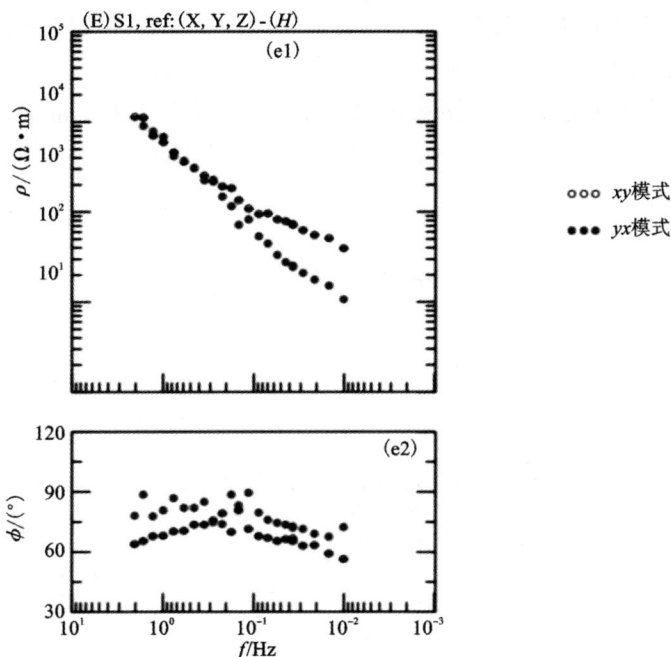

图 6 - 15　典型测站多远参考处理结果分析

（A）为常规稳健估计结果；（B）、（C）及（D）分别为远参站 Y、Z 及 X 的磁参考道参考处理结果；
（E）为三个参考站磁参考道的阵列参考处理结果

6.4.3　增大同步观测阵列的规模

随着采集仪器同步性和通信水平的进步以及成本的降低，多站阵列观测已逐步走向实用。阵列电磁观测可用于压制电磁噪声，如本书 5.4 节所述的时空阵列电磁数据处理技术；也可用于压制静态效应等地质噪声的影响，如电磁阵列剖面（Torres-Verdin et al.，1992），小面元（He et al.，2010）和多站叠加（Jiang et al.，2013）等。

以下重点说明时空阵列多站同步观测方案。该方案与电磁阵列剖面等观测方案类似，不同之处有几点，一是时空阵列观测的空间阵列形式没有要求，可以如电磁阵列剖面（Torres-Verdin et al.，1992）一般呈直线型阵列分布，或如小面元（He et al.，2010）般呈三维网状分布，或如多站叠加（Jiang et al.，2013）等特殊观测形式均可满足空间阵列的要求。二是各测站的布设方式没有局限，可根据实际需要的解释参数自由选择测道的布设。三是时空阵列观测不仅要求在空间进行阵列观测，同时也要求时间上的阵列观测，即各测站测道需要进行同步数据采集，并且对每个频率而言，均需记录一定时窗数量的数据。四是如采用时空阵列差分大地电磁数据处理方法，要求同步测站数应不少于 2 个，且应尽可能增加阵列的空间规模和同步时长；同时必须在测区外布设远参考站。

阵列布设方案的简化示意如图 6-16 所示。经过上述采集部署，获得观测数据后，依据 5.4 节所述内容进行数据处理，有望压制"近源干扰"等电磁噪声，提高数据处理质量。

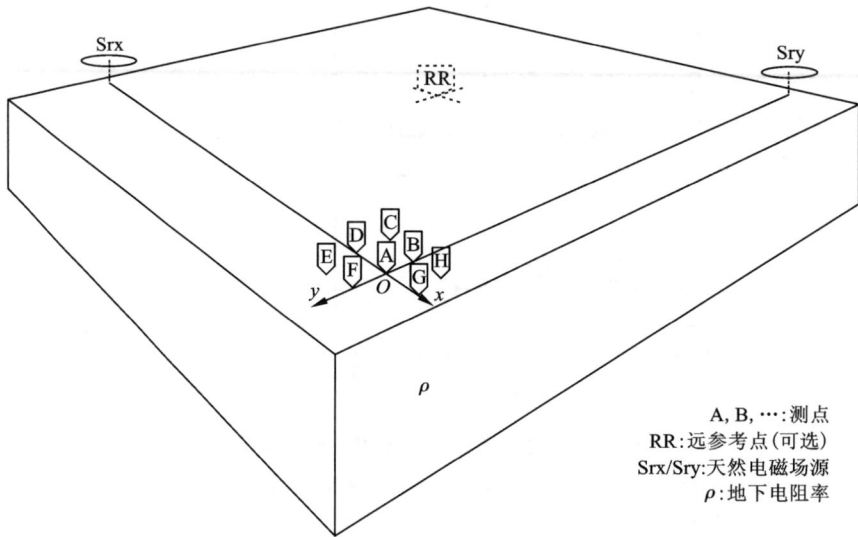

A, B, …:测点
RR:远参考点(可选)
Srx/Sry:天然电磁场源
ρ:地下电阻率

图 6-16　时空阵列多站同步天然场观测方案

实际中，为获得更为合理的数据处理结果，可采取规模更大的测站阵列。图 6-17 和图 6-18 给出了第 5 章图 5-8 所示 S3 测站不同大小阵列的数据处理结果对比，共比较了 2 站阵列、5 站阵列与 10 站阵列的处理结果。可以看出，随着阵列规模的增大，利用时空阵列数据处理方法得到的天然场阻抗估计结果更为合理，曲线总体更加光滑，且形态更符合平面波场数据的特征。特别是 yx 方向，在 2 站阵列处理时天然场阻抗结果曲线低频无形态，5 站阵列处理时曲线低频有形态，但仍表现出一定的畸变特征，而采用 10 站阵列处理时，结果曲线光滑，且消除了畸变特征。

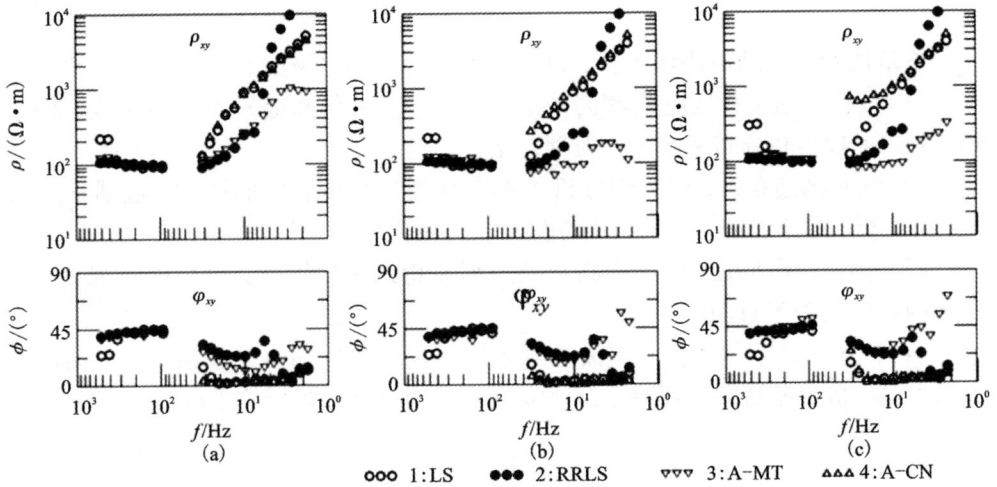

图 6 - 17　S3 测站不同大小阵列的 *xy* 方向数据处理结果对比

（a）左：2 站阵列处理结果；（b）中：5 站阵列处理结果；（c）10 站阵列处理结果

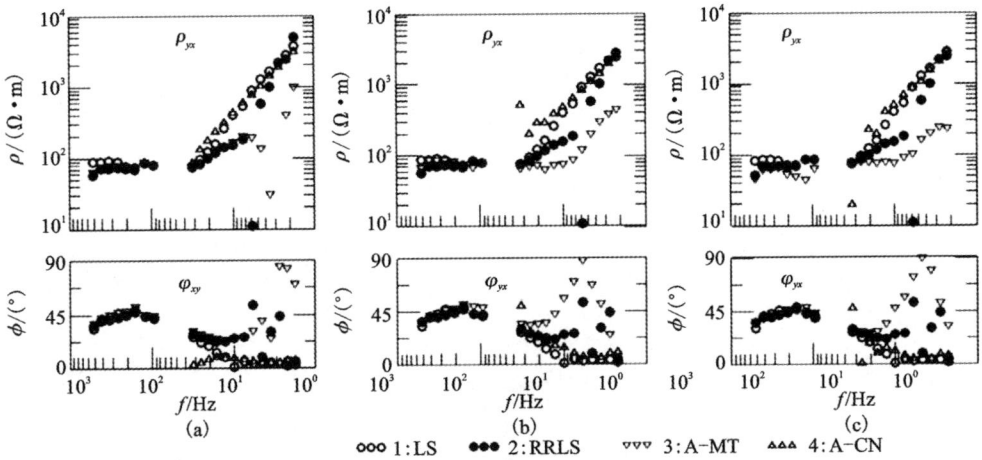

图 6 - 18　S 测站不同大小阵列的 *yx* 方向数据处理结果对比

（a）左：2 站阵列处理结果；（b）中：5 站阵列处理结果；（c）10 站阵列处理结果

6.5 本章小结

本章以音频大地电磁法为例,讨论了矿集区大地电磁法的数据采集技术。

(1)分析了强干扰区电磁数据采集的主要难点;包括电磁干扰强度大、持续时间长、干扰空间分布密及干扰类型复杂等。

(2)针对测站布设,以实例分析了不同观测参数对数据的影响;包括采集时间、电偶极长度、布极方式、布极方位及接地电阻的影响等。

(3)总结了强干扰条件下提高观测数据质量的常规措施,包括夜间观测、重复观测及延长采集时间等手段。

(4)讨论了强干扰条件下提高观测数据质量的多站同步采集措施,包括优选远参考站、多参考站同步观测以及增大同步观测阵列的规模等手段。

第7章　庐枞矿集区 MT/AMT 探测示例

　　庐枞火山岩盆地地处扬子地块的北东缘，西邻郯庐断裂带，位于长江中下游断陷带内，是长江中下游成矿带的一个重要矿集区（常印佛等，1991；翟裕生等，1992；董树文等，1991，2010；周涛发等，2008）。庐枞矿集区是我国重要的铁矿资源基地，已经发现有罗河、大包庄、龙桥、沙溪及泥河等大中型矿床。

　　为研究庐枞地区的地质结构，在该地区开展了大量地球物理工作，进行了多尺度的综合地球物理探测研究。如反射地震（Gao et al.，2010；Dong et al.，2010；Lv et al.，2013）及大地电磁（肖晓等，2014）等工作揭示了庐枞矿集区的构造格架，厘定了若干重要的区域性断裂，划分了火山岩盆地的边界和火山岩的厚度。重磁探测（刘彦等，2012；严加永等，2014；张季生等，2010；祁光等，2014）显示了盆地边界，并使矿集区 3D 建模成为可能。部分矿床尺度的综合电磁探测（Chen et al.，2012；张昆等，2014）给出了更为精细的矿床结构，提供了丰富的找矿信息。钻探及测井工作（高文利等，2015）获得了大量原位物性参数和深部岩性信息，为深部找矿提供了直接线索，并为其他地球物理资料提供了参考依据。

　　近年泥河铁矿（超过 700 m 深）等矿床的发现（吴明安等，2011）表明本区深部仍存在巨大的找矿潜力，特别是在 500～2000 m 深度内，仍有许多工作等待填补。但对于进一步的深部找矿问题，仍然存在诸多困难。基于重磁 3D 反演得到的 3D 模型精度不高，所得信息有限。基于现有数据的地质认识也存在不少分歧，多个重要的地质问题仍不明确。如火山岩盆地形态、边界断裂、内部结构及与基底的构造关系；控岩、控矿断裂网络的深部延伸；主要地质体（火山岩、岩浆岩体、断裂）的空间形态等。另外，相对于区域重力、磁法等研究，庐枞火山岩区的电性研究仍显不足，大比例尺的电性测量尤须加强。

　　本章利用庐枞矿集区 MT/AMT 采集资料，开展了庐枞矿集区三维电性结构研究。

7.1 地质背景与物性特征

7.1.1 地质背景

区内构造活动强烈，断裂构造比较发育，主要有两类：一是基底断裂，二是火山岩中断裂。除长江、郯庐边界断裂外，其他断裂主要分两组，北西向到近东西向以及北东向（Lv et al.，2013）。区内是否存在由近 EW 向与近 SN 向共轭状网格状构造（吴明安等，1996，2007）尚需进一步研究证实。盆地的基底隆起构造，火山机构及其派生的环状及放射状断裂构造等，均为区内重要的控岩控矿构造。

区内出露地层按形成环境可以分成四个部分：基底地层、火山岩系、早白垩世的红层和第四系沉积。盆地的基底地层为早志留世至中侏罗世以前的海陆交互相－陆相沉积岩系，其中，侏罗纪早、中世磨山组（J_{1m}）、罗岭组（J_{21}）为陆相含煤碎屑岩建造，局部夹碳酸盐岩，构成火山岩盆地的直接基底；火山岩系为晚侏罗世至早白垩世的一套橄榄安粗岩系，是庐枞火山岩盆地重要的铁、硫、铜、铅、锌等赋矿地层。

区内岩浆活动强烈，岩浆活动主要集中在燕山期，且具有多期次的特点。区内主要金属矿产的成矿均与燕山期岩浆活动和演化有关，尤其是与燕山期的次火山岩、浅－超浅成的中基性、中性斑岩密切相关。区内典型岩浆岩主要有正长斑岩（$\xi\pi$）、石英正长斑岩（$\xi o\pi$）、闪长玢岩（$\delta\mu$）、石英闪长斑岩（$Q\delta\pi$）、粗安玢岩（$\tau\alpha\mu$）等。

7.1.2 物性特征

岩石物性参数是地球物理解释的基础，为了对庐枞地区电性结构进行更准确的解译，在安徽庐江—枞阳地区开展了区域岩性电性参数的物性调查研究。野外物性调查在可供测量的 248 个新鲜露头上共进行了 744 次原位电性测量，并采集了 12 个地层组、5 个岩体共 547 块岩石标本（切割加工后实际标本数），以及钻孔岩芯标本 511 块，通过统计学的方法，获得了区内岩石的电性参数，并进行了 AMT 与电阻率剖面及电测深对比。

图 7-1 给出了露头原位、露头标本和钻孔岩芯视电阻率统计中值按岩性分类的对比。可以看出，三种测量状态所反映的视电阻率的总体趋势基本一致，同时也存在差异。其中石英砂岩、次生石英岩、灰岩和闪长岩表现为高阻（中值 $2000 \sim 30000 \ \Omega \cdot m$），凝灰岩、粉砂岩角砾岩、角砾熔岩和长石石英砂岩整体表现为低阻（中值 $100 \sim 600 \ \Omega \cdot m$），玄武玢岩、粗安岩、正长斑岩和辉石粗安玢岩的电阻率值介于两者之间（中值 $1000 \sim 2000 \ \Omega \cdot m$）。

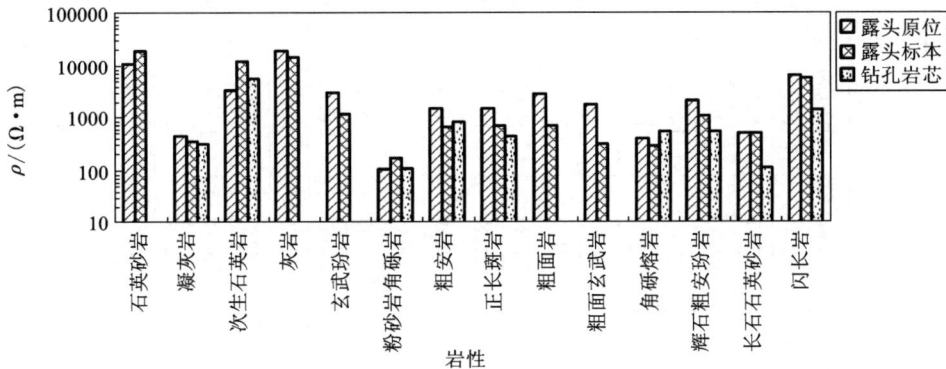

图 7 – 1　露头原位、露头标本和钻孔岩芯按岩性中值统计对比图

表 7 – 1 给出了庐枞地区原位露头和标本富水状态的电阻率。从表中可以看出，不同类岩石电阻率存在较大差异，虽然同一类岩石电阻率变化范围也较大，但不同岩石间的电阻率有着不同范围的分布特征，可以从电性上大致区分不同的岩性。从统计结果可以看出，岩石电阻率由大至小依次为中酸性岩体、次生石英岩化火山岩、晚古生代灰岩、次火山岩体、火山熔岩或熔结火山岩、基底砂岩 – 粉砂岩、火山碎屑岩、红层盆地砂岩。

通过对电性测量的结果进行统计和分析，物性工作得到了如下结论：

（1）从物性工作的露头原位测量来看，地层和岩性的区分可以用不同的统计方法来区分。基本上可以区分龙门院组、砖桥组、双庙组和浮山组，其中浮山组和龙门院组的标本测量的视电阻率大体上为低阻，双庙组和砖桥组可以通过不同岩性的分布情况来加以区分，并且还可以通过同一岩性的电性分布情况来区分。

（2）根据露头标本电性测量的结果，不同测量点平均电阻率值或视电阻率中值有一定的离差，部分地层单元离差较大，甚至在同一组地层中离差可超过数百倍。

（3）通过钻孔岩芯的电性统计和分析可得，该次测量结果与测井测量结果趋势大体一致，能反映地下某深度段的真实电性情况；并且该区域岩石蚀变比较严重，硅化、方解石化和一部分次生石英化的蚀变使岩矿石的电阻率大幅度升高，铁矿化和绿泥石化使岩石的电阻率值变小。

（4）根据露头原位、露头标本和钻孔岩芯视电阻率测量按岩性对比，能体现出本区的岩性电阻率分布规律，三种测量状态所反映的视电阻率的总体趋势基本一致，同时也存在差异。其中石英砂岩、次生石英岩、灰岩和闪长岩表现为高阻（中值 2000～30000 Ω·m），凝灰岩、粉砂岩角砾岩、角砾熔岩和长石石英砂岩整体表现为低阻（中值 100～600 Ω·m），玄武玢岩、粗安岩、正长斑岩和辉石粗安玢岩的电阻率值介于两者之间（中值 1000～2000 Ω·m）。

表 7-1 庐枞矿集区岩石电性统计表

时代	岩石类型	露头电阻率 ρ/(Ω·m)			露头数	标本富水状态电阻率 ρ/(Ω·m)			标本数
		最小值	最大值	平均值		最小值	最大值	平均值	
J_2l 罗岭组	长石石英砂岩	43	2145	648	11	77	1330	599	66
	凝灰岩	33	3518	607	15	132	1745	541	10
	次生石英岩	450	133425	21981	25	672	39483	12645	12
	灰岩	559	38517	17015	4	1247	23561	14758	3
	玄武玢岩	1068	1303	1185	2	2275	2275	2275	1
	粉砂岩角砾岩	21	1027	262	10	66	444	184	6
四个旋回火山岩	粗安岩	63	29292	2596	36	130	24116	3849	21
	正长斑岩	180	17880	2137	39	356	28284	3633	23
	粗面岩	205	6819	1395	13	263	3128	1628	6
	粗面玄武岩	92	4334	685	25	454	40059	6014	11
	角砾熔岩	55	4381	414	35	78	3700	737	10
	辉石粗安玢岩	80	12062	2480	16	154	29447	7822	6
T_1n 南陵湖组	灰岩	26008	92921	59465	2	19466	23561	21513	12
T_2d 东马鞍山组	灰岩	523	1125	824	2	1247	1247	1247	12
D_3w 五通组	石英砂岩	12245	12245	12245	1	15252	15252	15252	6
$K_1\delta$	闪长岩	766	35245	9412	7	6071	23078	14408	42
$K_1\beta\mu$	玄武玢岩	1303	1068	1185	2	2275	2275	2275	12
$K_1P\tau\tau q\mu$	辉石粗安玢岩	123	11590	2801	15	154	29447	7822	90
$K_1\tau q\mu$	粗安玢岩	269	269	269	1	—	—	—	—
$K_1\xi$	正长岩	159	14857	2413	36	356	28284	3523	216
$K_1\xi\pi$	正长斑岩	258	2145	736	2	6058	6058	6058	12

7.2　数据采集与质量评价

7.2.1　MT 数据采集概述

庐枞矿集区大地电磁法(MT)测深工作共布置了 5 条跨越矿集区主要矿床和重、磁异常区的大地电磁剖面。这 5 条剖面两两相交,覆盖火山岩盆地北北东向分布的火山岩带及外围,其中,近北西—南东向剖面 3 条(Lz - 01、Lz - 02 和 Lz - 03),北东—南西向剖面 2 条(Lz - 04 和 Lz - 05),测点分布位置见图 7 - 2。

MT 探测的目标是获取上地壳(10 km)电性结构。以 Bostick 深度计算,即使电阻率为 1 $\Omega \cdot m$,周期为 1000 ~ 2000 s 的探测深度为 11.2 ~ 15.9 km,也完全满足项目要求。当电阻率为 10 $\Omega \cdot m$ 左右时,100 s 周期即可满足 10 km 的探测深度要求。本次 MT 探测工作采用凤凰公司的 V5 - 2000 大地电磁仪器,配 MTC - 50 磁探头,频率定为 300 Hz ~ 0.0005 Hz,为保证低频段数据信噪比,必须保证足够的单点采集时间,具体单点采集时间通过工前的试验确定,确保所采集数据的最低频率平均可以达到 0.0005 Hz。

数据采集由于高频采样率较高,如果全时间段采集,数据量将会很大,因此高频采集采取抽样采集的办法,采集的起止时间段与低频起止时间段相同,采用 1 - 8 - 5 模式,即每 5 min 采集一次高频和中频的数据(高频和中频交替采集),其中有 1 s 的高频数据(采样率为 2560 Hz)和连续 8 s 的中频数据(采样率为 320 Hz)。低频数据(采样率为 24 Hz)为全时间段采集。滤波频率设为 50 Hz。通过测量 AC 和 DC 电位差,观察饱和数据的比例,设置合理的增益。通过以上采集参数的设置和野外细致的测量过程,保证了野外采集到的数据具有较高的质量。

7.2.2　AMT 数据采集概述

庐枞矿集区音频大地电磁法测量采用面积性工作方法,测量面积共计 882 km^2,在测区部署了 28 条测线,总体点线距为 2 km × 0.2 km,部分区域加密至 1 km × 0.2 km,共计 2593 个 AMT 测点。测线布置图如图 7 - 3 所示。

野外采集工作始于 2011 年,分 2011 年、2012 年、2013 年三个阶段进行,实践了"先期试验 - 主体施工 - 局部加密"的面积性 AMT 勘探技术方案。在先期试验阶段,通过部分测线及大量单站的试验,验证了方法的有效性,获取了适合工区的最优施工参数,如最低单站观测时间、远参考站的选择及布设方案等。在主体施工阶段,投入大批仪器、人员,在严控质量的同时高效完成了面积性勘查的主体任务,确定了一批具备潜力的靶区。在局部加密阶段,针对重点靶区,进行高密度的详查,进一步确定异常体的位置及其空间分布范围,确保取得可靠的勘探成果。

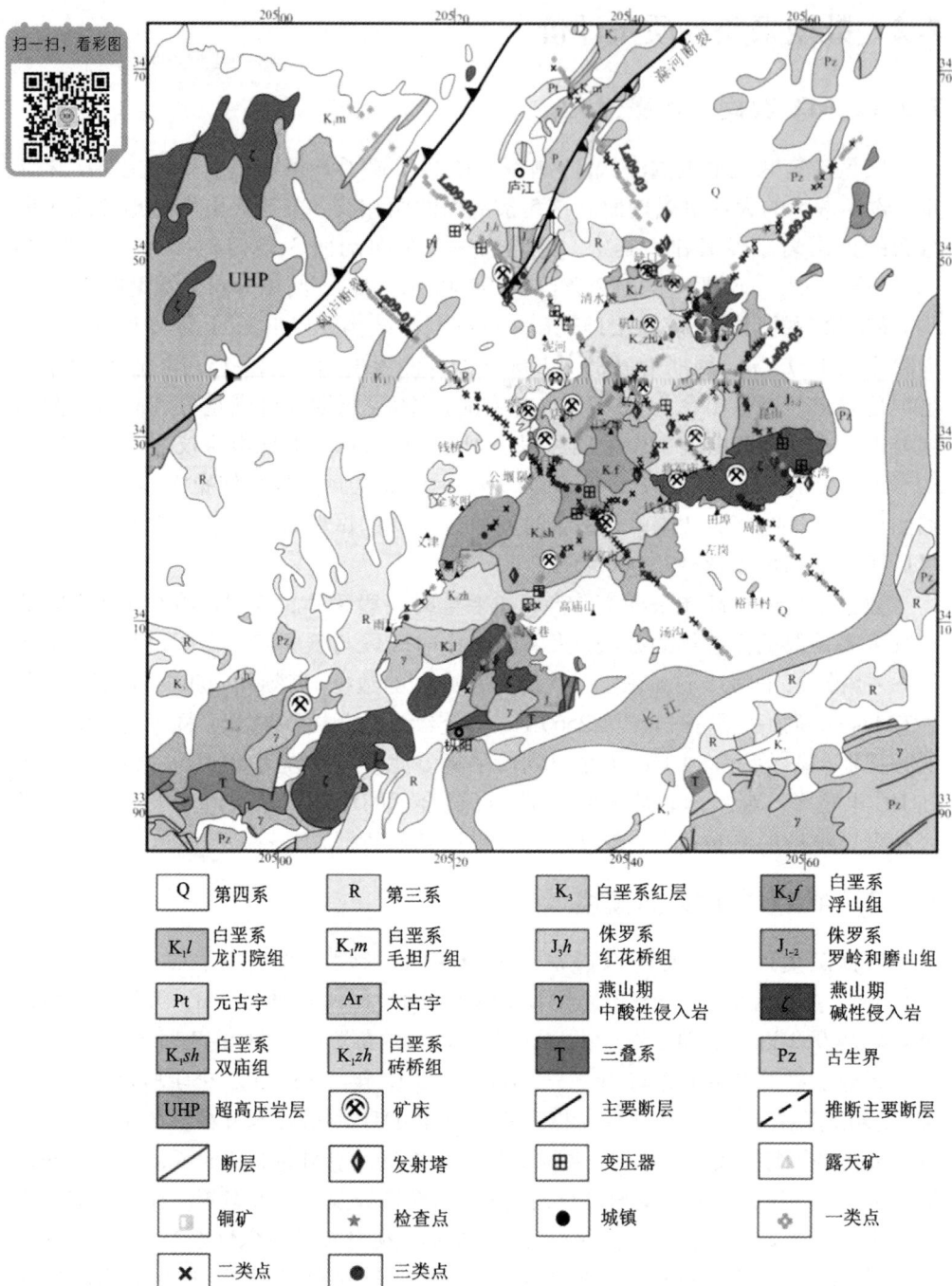

图 7 – 2　庐枞矿集区 MT 探测测点位置分布图

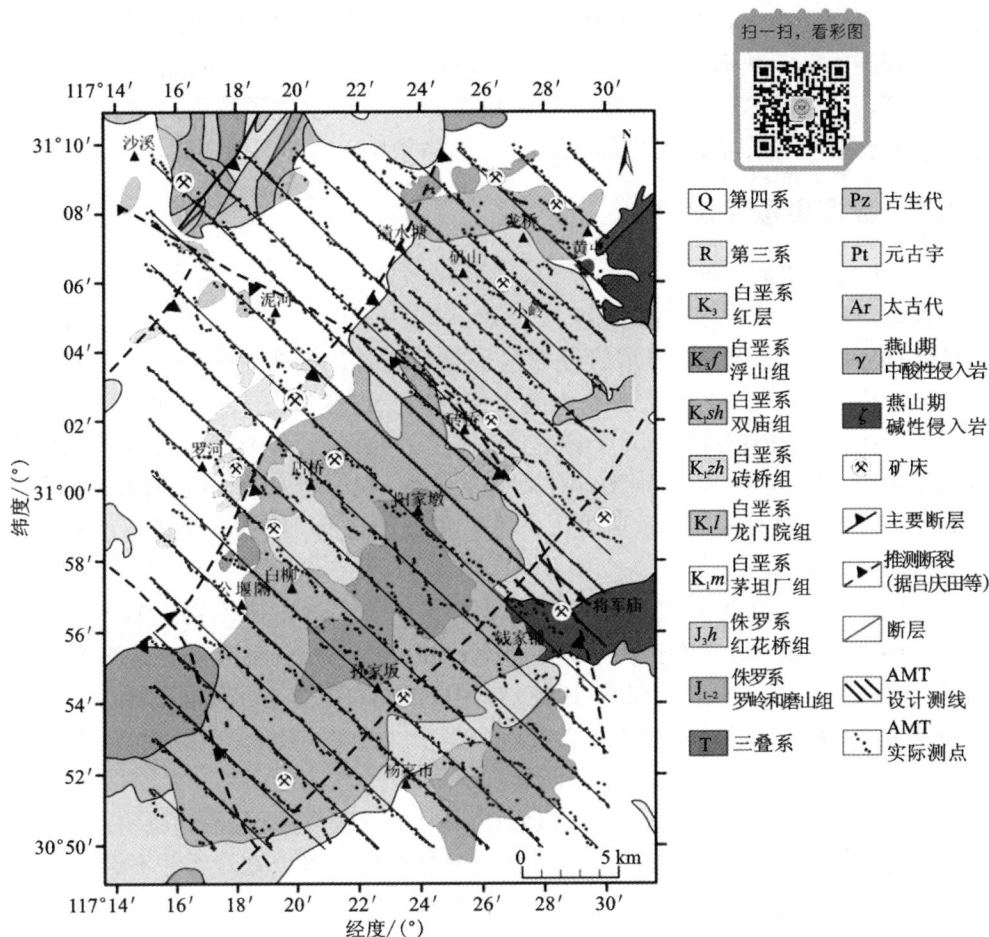

图 7-3　庐枞矿集区地质简图与 AMT 探测实测站位分布图

AMT 数据采集使用加拿大凤凰公司的 MTU-5A 系统,配备 AMTC-30 磁传感器,共投入 11 台仪器。野外施工按规范进行,开工前后均进行了仪器的标定及一致性等工作,并在测区外优选、布设了远参考站。每个测点采集 4 道水平电磁场分量(H_x,H_y,E_x,E_y)数据。因为设计点距较密,足够获取关心的横向电性异常,对垂直磁场分量(H_z)并未进行采集。采集频率为 10400 Hz ~ 0.35 Hz,每个测站的数据采集时间大于 60 min,工业滤波频率设置为 50 Hz。利用高精度 GPS 实时同步测量平面坐标与高程,并用 RTK 对测点精确定位。AMT 探测的同时,进行了物性测量、测地、干扰源调查、地质踏勘等工作,均按相关规范执行。

为保证野外数据质量,数据采集前,进行了大量采集实验,包括仪器一致性对比实验、单站采集时间对比实验、昼夜采集对比试验、电偶极长度对比实验、布极方位对比实验、接地电阻对比实验以及 T－MT 采集实验等，确定了最优采集参数和观测方案。数据采集过程中，应用优选远参考、优选时空间隙、重复观测、时空阵列观测以及增加时空数据量等采集策略有效地改善了数据质量。具体实验、采集数据及结果可参见相关报告①。为节省篇幅，本书不做详述。

7.2.3　数据质量评价

1）MT 数据质量评价

根据《中华人民共和国地质矿产行业标准——大地电磁测深法技术规程》（DZ/T 0173－1997）要求，开展野外数据采集的同时，必须在测区内布置一定比例的质量检查点，随时监控野外小组的工作情况及仪器状态。本次 MT 工作在整个区域上相对均匀地布置了 14 个检查点，图 7－4 给出了两个检查点的视电阻率及相位曲线。由图可知除个别飞点有微小差别外，视电阻率和相位的曲线前后的形态完全一致。结果表明本次野外工作施工和操作规范，仪器工作状态正常，野外数据质量可靠。

依据《中华人民共和国地质矿产行业标准——大地电磁测深法技术规程》（DZ/T 0173—1997）以及《中华人民共和国石油天然气行业标准——石油大地电磁测深法技术规程》（SY/T 5820—1999）对完成的 MT 数据进行质量评价。评价结果为一级点 290 个，占 55.45%，二级点 202 个，占 38.62%，三级点 31 个，占5.93%，各剖面具体结果如表 7－2 所示。

由测点位置分布图（图 7－2）可以看出，31 个三级点主要分布在庐枞矿集区的强干扰矿点附近，且分布相对零散，在反演之前将三级点剔除后并不影响剖面的连续性，从本项目的探测任务来说，不影响本次探测的效果。

MT 数据在野外严格施工、室内精心处理的基础上，按规范进行了严格的质量评价，评价结果达到了设计要求，能够满足本项目的探测任务。

表 7－2　庐枞矿集区大地电磁测深数据质量评价统计表

测线号	总测点数	一级点数	二级点数	三级点数
Lz－01	107	38	61	8
Lz－02	115	79	31	5
Lz－03	84	54	26	4
Lz－04	112	59	46	7

---

①　汤井田等，安徽矾山镇—将军庙幅深部矿产资源远景调查项目——音频大地电磁法专项成果报告，中南大学，2015.

续表 7 - 2

测线号	总测点数	一级点数	二级点数	三级点数
Lz - 05	84	39	38	7
试验点	21	21	0	0
合计	523	290	202	31
所占比例(%)	/	55.45	38.62	5.93

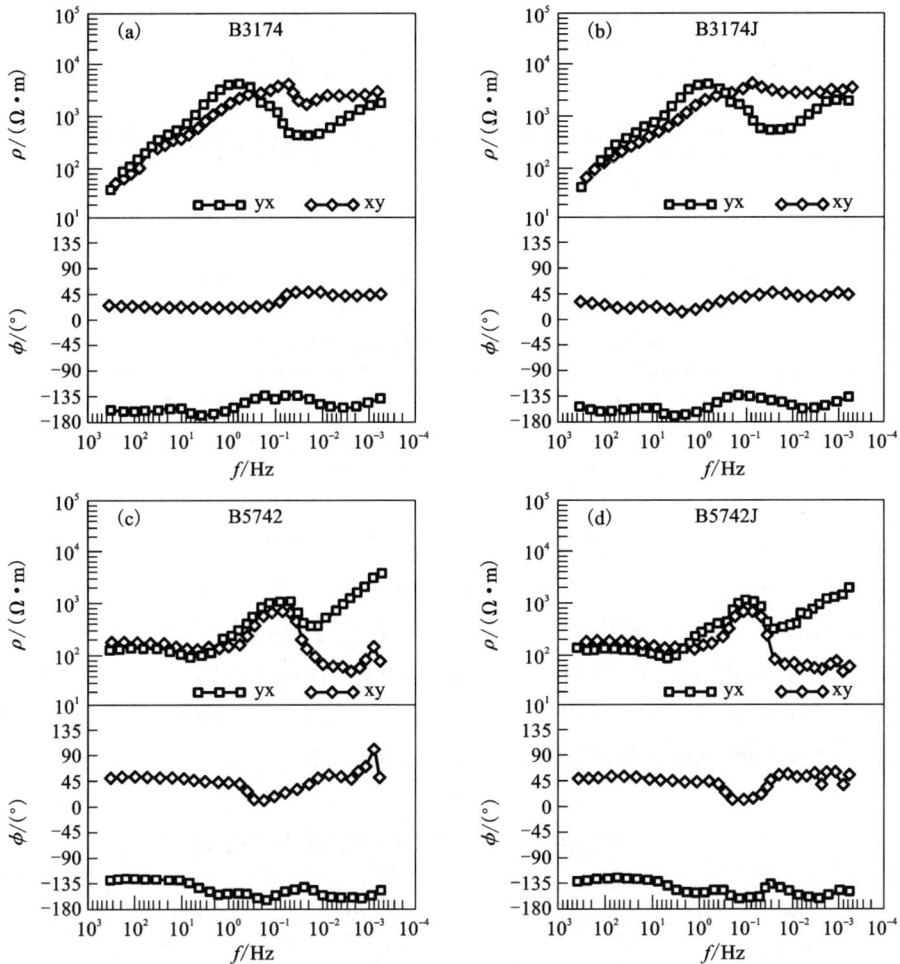

图 7 - 4　检查点视电阻率及相位曲线图

(a)B3174 视电阻率及相位曲线图；(b)检查点 B3174J 视电阻率及相位曲线图；(c)B5742 视电阻率及相位曲线图；(d)检查点 B5742J 视电阻率及相位曲线图

2）AMT 数据质量评价

AMT 数据采集完成工作量统计见表 7 – 3、表 7 – 4 及表 7 – 5，庐枞矿集区 AMT 探测实测站位分布如图 7 – 2 所示，总计完成 AMT 流动测站 2593 个，另外，完成远参考站（固定测站）2 个，记录时间共计 160 天。

表 7 – 3　《安徽矾山镇—将军庙幅深部矿产资源远景调查》AMT 工作量统计

测线长度 /km	设计站数 /个	实测站 /个	检查站 /个	检查率 /%	重测站 /个	试验站 /个	总测站次
504.8	2576	2593	83	3.21	400	63	3139

注：试验站包括，一致性试验、阵列观测试验、T – MT 试验、接地电阻对比试验等

表 7 – 4　《安徽矾山镇—将军庙幅深部矿产资源远景调查》测地工作量统计

测线长度 /km	设计点数 /个	实测站 /个	检查点 /个	检查率 /%
504.8	2593	2593	128	4.94

表 7 – 5　庐枞地区区域电性测量统计表

状态	露头原位	露头标本	岩芯标本	电性剖面	直流电测深
数量	248	547	511	1 条(50)	2

依据《中华人民共和国地质矿产行业标准——大地电磁测深法技术规程》（DZ/T 0173—1997）以及《中华人民共和国石油天然气行业标准——石油大地电磁测深法技术规程》（SY/T 5820—1999）对完成的 AMT 数据进行了质量评价。数据质量评价频率为 10400 Hz ~ 0.35 Hz，频点数为 60 个，在该频段内呈对数均匀分布。

评价结果见表 7 – 6。可以看出，I 级点占比达 83.46%，III 级点占比仅 1.54%，符合大地电磁测深规范要求，数据质量可靠。

表 7 – 6　安徽矾山镇 – 将军庙幅 AMT 质量评价统计总表

实测站 /个	已评价 /个	I 级点		II 级点		III 级点	
		数量 /个	百分比 /%	数量 /个	百分比 /%	数量 /个	百分比 /%
2593	2593	2164	83.46	389	15	40	1.54

按大地电磁测深规范和设计要求，AMT 工作检查点满足：①检查点是同一测

站，不同时间，不同操作员，重新布极用相同或不同仪器的重复观测站。②检查点应在空间、时间上分布均匀。③检查点数量不少于测站总数的 3%。

　　由于本区干扰强烈，为保证检查点时空分布合理，设计中增加了检查工作量，统计误差时剔除了干扰较大的检查点，但参与误差统计的检查点数不少于3%。表 7 - 7 给出了 AMT 测站质量检查的统计结果。参与误差统计的检查点比例为 3.20%，在空间上基本达到了均匀分布。按照大地电磁测深规范要求对所有检查点进行了误差计算与统计，本次检查点的总体均方相对误差：$R(\rho_{xy})$ = 4.21%、$R(\rho_{yx})$ = 4.18%、$R(\varphi_{xy})$ = 4.35%、$R(\varphi_{yx})$ = 0.80%，达到了规范要求。

表 7 - 7　安徽矾山镇—将军庙幅 AMT 质量检查工作量统计

测线长度 /km	设计点数 /个	实测站 /个	检查点 /个	检查率 /%
504.8	2576	2593	83	3.20

7.3　数据处理

　　数据处理的常规步骤包括：①时间域数据删选，通过组合参数识别并剔选含噪时段（Weckmann et al.，2005；汤井田等，2012）；②对部分干扰大的测点进行形态滤波信噪分离处理（汤井田等，2012；汤井田等，2015）；③时频转换，采用快速傅立叶算法，利用凤凰公司 SSMT2000 软件完成；④Robust 阻抗估计（Egbert et al.，1986）与频域数据删选（Sokolova et al.，2005）；⑤频域平滑，对"死频带"数据进行校正，同时剔除突变的阻抗飞点，主要方法为 Rhoplus 数据反演拟合法（Parker et al.，1996；周聪等，2015）；⑥静态效应校正，主要方位包括人机交互和空间滤波等方法。

7.3.1　庐枞 MT 数据形态滤波处理效果

　　利用第 3 章所述的形态滤波处理算法，对庐枞矿集区 MT 数据中部分受干扰比较严重的测点进行了形态滤波处理。

　　图 7 - 5 给出了 4 个具有近源特征的测点数据的形态滤波去噪前后的测深曲线的对比。可以看出，对于视电阻率呈 45° 上升的趋势明显有所压制，处理后的视电阻率曲线趋于平缓更加接近于真实情况；对于视电阻率曲线低频部分，原始曲线由于受到强干扰影响，信噪比较低，曲线较凌乱，经形态滤波处理后，曲线变得相对光滑，形态也明确了；经形态滤波处理后，原始相位曲线在低频段出现的脱节和凌乱现象也明显得到改善。整体上看，经过形态滤波后，近源现象得到

明显压制，视电阻率和相位曲线变得明确了。然而，形态滤波后 1 Hz 以上仍有
45°上升的情况，这说明处理后的时间域波形中仍有近场的信号，在后续研究中要
加强高频信号的去噪处理研究。

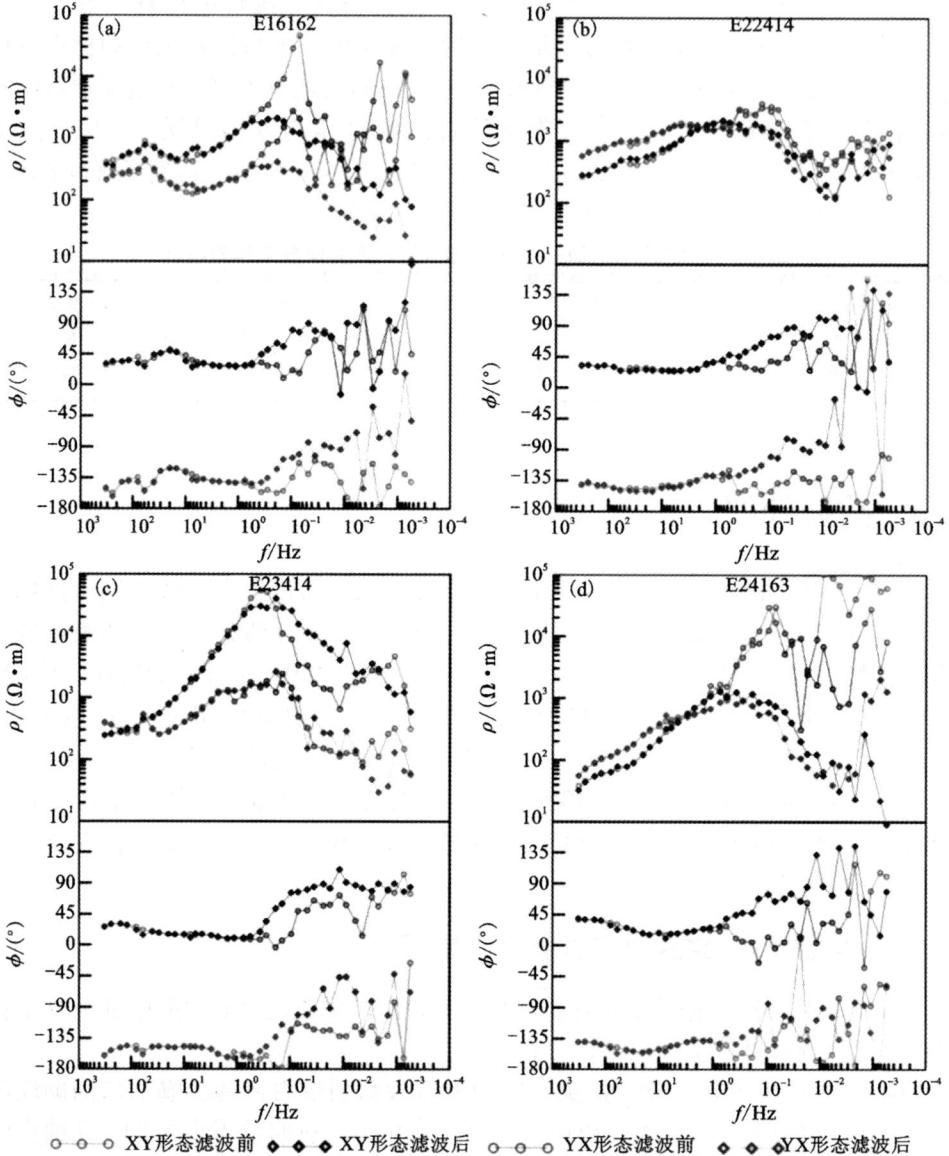

图 7 - 5　强干扰数据形态滤波前后视电阻率及相位曲线对比图

（a）E16162 测点形态滤波前后对比图；（b）E22414 测点形态滤波前后对比图；（c）E23414 测点形态
滤波前后对比图；（d）E24163 测点形态滤波前后对比图

通过对处理结果进行统计和对比分析,在整个测区内通过时间域形态滤波处理后改善的 MT 测点数达到 137 个,各测线进行形态滤波处理的统计结果见表 7 - 8。

表 7 - 8　庐枞矿集区大地电磁测深数据形态滤波处理统计

测线号	总测点数	采用形态滤波处理的点数
Lz - 01	107	0
Lz - 02	115	19
Lz - 03	84	36
Lz - 04	112	43
Lz - 05	84	39

图 7 - 6 所示为庐枞矿集区某 MT 测线采用非线性共轭梯度法 TE 模式形态滤波前后的反演效果对比图,图 7 - 7 所示为采用非线性共轭梯度法 TM 模式形态滤波前后的反演效果对比图。分析图 7 - 6 和图 7 - 7 可知,形态滤波前后地下介质基本形态一致,形态滤波前由于个别测点受到近源干扰导致局部极值产生假高阻异常,从而影响周围测点的反演结果,形态滤波后尖锐轮廓变得光滑,大大消除了近源干扰,从而使假高阻异常体减少,反演结果更加真实合理。

7.3.2　庐枞 AMT 数据字典学习类方法处理结果

利用第 3 章所述的字典学习类处理算法,对庐枞矿集区 AMT 数据中部分受干扰比较严重的测点进行了字典学习类信噪分离处理。

本节选择庐枞矿集区 AMT 数据某典型测线为例进行处理效果的展示。该测线一共 41 个测点,编号为 EL22172J - EL22212A,点距为 200 m。观察时间序列可知,所有测点均不同程度受到类充放电噪声的污染,且大部分为持续性强噪声。使用原始数据计算后得到的视电阻率和相位曲线均表现出不同程度的近源干扰。

如图 7 - 8 所示,对比远参考效果明显的测点,字典学习类方法处理后的曲线与远参考方法处理后的曲线高度相似,从而充分说明字典学习类方法处理结果的可靠性。如图 7 - 9 所示,远参考法未能取得令人满意的数据质量改善效果,而采用字典学习类方法,提高了数据质量;说明字典学习类方法有取得优于远参考法处理效果的能力。

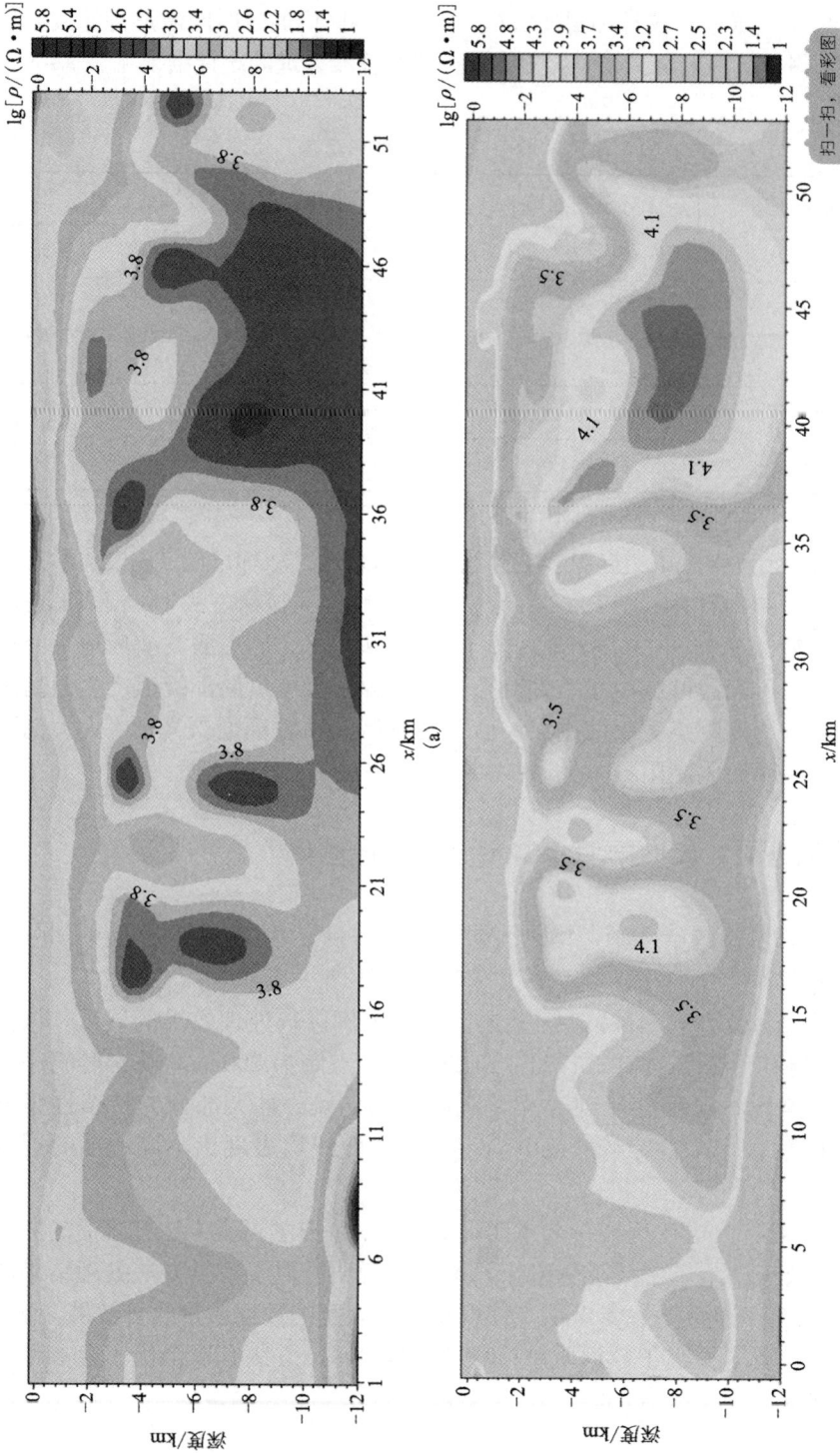

图7-6 非线性共轭梯度法TE模式反演效果图

(a) 原始数据反演效果; (b) 形态滤波后数据反演效果

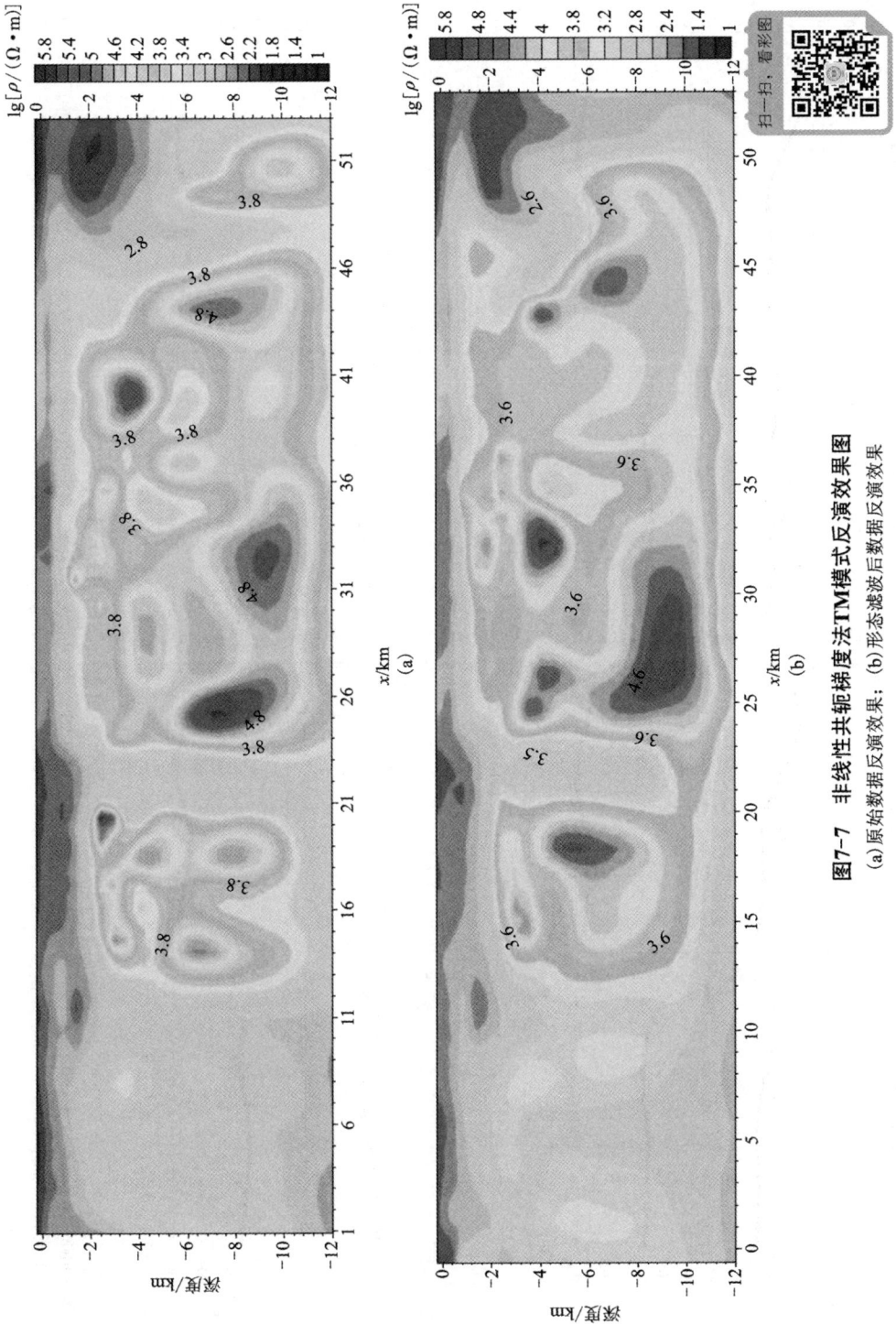

图7-7　非线性共轭梯度法TM模式反演效果图

(a) 原始数据反演效果；(b) 形态滤波后数据反演效果

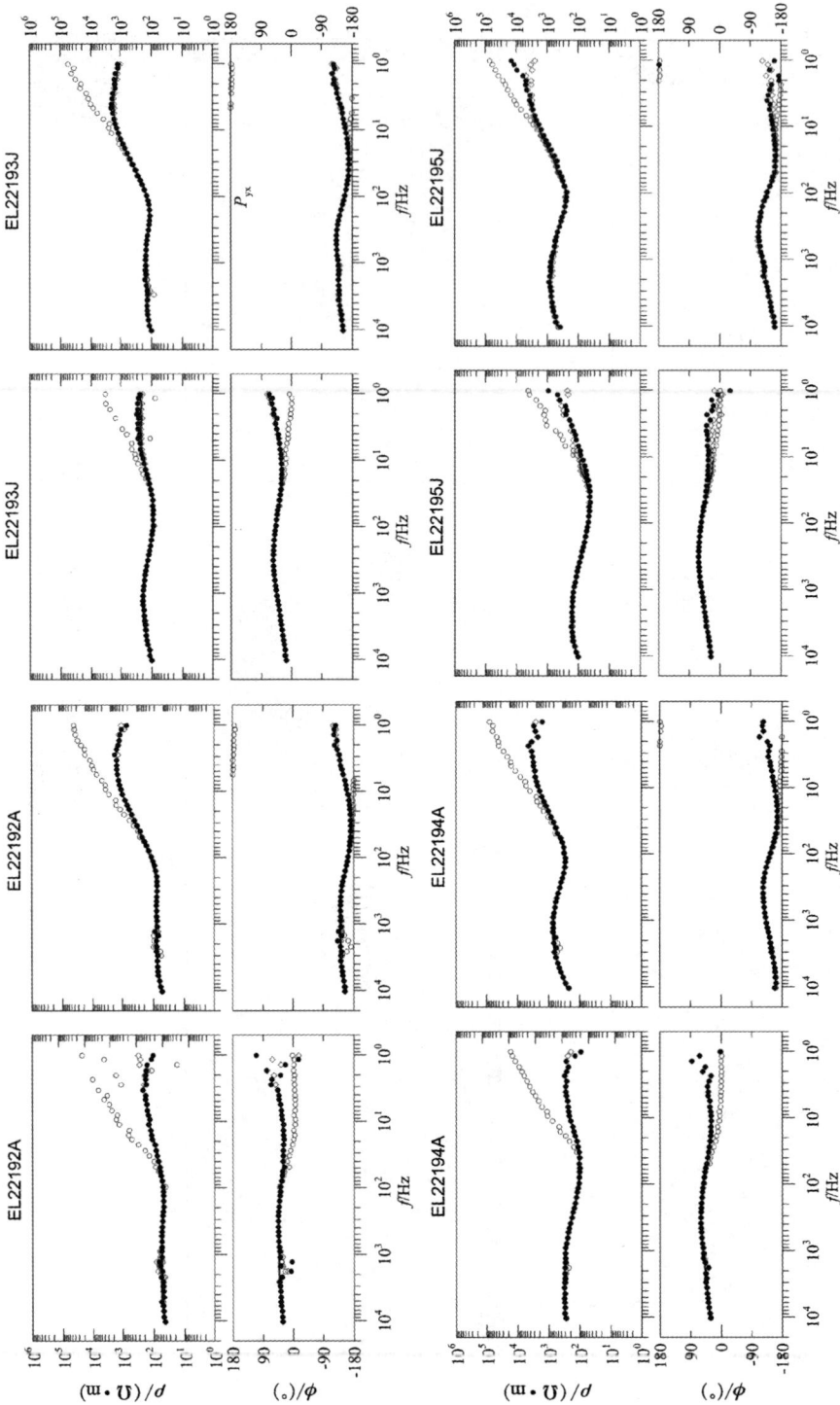

图7-8 视电阻率-相位曲线（EL22192A~EL22195J）

其中Origin表示原始数据测深曲线，RR为远参考法处理后测深曲线，SISCRP表示使用字典学习典率法对死频带以及50 Hz附近离群值进行校正后的结果，SISCRP表示使用字典学习典率法再使用Rhoplus对处理后再使用Rhoplus进行校正后的结果，SISC表示仅使用字典学习典率法处理后的结果；需说明，图中大部分频点SISCRP、SISC处理的结果与RR处理结果重合，图标被RR图标覆盖，因此未能完全显示

◦◦◦ origin •••RR — SISCRP ◇◇◇ SISC

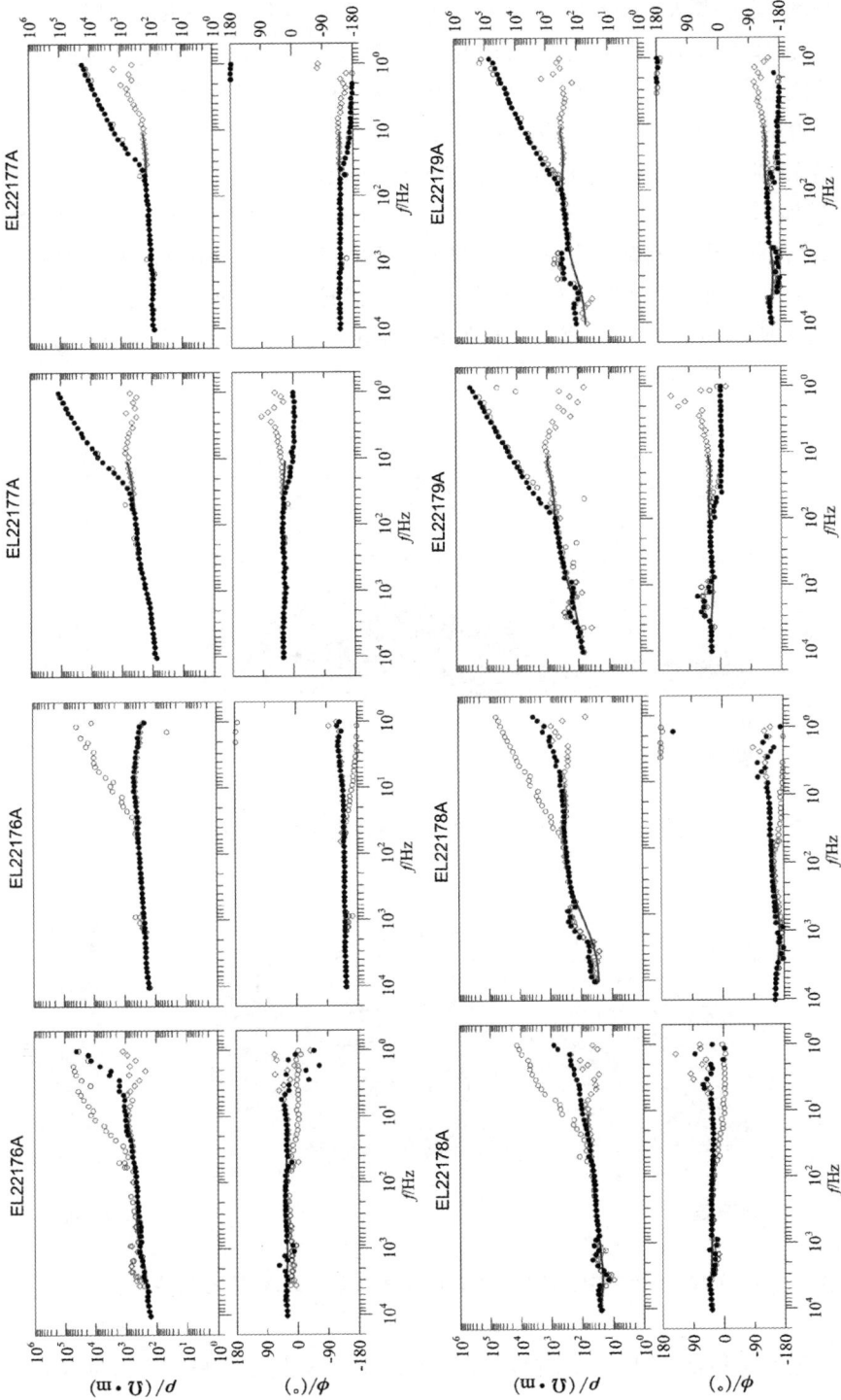

图7-9　视电阻率-相位曲线（EL22177A、EL22179A）

其中Origin表示原始数据顶测深曲线，RR为远参考法处理后测深曲线，SISCRP表示使用字典学习法处理后再使用Rhoplus对死频带以及50 Hz附近离群值进行校正后的结果，SISC表示仅使用字典学习法处理后的结果；图中大部分频点SISCRP、SISC处理的结果与RR处理结果重合，图标被RR图标覆盖，因此未能完全显示

○○○ origin　•••RR　—SISCRP　◇◇◇SISC

　　综合该测线其他测站的处理结果可知，受到强噪声污染时，使用字典学习类方法可以在没有远参考站的情况下，获得与远参考法同样好的高质量测深曲线，且去噪效果明显的测点所占比例明显高于远参考法。因此，字典学习类方法可以作为远参考法的有效替代法法，并进一步提高数据质量。

　　图 7-10 和图 7-11 所示为典型测线去噪前后的数据进行二维连续介质反演结果。采用带地形的二维连续介质反演方法，用统一的反演参数和迭代终止条件。需说明，所谓处理前的数据指的是经过常规的远参考法、Robust 法处理后，再使用 Rhoplus 对死频带以及 50 Hz 附近频点进行校正后的数据。而处理后的数据指的是使用字典学习类方法去噪后，再使用 Rhoplus 法对死频带以及 50 Hz 附近频点进行校正后的数据。

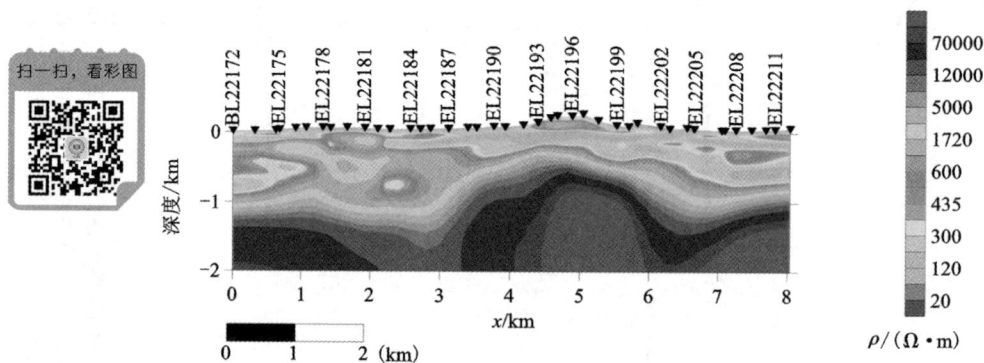

图 7-10　L22 测线字典学习去噪处理前反演结果 - TEM 联合反演

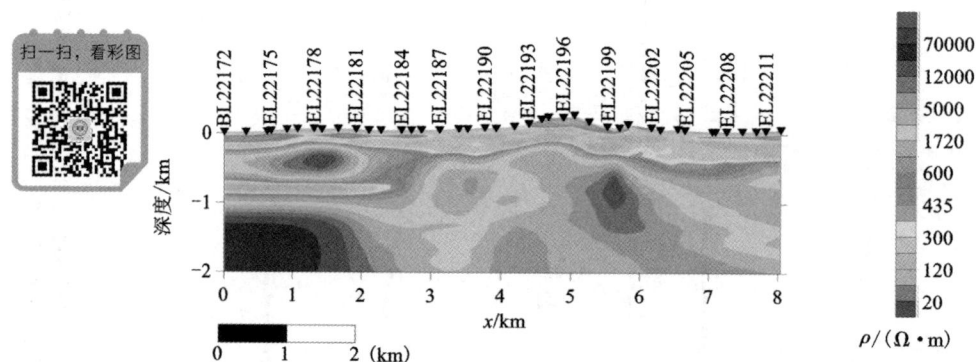

图 7-11　L22 测线字典学习去噪处理后反演结果 - TEM 联合反演

　　显然，经过处理后的结果，异常高阻体显著减少。尤其是 1 km 以下的深部，呈现出更多的精细结构信息，深部分辨率得到了提高。

7.3.3　Rhoplus 校正频域畸变处理效果

利用第 5 章所述的 Rhoplus 处理算法，对庐枞矿集区 MT、AMT 数据进行了处理，主要处理对象为出现 AMT"死频带"畸变、工频畸变及窄带"飞点"或脱节的测点。

图 7 - 12 给出了某测线实测 AMT 数据 Rhoplus 处理前后拟断面图对比。可以看出，处理前的数据无论是 TE 模式还是 TM 模式，在高频段(10 kHz ～ 800 Hz)频域(即剖面纵向)连续性较差，而空间域(即剖面横向)也表现出了过多的细节，出现了许多极大或极小的孤点，其中 5 kHz ～ 1 kHz 最为严重，即为 AMT"死频带"的影响。同时工频(50 Hz)处在剖面上也出现了明显的高值带，是脱节"飞点"或数据偏倚的表现。经过 Rhoplus 处理后，在频域，剖面变得更加连续，在空间域，消除了畸变细节的影响，极大、极小值孤点也得以消除，表明 AMT"死频带"数据得到了有效的校正，同时对工频的"飞点"或偏倚也进行了校正处理。总体上看，Rhoplus 处理后的剖面保留了原始观测数据剖面的整体特征，消除了 AMT"死频带"和工频的冗余信息，更加接近真实数据。

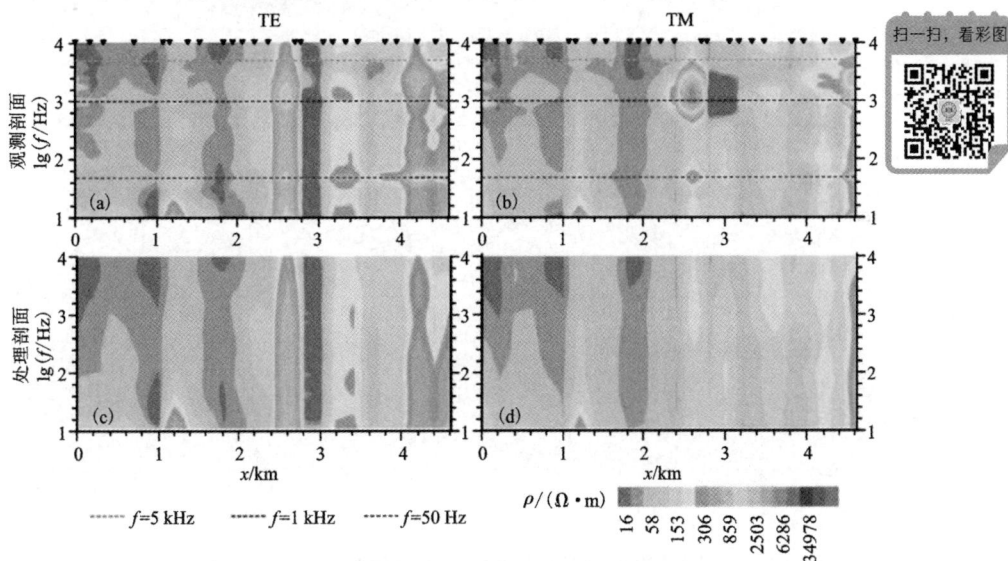

图 7 - 12　实测 AMT 测线(图 1 中 L1) Rhoplus 处理前后拟断面图对比

(a)TE 模式观测剖面; (b)TM 模式观测剖面; (c)TE 模式处理剖面; (d)TM 模式处理剖面

　　图7-12中对剖面的 TE、TM 数据均进行了处理。尽管如前所述,理论上,Rhoplus 处理严格的适用条件是 1D 模型及 2D 模型的 TM 模式数据,但如图所示,对实际数据而言,针对 2D 模型 TE 模式数据的处理同样取得了满意的结果。

　　图7-13 对比了庐枞 LZ39 线 AMT 观测数据拟断面[图(b)、(c)]、Rhoplus

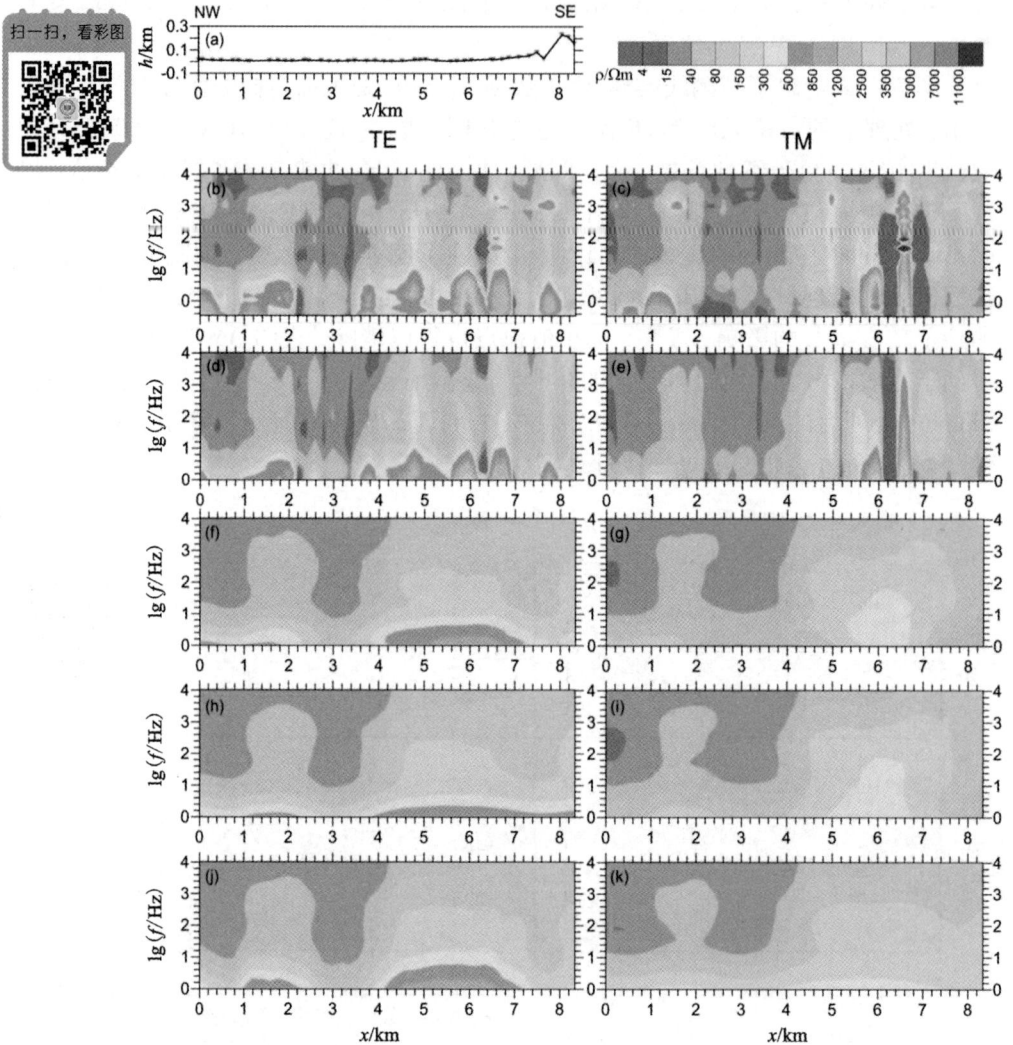

图7-13　庐枞 LZ39 线 AMT 观测数据及处理数据拟断面对比图

(a)AMT 测点高程;(b)TE 模式原始数据;(c)TM 模式原始数据;(d)TE 模式经过 Rhoplus 处理后的数据;(e)TM 模式经过 Rhoplus 处理后的数据;(f)TE 模式经过空间滤波后的处理数据;(g)TM 模式经过空间滤波后的处理数据;(h)TE 模式单模式反演模型响应数据;(i)TM 模式单模式反演模型响应数据;(j)TE 模式联合反演模型响应数据;(k)TM 模式联合反演模型响应数据

处理后的数据拟断面[图(d)、(e)]及静态校正处理后的数据拟断面[图(f)、(g)]、单模式反演结果[图(h)、(i)]及联合模式反演结果[图(k)、(l)]。其中 Rhoplus 处理采用人机交互挑选计算数据的方法;静态校正处理过程中,采用曲线平移和空间滤波相结合的方式。可以看出,①经过 Rhoplus 处理,AMT"死频带"和工频畸变数据得到了有效的校正;②经 Rhoplus 处理后再进行空间滤波处理,局部不均匀得到了压制,剖面的区域性结构得到了更清晰的反映;③经 Rhoplus 处理和空间滤波处理后,无论是单模式还是联合反演,其模型响应与观测数据均吻合较好。

7.4　数据反演

7.4.1　反演方法及流程

反演是对沿地表测得的视电阻率及相位随频率变化的资料,通过一定的数值模拟计算方法,获得各测点地下不同深度介质的电阻率值分布,这一过程也称为定量解释,它给出勘探剖面地下的电性分布断面。

MT 反演方法很多,目前实用的主要包括 Bostick 深度转换,Occom 反演(Constableet al.,1987;DeGroot-Hedlin and Constable,1990),快速松弛(RRI)反演(Smith and Booker,1991),非线性共轭梯度(NLCG)反演(Newman. et al.,2000)以及连续介质反演(戴世坤和徐世浙,1997)等。各种反演方法的目标函数、约束条件、应用前提不同,效果也因地区、经验而不同。

庐枞矿集区 MT 及 AMT 数据均开展了一维、二维及三维反演。一维反演主要采用 Bostick 反演及连续介质反演,二维反演主要采用连续介质反演,三维反演采用了 Siripunvaraporn 开发的基于数据空间 Occam 算法的 WSINV3DMT 代码以及 Egbert 课题组开发的 ModEM 三维反演代码(Egbert et al.,2012;Kelbert et al.,2014)。

参与反演的数据包括:①测区地形数据;②经过处理后的全张量、斜对角分量阻抗视电阻率、相位及误差数据;③各测点的坐标数据或对应的剖面位置数据;④反演参数数据。

通过大量的对比试验,确定了合适的反演方法及反演参数。考虑到反演模型需要在空间上进行统一解释,对各测线的二维反演采用了统一的处理方式与反演流程,以尽量减少人为影响,保证模型的一致性。图 7-14 给出了反演的一般流程。

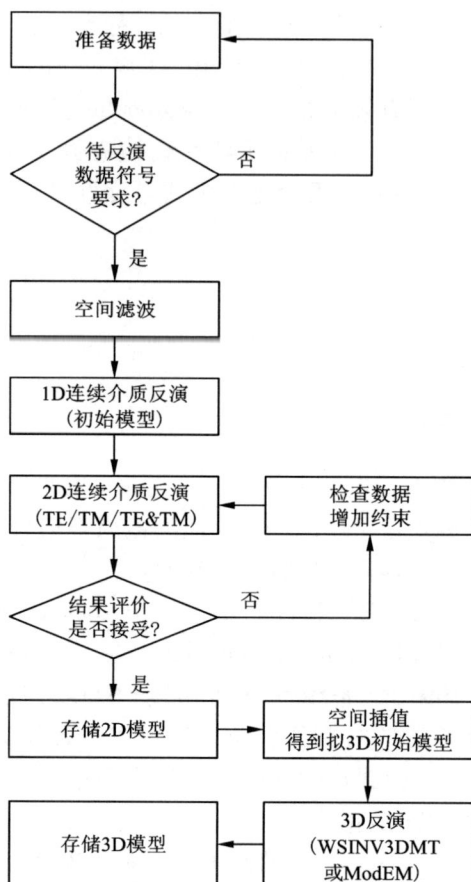

图 7 - 14 反演流程图

7.4.2 MT 数据反演

庐枞 MT 二维反演采用了带地形连续介质反演及中南大学戴世坤教授所开发的"重磁电三维反演成像解释一体化系统 GME_3DI（V4.1）"电磁资料处理解释一体化软件；三维反演采用 Siripunvaraporn 开发的基于数据空间 Occam 算法的 WSINV3DMT 代码。为保证反演结果更加接近真实情况，在进行反演之前，根据数据质量评价的结果去掉了质量不合格的测深点或频率点。

图 7 - 15 为庐枞 MT 5 条剖面的连续介质二维反演结果。反演前对所有参与

反演的测点的位置沿测线投影,采用不等间距反演。反演的电阻率模型采用相同的色标、相同的比例尺形成剖面色谱图,反演深度为 10 km。图 7 – 16 为庐枞 MT 数据的三维反演模型及不同深度的平面切面图,反演深度同样为 10 km。图中共给出了 – 0.1 km、– 0.3 km、– 0.6 km、– 1.0 km 及 – 2.0 km 等 5 个深度。结合两图,可以看出,纵向上,从浅部往深部,整体电阻率随深度增加逐步升高,并且地质体的规模逐渐增大;横向上,高低阻的分布表现出一定的分块特征。

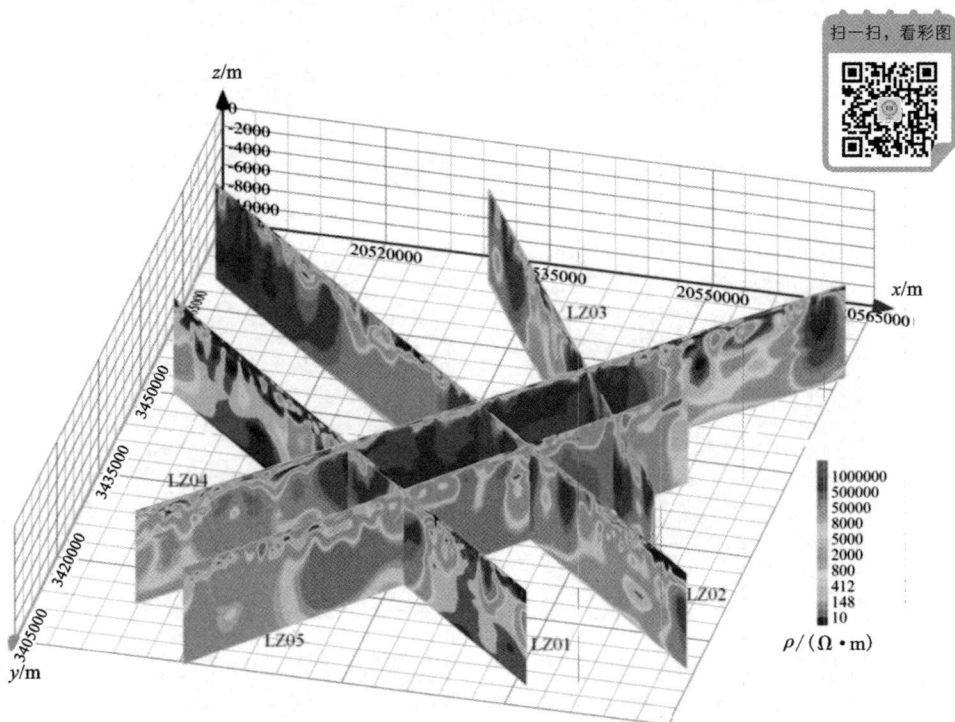

图 7 – 15　庐枞矿集区 MT 数据二维反演电阻率模型三维效果图

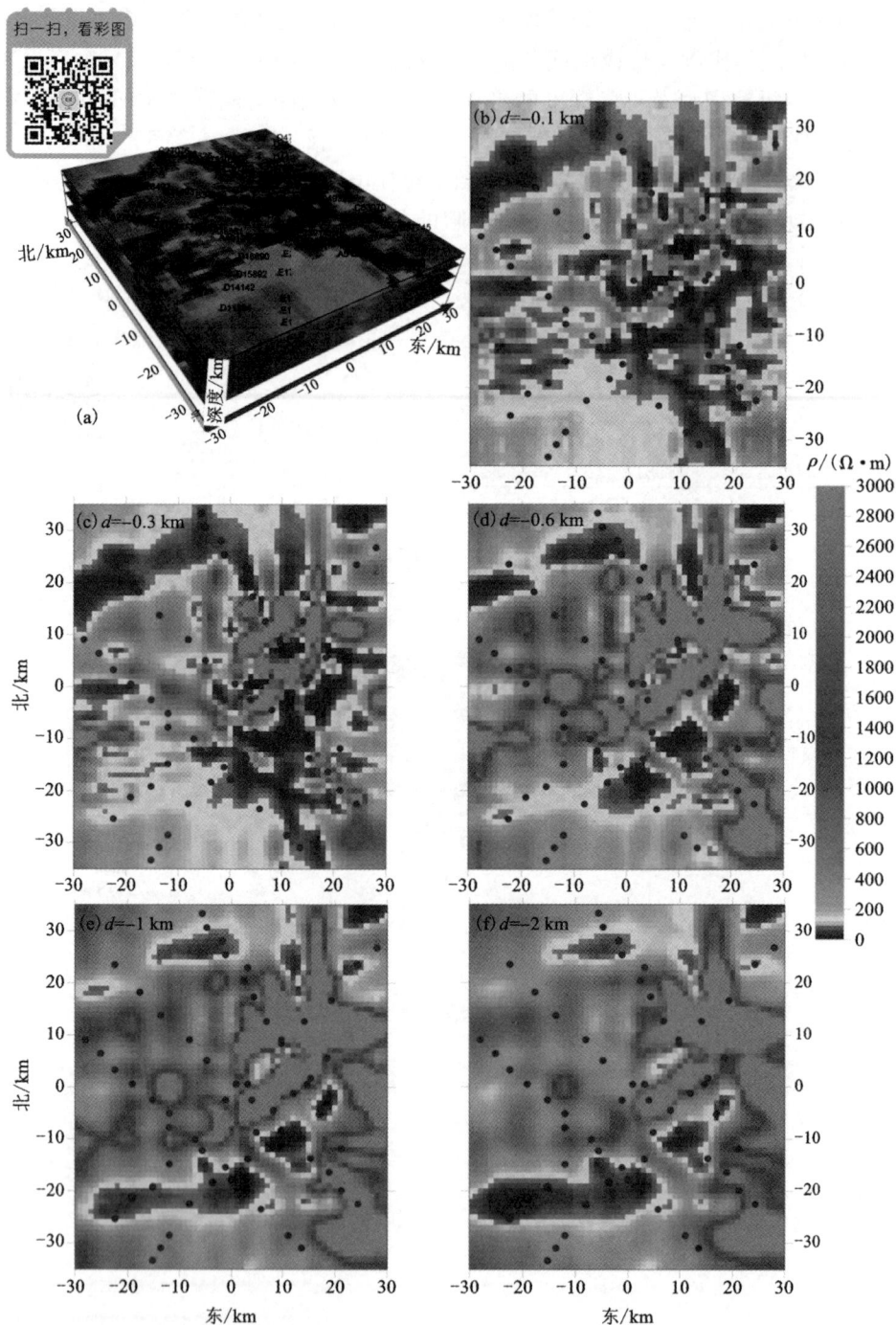

图 7 – 16　庐枞矿集区 MT 数据三维反演电阻率模型效果图

7.4.3　AMT 数据反演

对庐枞矿集区内所有 AMT 测线进行了带地形连续介质二维反演,采用 GME_
3DI(V4.1)电磁资料处理解释一体化软件。受三维反演的计算规模限制,选择典
型矿床开展了三维反演,采用 ModEM 代码。图 7-17 给出了庐枞矿集区所有
AMT 剖面的 2D 反演模型,图中横纵比例、位置关系等与实际情况相同。图 7-
18 给出了二维反演数据插值得到的 3D 电性模型。图 7-19 给出了庐枞矿集区矾
山幅三维反演结果电性模型的切片。结合各图可以看出,电性模型所反映的地表
电性与地表地质的分布具有一定的吻合度,不同地层覆盖区的范围与地表电性区
的分布对应较好,主要地质体(如红层盆地、火山岩出露区以及深部侵入岩等)的
空间电性分布轮廓清晰,且差异明显,显示出反演模型具备较好的精度及分
辨率。

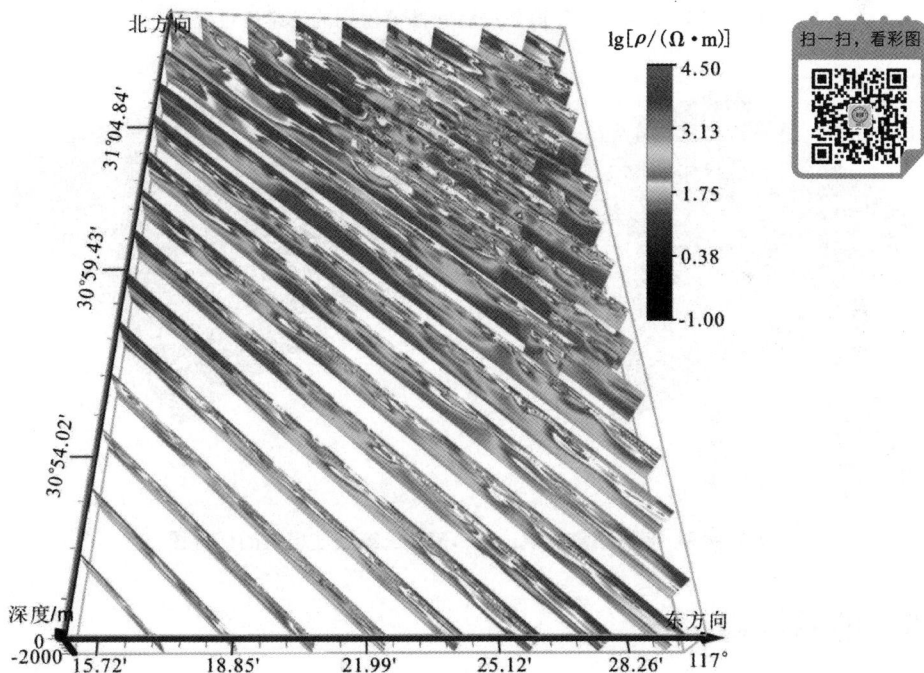

图 7-17　庐枞矿集区 AMT 所有测线的 2D 反演模型展示

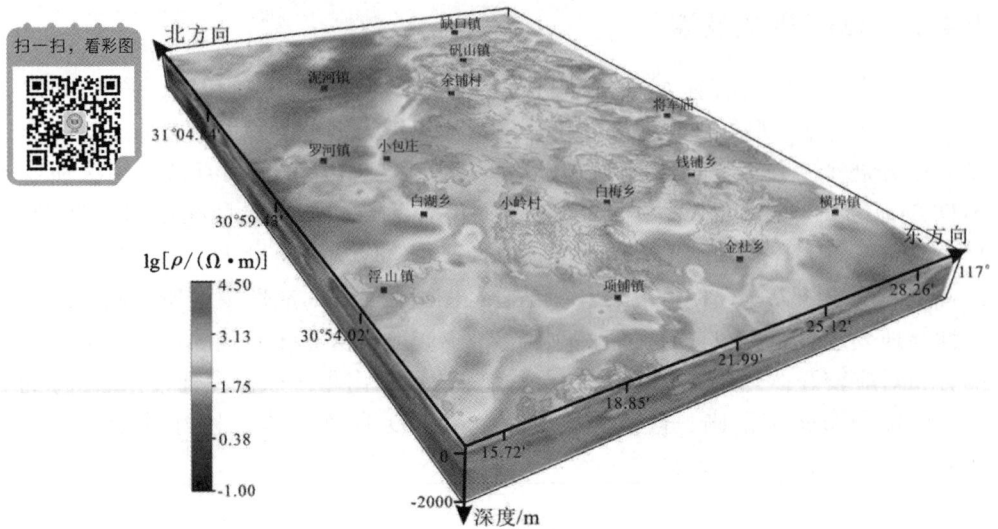

图 7 - 18 利用 2D 反演数据空间插值得到的三维电性模型

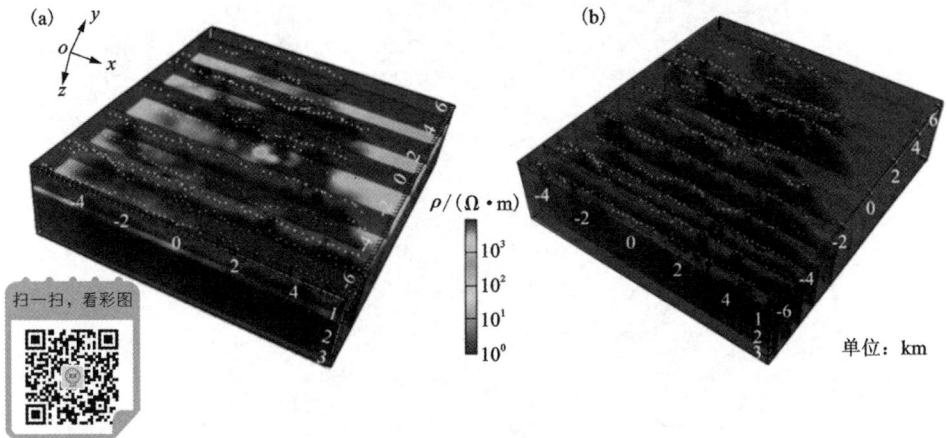

图 7 - 19 庐枞矿集区矾山幅 AMT 三维反演模型的切片图

7.5 地质解释

庐枞矿集区的深部电性结构不仅揭示了矿集区大规模、多矿种的成矿背景信息，也建立了重点矿床及成矿部位的典型电性模型。通过全区填图式的大地电磁测深剖面来探讨火山岩地层厚度、(次火山)岩体的产状及相互配置关系，进而提取重要的成矿、示矿信息，寻找深部有利成矿部位，指导进一步的深部矿产勘查。

为获得更为可靠的地质解释结果，尽可能地搜集了本区已有的地质、物性及物化探资料,特别是钻孔及测井资料。综合这些资料,对反演模型进行了推断和解释。

7.5.1 庐枞矿集区的地壳结构

针对庐枞矿集区 MT 模型获得的 10 km 以上的电性结构,结合地质地球物理分析,着重揭露了研究区的深部断裂、侵入岩体和次火山岩(隐伏岩体)的分布,刻画出火山岩盆地的直接基底深度及形态,为区域地质演化提供约束,为深部矿产勘查的靶区圈定提供依据。

如图 7-20 所示,5 条 MT 剖面通过地下电性分布特征清晰地提示了区域性边界断裂所围限了庐枞火山岩盆地的双层结构特征、跨过大别造山带的地堑式前陆凹陷盆地以及遭受多期构造运动的庐枞火山岩盆地外围基底出露区,划分了形成于不同时期、不同性质的地质构造单元。孔城凹陷边界断裂,其深度至少切穿上地壳。大别造山带与前陆活动带在深部的电性结构上并未表现出显著差异,穿过的郯庐断裂带没有在电性剖面上有所反映。前陆凹陷盆地的低阻背景表明没有类似于沙溪铜矿的隐伏岩体,而沙溪岩体则表现为亲大别造山带而非火山岩盆地。

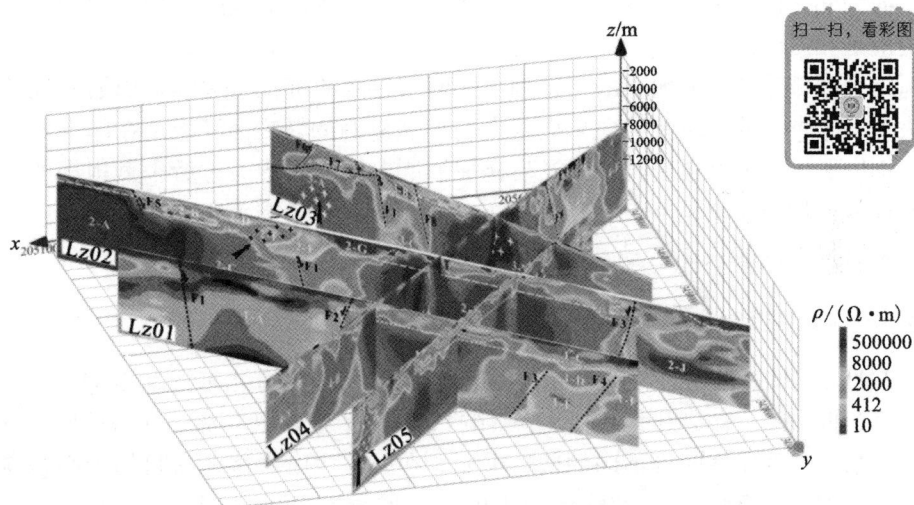

图 7-20 庐枞矿集区 MT 剖面地质解译三维显示图

根据 5 条 MT 剖面特征确定了庐枞火山岩盆地的边界及火山岩沉积的厚度(1~2 km)。2 km 以下的大范围高阻记录了早白垩世该地区强烈的火山-岩浆活动,且活动范围并不局限于地表火山岩的分布区,跨过罗河—矾山—缺口断裂的西北部应该仍有一定范围的岩浆岩活动区,火山岩活动区比火山岩出露区范围较大,事实上泥河镇五里庙和泥河铁矿西段的钻孔也证实红层之下仍存在连续的火山岩序列。火山岩盆地与前陆凹陷盆地的组合共同了反映了形成于白垩纪岩石圈伸展背景下的构造格局，明显有别于外围主要定型于印支期的构造形迹，不同的电性结构特征所反映的地质构造单元生动地描述了区域复杂的地质演化过程。

在 MT 剖面上识别出了一系列区域性断裂，如孔城凹陷盆地的控盆断裂，而首次通过大地电磁数据揭示的庐江—黄姑闸—铜陵隐伏断裂，北东东走向，倾向北，在剖面 Lz - 03、Lz - 04 上均有反映，控制了庐枞火山岩盆地的北界。

特别值得关注的剖面 Lz - 02，穿过了大别造山带东段（北淮阳构造带）和沙溪铜矿，深部连续的高阻并未形成明显的电性梯度带，而沙溪铜矿所处的古生代地层出露区在深部的电性特征明显区别于其与火山岩盆地夹持的前陆凹陷盆地，预示着与沙溪斑岩型铜矿有关的岩浆系统可能不同于火山岩盆地，或为独立演化，或与大别岩浆系统密切相关。

另外，Lz - 02 与 Lz - 03 剖面沿走向上与前陆凹陷盆地的对应段，在深部的不同电性特征也揭示了断陷盆地在构造走向上的变化，这种变化如果不是受岩浆活动的影响，那么在区域上可能存在北西走向的构造。

Lz - 04 和 Lz - 05 这两条剖面通过大范围的高阻分布确定了庐枞火山盆地长轴方向为北东向，从大地电磁数据上确认深部的岩浆活动范围与地表火山岩的分布范围是相对应的。

结合区域地质，上地壳的一系列由正断层控制的沉积盆地和火山岩盆地的轴向表明，晚侏罗世挤压背景向早白垩世的伸展机制的转变，可能是在印支造山运动时期，华北和华南板块碰撞时及后碰撞期所形成的构造通过后来燕山期的幔源岩浆底侵作用再次激活和利用所完成的。也就是说，形成于印支期的北东向构造控制着庐枞地区的火山活动及侵入体的空间展布。

7.5.2 矾山镇 - 将军庙幅构造单元

AMT 二维/三维电性模型显示出矾山镇—将军庙幅沿北东构造走向上高、低电阻率相间分布（未受测线走向效应影响），划分了沙溪断褶带、孔城凹陷、庐枞火山岩盆地、沿江基底等不同的构造单元。在庐枞火山岩盆地高阻的中心基本叠合了地表岩体出露区，而 1800 m 以下的高阻形成了"岩浆岩盆"，孔城凹陷深部高阻的顶面至少显示了盆地基底的埋深。

电性梯度带揭示了罗河—缺口断裂带在不同测线中差异较大。罗河—缺口断裂带形成时代可限制在早、晚侏罗世之间，至少在晚侏罗世火山岩喷发之后不再强烈活动，控制了庐枞火山岩盆地的西缘。红层盆地的北西边界反映了在深部的断裂或侵入接触关系，而在浅部则为不整合接触；红层盆地的南东边界的电性梯度带则相对复杂得多，不同剖面电性变化各异，因此地质体的分布和接触关系也不尽相同。

沙溪地区在深部沿垂直走向存在的电性变化揭示岩体侵位时可能超覆于原有

地层之上或是存在逆掩构造。高阻体电导率从北向南有减弱的趋势，意味着岩体范围的缩减。

红层盆地沿走向上总体变化不大，双层结构明显，盆底沿走向上起伏较大，总体上中部深边部浅，最深处约 1400 m。在靠近火山岩盆地一侧的深部则形态各异，显示地质体(火山岩或基底地层)分布沿走向上的近距离变化较大。

典型的火山岩盆地双层电性模型在单剖面的横向变化最大，高低阻界面起伏。受已有钻孔物性测量约束，剖面底部的高阻顶面可能并不能代表深部岩体的埋深，因为局部受硅化蚀变的粗安岩(尤其是砖桥组地层)同为高阻，电性上不能与岩体区分，高阻的顶面(与低阻层的界面)至少可以代表火山岩的上限深度，这对寻找玢岩型铁矿床具有指导意义。同时，深部被高阻围限的低阻体的成因值得关注。火山岩盆地东南浅部中低阻背景反映了厚度较大的火山沉积层。

基底出露区为低阻背景，横向变化小，反映物性相对均一或构造属性单一。深部高低阻界面反映侵入接触，浅部连续低阻则反映早白垩系火山沉积岩与早中侏罗系长石石英砂岩的不整合接触关系。

7.5.3　矾山镇幅典型地质体分布

分析矾山镇幅 AMT 三维电性结构，我们总结出除了中侏罗世罗岭组(以长石石英砂岩为主)出露区均表现为高阻背景外，火山岩出露区电性结构与地质体组合之间的关系，发现尽管低阻的火山岩厚度变化不定，但与下伏高阻体的配置关系能大致反映火山岩的分布范围和规律。鉴于电导率是地下介质电输运性质的连通性的反映，根据上述电性特征的对应关系，我们认为，火山岩地层更易导电并非仅仅因为其暴露于地表的时间过长而产生了足够的裂隙并被风化，更是由于相对于侵入岩，其经常含有碎屑岩(凝灰岩、角砾岩或集块岩)夹层且存在典型的火山岩构造如气孔构造，这些岩性或构造的孔隙均是易于储存相互连通的导电介质(如矿物质地下水等导电流体)的。上述这些综合因素贡献了火山岩地层的大部分导电性，但是仍不能忽略大范围的岩石矿化蚀变对电导率的影响，尽管如此，庐枞火山岩盆地内的矿床中所包含的矿化、蚀变通常发生在侵入接触的内外带附近或直接赋存在火山岩地层中，较少发生在侵入体的内部，当蚀变类型是硅化等高阻蚀变时将进一步扩大对高阻侵入体范围的估计，反之，当蚀变类型是含水蚀变等低阻蚀变时则将扩大对火山岩厚度的估计，但上述前提是蚀变发生于侵入体与火山岩地层的内、外接触带中。除此之外，古火山机构因其松散的结构同样会由于流体的易于赋存而形成导电相，但这种情况下其内部结构本质上仍然由火山岩占主导地位，如果古火山机构在后期的岩浆事件中被中浅成侵入体所占据，则视充填相的导电性情况而导致电导率介于高导与高阻之间。因此，高、低阻界面对于划分火山岩地层与下伏侵入体的大致界线仍是可参考的。对于特别的电性异常体，则可能需要除此之外的成因来解释。

　　尽管火山岩地层下伏的高阻体的分布规律与侵入体并不一定存在直接对应关系，但是对于整个研究区域尺度而言，超过 $1000\ \Omega \cdot m$ 的高阻体（图 7 - 21）至少

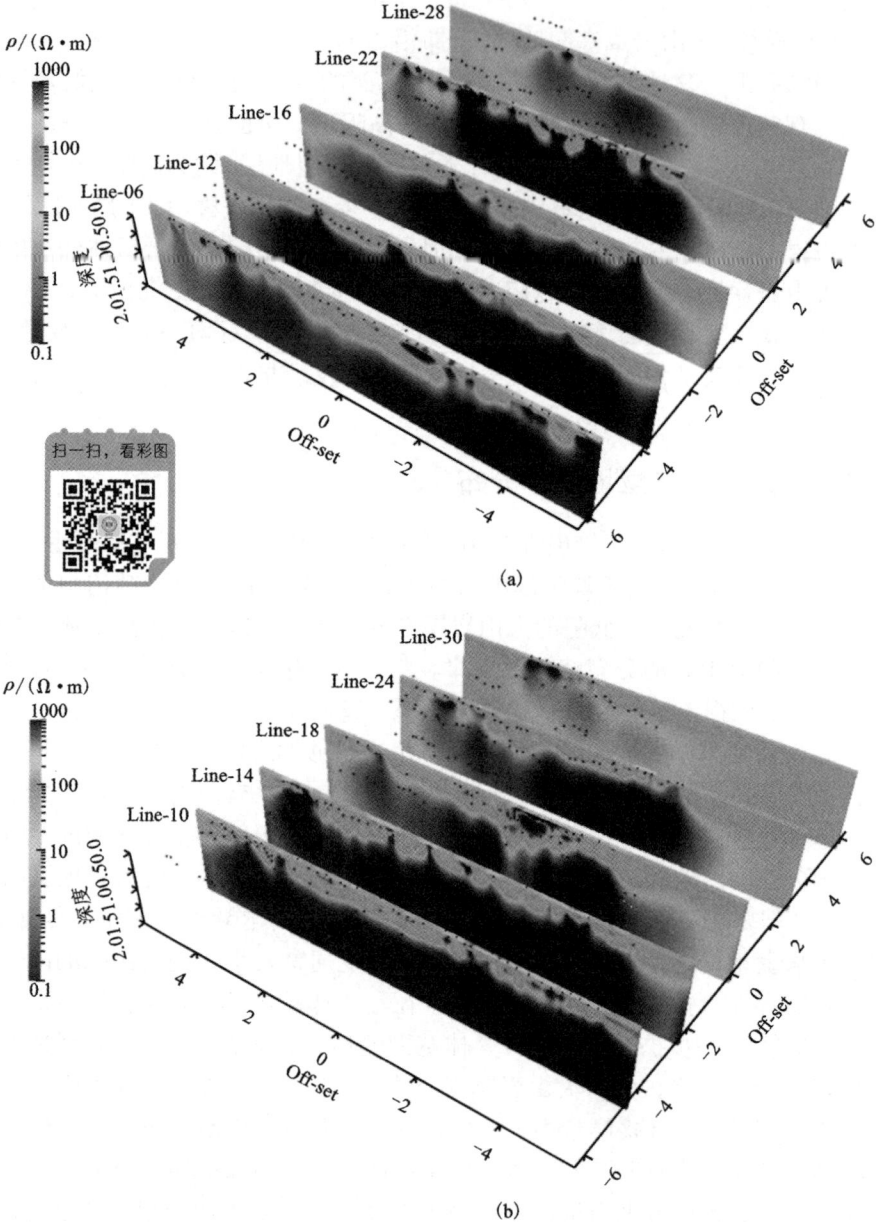

(a)

(b)

图 7 - 21　庐枞矿集区矾山幅 AMT 三维反演模型沿测线切片图

能在一定程度上描述大部分侵入岩体的分布规律。从图 7 - 21(a)可以看出，尽管排除了少数能在地表观测到的侵入体如矾山正长斑岩体，但超过 1000 Ω·m 高阻体的隆起范围显著地反映了与大部分超浅成侵入岩如辉石粗安玢岩出露区的正相关关系，预示着这类超浅成岩的确不同于普通的火山熔岩而具有原地性和有根性(深部连接着中浅成侵入体)。但同时需要注意的是，还存在一种由不同性质岩体的侵入时间顺序以及岩体含矿性带来的不确定性。对庐枞火山岩盆地侵入岩的年代学研究认为侵入岩可划分成早、晚两期，早期侵入岩主要为二长岩和闪长岩类；晚期侵入岩分为两类，第一类主要为正长岩类，第二类主要为 A 型花岗岩(周涛发等，2010)。以上侵入顺序可以预见到晚期的岩浆活动对早期侵入岩的改造(围岩蚀变)，这种实例存在于泥河铁矿的矿床模型中(汪晶等，2012)，巴家滩(含)辉石二长岩体的矿化闪长岩体包体也能指示不同期次岩体的相互作用(周涛发等，2007)。因此，利用电导率讨论具体位置的侵入体分布和形态时仍需根据实际地质情况进行分析。

7.6 本章小结

本章中，基于庐枞矿集区 MT/AMT 数据，开展了庐枞矿集区电磁数据的处理及反演解释研究，获得如下研究成果。

(1)针对庐枞矿集区的 MT、AMT 采集数据，开展了系统的去噪处理。采用形态滤波、字典学习类以及 Rhoplus 处理等方法对庐枞矿集区内的 MT/AMT 数据进行了精细处理；结果表明，利用本书所提出的不同方法，针对不同的含噪数据类型选择合适的处理手段，可以有效地压制噪声影响，改善数据质量。

(2)针对庐枞矿集区的 MT、AMT 响应数据，开展了系统的反演研究。主要采用带地形的 2D 连续介质方法、数据空间 Occam 算法以及模块化三维反演并行代码 ModEM 等方法；通过大量的对比试验，确定了合适的反演流程与反演参数。获得了庐枞矿集区 10 km 范围的 2D/3D 框架结构与矾山镇 - 将军庙幅 2 km 范围内的精细电性模型。

(3)对庐枞矿集区电性模型从粗到细以多个尺度进行了分析和解释。5 条 MT 剖面可以清晰地识别出火山盖层厚度，且四个倾向不同的断裂控制着庐枞火山岩盆地的范围，特别是庐江—黄姑闸—铜陵隐伏断裂在两条不同大地电磁剖面上的反映证实了地质上的预测，为限定庐枞火山岩盆地的北界断裂。同时，北东—南西向剖面与北西南东向剖面的对比确定了代表控制火山岩盆地岩浆活动的长轴方向为北东—南西向。三维电性模型划分了本区不同的构造单元，包括沙溪断褶带、孔城凹陷、庐枞火山岩盆地、沿江基底等。高阻的中心基本叠合了地表岩体出露区，识别了岩体的分布范围，而 1800 m 以下的大范围高阻形成了"岩浆岩盆";在庐枞火山岩盆地,从浅到深高阻区的电阻率逐渐升高,高阻的中心在浅部叠合了地表岩体出露区,在深部范围逐渐扩展并连成一片,形成了北西—南东部和南—北部均被限制的"岩浆岩盆"。近地表的低阻层所代表的火山岩地层通常小于 500 m,高阻(>1000 Ω·m)的隆起区(牛头山—巴家滩和黄寅冲一带)基本可以代表深部侵入体的分布范围。

第 8 章　结论与建议

全书以庐枞矿集区为例，系统总结了强干扰区大地电磁探测技术。主要研究成果如下：

(1)总结了强干扰区电磁场信号与噪声的特征与规律。长江中下游地区的电磁场在 10 kHz 至 0.35 Hz 的范围内具有显著的频域特征，包括高、低频"死频带"信号极低，工频及其奇次谐波处(50 Hz 及 150 Hz)存在极大值；舒曼谐振频率处(8 Hz 及 14 Hz)存在极大值；780 Hz 处存在极小值等。电磁场信号强度具有分时段变化规律，总体而言，夏季与秋冬季相比，在整个频段内功率谱密度均更强；夜间与日间相比，在"死频带"功率谱密度更强，其他频段相当。强干扰区噪声源类型多样，含噪电磁场数据在时间域常具有显著的形态、振幅、结构及相关性特征，时频谱常表现出不同的时间分段及频率分带特征，频域响应常呈分频带畸变特征，以"近源"型畸变最为典型。噪声影响的空间分布与场源类型、观测方位及地下结构等因素相关。

(2)针对强干扰区的含噪数据，提出了一系列时间域信噪分离方法，包括自适应滤波、Hilbert-Huang 变换、形态滤波及稀疏分解等。提出了基于 Hilbert-Huang 变换 MT 数据处理技术，利用能量随时间、频率的分布关系选取信号，同时利用 EMD 的多尺度滤波特征去除噪声，可以达到去噪效果。提出了基于组合广义形态滤波的大地电磁信号与强干扰的分离方法，利用形态学中的腐蚀－膨胀、开－闭等基本运算及其不同的组合，从实测波形中提取出类周期性信号，二者相减，从而达到压制干扰的目的。提出了基于稀疏分解的大地电磁数据处理方法，构建了与常见典型强干扰相匹配而对有用信号不敏感的冗余字典原子，以改善强干扰区数据质量。通过仿真及实测数据论证了这些方法的有效性。

(3)针对强干扰区的畸变响应数据，提出了几种频率域数据处理方法。针对 AMT"死频带"畸变及工频"飞点"等窄带频域畸变，提出以 Rhoplus 方法进行快速有效的校正，指出了方法的适用问题、关键技术与处理流程。针对"近源型"畸变等宽频带畸变，提出时空阵列数据处理技术，利用远参考站信号构建天然场数据矩阵、测站水平磁场差分信号构建相关噪声场数据矩阵、测站观测数据构建观测数据矩阵，通过矩阵分解方法获得了不同场源的极化参数，进而在测站观测数据矩阵中获得了对应于不同场源的空间模数，实现了基于场源的响应分离。通过对实测数据进行处理，论证了这些方法的有效性。

(4)针对强干扰区电磁数据采集的主要难点，讨论了矿集区大地电磁法的数据采集技术，包括测站布设方式、观测参数影响，总结了强干扰条件下提高观测数据质量的措施，包括夜间观测、重复观测及延长采集时间等常规手段，优选远参考站、多参考站同步观测以及增大同步观测阵列的规模等多站同步采集方案。

（5）基于庐枞矿集区 MT/AMT 数据，采用本书中所提出的部分方法，开展了系统的去噪处理，进一步论证了方法的有效性；在此基础上，开展了数据反演与解释研究，获得了庐枞矿集区 10 km 范围的 2D/3D 框架结构与矾山镇—将军庙幅 2 km 范围内的精细电性模型，并以多个尺度解释了庐枞矿集区的深部电性结构。

本书的研究内容仍有必要进一步深入，几个可能的方向建议如下：

（1）强干扰区信号与噪声的特点有待进一步提炼，本书主要以长江中下游为例讨论了强干扰区的信噪特征，对于其他地区、其他类型的干扰区，有必要开展进一步的讨论对比工作。

（2）强干扰区大地电磁数据质量评价方案有待进一步明确，目前的工业标准对数据质量的评价仍有待完善，如何协调多种评价参数并加以量化，是有待进一步深入讨论的问题。

（3）时间域强干扰压制方法有待完善，在理论的严密性、方法的适用性、算法的效率及应用的拓展等方面还有许多工作要做。特别是在多方法的选择方面，应找准针对性的问题，开发自适应算法对数据含噪类型进行识别与分类处理。

（4）针对"近源型"频域畸变和 MT"死频带"低质量数据，仍有待开发更合理的处理方案。时空阵列电磁处理提供了一种可行的处理思路，但该方法仍需在理论、算法及实践等方面进行补充、改进和完善。

（5）向更高维度拓展是 MT 的重要研究方向，多站同步采集、阵列数据处理、三维多参数联合反演及多尺度综合解释是未来的发展趋势。

在强干扰区开展大地电磁法探测，仍然是十分困难的工作。在本书研究的基础上，笔者们对该工作提出如下建议：

（1）野外数据采集是保障数据质量的第一步，也是最重要的一步。为提高数据信噪比，建议在天然场信号相对较强的时段、人文场噪声相对较弱的地点开展采集工作，如在夏季或夜间采集，并尽可能远离干扰源。远参考是提高数据质量的重要手段，应尽可能优选远参考站。为配合后续数据处理手段，可采用阵列同步观测、多参考站同步观测以及增大同步观测阵列的规模等策略。

（2）数据处理必须要有针对性，例如形态滤波适合处理具有明显干扰形态的时间域噪声、稀疏分解适合处理具有稀疏结构的时频域噪声、Rhoplus 适合处理窄带的频域畸变、时空阵列方法适合处理具有明显"近源型"畸变的数据等。本书作者相信，由于强干扰区噪声的复杂多变，没有一种单独的方法可以适用于所有类型的噪声。各类方法均有其所适用的范围，实际工作中，必须进行信噪识别，甄别噪声特点，进而选用适当的处理手段。

参 考 文 献

[1] Aharon M, Elad M, Bruckstein A. K – SVD: An Algorithm for Designing Overcomplete Dictionaries for Sparse Representation [J]. IEEE Transactions on Signal Processing, 2006, 54 (11): 4311 – 4322.

[2] Arora B R, Trivedi N B, Vitorello I, et al. Overview of Geomagnetic Deep Soundings (GDS) as applied in the Parnaíba Basin, North-Northeast Brazil [J]. Revista Brasileira De Geofísica, 1999, 17(1): 43 – 65.

[3] Bailey D, Whaler K A, Zengeni T, et al. A magnetotelluric model of the Mana Pools basin, northern Zimbabwe [J]. Journal of Geophysical Research Solid Earth. 2000, 105 (B5): 11185 – 11202.

[4] Bakker J, Kuvshinov A, Samrock F, et al. Introducing inter-site phase tensors to suppress galvanic distortion in the telluric method[J]. Earth Planets & Space, 2015, 67(1): 1 – 10.

[5] Beamish D, Travassos J M. The use of the D + solution in magnetotelluric interpretation[J]. Journal of Applied Geophysics, 1992, 29(1): 1 – 19.

[6] Becken M, Burkhardt H. An ellipticity criterion in magnetotelluric tensor analysis [J]. Geophysical Journal International, 2004, 159(1): 69 – 82.

[7] Bedrosian P A, Feucht D W. Structure and tectonics of the northwestern United States from EarthScope USArray magnetotelluric data[J]. Earth and Planetary Science Letters, 2014, 402: 275 – 289.

[8] Bielecka M, Danek T, Wojdyla M, et al. Neural networks application to reduction of train caused distortions in magnetotelluric measurement data[J]. Schedae Informaticae, 2009, 17(18): 75 – 86.

[9] Borzotta E. Magnetovariational information to improve distortion diagnostics in deep magnetotelluric soundings[J]. Izvestiya Physics of the Solid Earth, 2012, 48(9): 766 – 783.

[10] Blumensath T, Davies M. Sparse and shift-Invariant representations of music [J]. IEEE Transactions on Audio Speech & Language Processing, 2006, 14(1): 50 – 57.

[11] Cagniard L. Basic Theory of the Magneto-Telluric Method of Geophysical Prospecting[J]. Geophysics, 1953, 18(3): 605 – 635.

[12] Cai J H. A combinatorial filtering method for magnetotelluric time-series based on Hilbert-Huang transform[J]. Exploration Geophysics, 2014, 45(2): 63 – 73.

[13] Cai J H. Magnetotelluric response function estimation based on Hilbert-Huang transform[J]. Pure and Applied Geophysics, 2013, 170(11): 1899 – 1911.

[14] Cai J H, Tang J T, Hua X R, et al. An analysis method for magnetotelluric data based on the Hilbert-Huang Transform[J]. Exploration Geophysics, 2009, 40(2): 197 – 205.

[15] Caldwell T G, Bibby H M, Brown C. The magnetotelluric phase tensor[J]. Geophysical Journal International, 2004, 158(2): 457 –469.

[16] Campanyà J, Ledo J, Queralt P, et al. A new methodology to estimate magnetotelluric (MT) tensor relationships: Estimation of Local transfer-functIons by Combining Interstation Transfer-functions (ELICIT) [J]. Geophysical Journal International, 2014, 198(1): 484 –494.

[17] Campbell W H. Geomagnetic pulsations [M]// Matsushita S. Physics of Geomagnetic Phenomena. New York: Academic Press, 1967.

[18] Chant I J, Hastie L M. Time-frequency analysis of magnetotelluric data[J]. Geophysical Journal International, 1992, 111(2): 399 –413.

[19] Chave A D, Jones A G. The magnetotelluric method: Theory and practice[M]. Cambridge : Cambridge University Press, 2012.

[20] Chave A D, Thomson D J. Bounded influence magnetotelluric response function estimation[J]. Geophysical Journal International, 2004, 157(3): 988 –1006.

[21] Chave A D, Thomson D J. Some comments on magnetotelluric response function estimation[J]. Journal of Geophysical Research Solid Earth, 1989, 94(B10): 14215 –14225.

[22] Chave A D, Thomson D J, Ander M E. On the robust estimation of power spectra, coherences, and transfer functions[J]. Journal of Geophysical Research Solid Earth, 1987, 92(B1): 633 –648.

[23] Chen J, Heincke B, Jegen M, et al. Using empirical mode decomposition to process marine magnetotelluric data[J]. Geophysical Journal International, 2012, 190(1): 293 –309.

[24] Chen X, Lv Q, Yan J. 3D electrical structure of porphyry copper deposit: A case study of Shaxi copper deposit[J]. Applied Geophysics, 2012, 9(3): 270 –278.

[25] Chenouri S, Liang J, Small C G. Robust dimension reduction [J]. Wiley Interdisciplinary Reviews Computational Statistics, 2015, 7(1): 63 –69.

[26] Cherevatova M, Smirnov M Y, Jones A G, et al. Magnetotelluric array data analysis from north-west Fennoscandia [J]. Tectonophysics, 2015, 653: 1 –19.

[27] Constable S C, Parker R L, Constable C G. Occam's inversion: a practical algorithm for generating smooth models from electromagnetic sounding data [J]. Geophysics, 1987, 52(3): 289 –300.

[28] Cui J L, Deng M, Jing J E, et al. Using Independent Component Analysis to Process Magnetotelluric Data[J]. Applied Mechanics and Materials, 2013, 295(1): 2795 –2798.

[29] Cui L, Kang C, Wang H, et al. Application of Composite Dictionary Multi-Atom Matching in Gear Fault Diagnosis [J]. Sensors, 2011, 11(6): 5981 –6002.

[30] Cui L, Wang J, Lee S. Matching pursuit of an adaptive impulse dictionary for bearing fault diagnosis [J]. Journal of Sound & Vibration, 2014, 333(10): 2840 –2862.

[31] Dai Wei, Milenkovic O. Subspace pursuit for compressive sensing signal reconstruction [J]. IEEE Transactions on Information Theory, 2009, 55(5): 2230 –2249.

[32] DeGroot-Hedlin C, Constable S C. Occam's inversion to generate smooth, two-dimensional models from electromagnetic sounding data [J]. Geophysics, 1990, 55(12): 1613 –1624.

[33] Dong S, Xiang H, Gao R, et al. Deep structure and ore formation within Lujiang-Zongyang volcanic ore concentrated area in Middle to Lower Reaches of Yangtze River [J]. Acta Petrologica Sinica, 2010, 26(9): 2529-2542.

[34] Dong W, Zhao X, Fang L, et al. The time-frequency electromagnetic method and its application in western China[J]. Applied Geophysics, 2008, 5(2): 127-135.

[35] Egbert G D. Robust multiple-station magnetotelluric data processing[J]. Geophysical Journal International, 1997, 130(2): 475-496.

[36] Egbert G D. Processing and interpretation of electromagnetic induction array data[J]. Surveys in Geophysics, 2002, 23(2-3): 207-249.

[37] Egbert G D. Magnetotelluric Data Processing[M] // Gupta, H. K., Konle, S. Encyclopedia of Solid Earth Geophysics. Dordrecht: Springer Netherlands, 2011, 816-822.

[38] Egbert G D. Multivariate analysis of geomagnetic array data: 2. Random source models[J]. Journal of Geophysical Research Solid Earth, 1989b, 94(B10): 14249-14265.

[39] Egbert G D, Booker J R. Multivariate analysis of geomagnetic array data: 1. The response space [J]. Journal of Geophysical Research Solid Earth, 1989a, 94(B10): 14227-14247.

[40] Egbert G D, Booker J R. Robust estimation of geomagnetic transfer functions[J]. Geophysical Journal of the Royal Astronomical Society, 1986, 87(1): 173-194.

[41] Egbert G D, Livelybrooks D W. Single station magnetotelluric impedance estimation: Coherence weighting and the regression M-estimate[J]. Geophysics, 1996, 61(4): 964-970.

[42] Epishkin D V. Improving magnetotelluric data-processing methods. Moscow University Geology Bulletin, 2016, 71(5): 347-354.

[43] Escalas M, Queralt P, Ledo J, et al. Polarisation analysis of magnetotelluric time series using a wavelet-based scheme: A method for detection and characterisation of cultural noise sources [J]. Physics of the Earth and Planetary Interiors, 2013, 218(5): 31-50.

[44] Fischer G, Weibel P. A new look at an old problem: magnetotelluric modelling of 1-D structures[J]. Geophysical Journal International, 1991, 106(1): 161-167.

[45] Fontes S L, Harinarayana T, Dawes G, et al. Processing of noisy magnetotelluric data using digital filters and additional data selection criteria [J]. Physics of the earth and planetary interiors, 1988, 52(1): 30-40.

[46] Friedrichs B, Matzander U. Multi dipole CSAMT [C]. 10th China International Geo-Electromagnetic Workshop, Nanchang, 2011.

[47] Gamble T, Goubau W M., Clarke J. Magnetotellurics with a remote magnetic reference[J]. Geophysics, 1979, 44(1): 53-68.

[48] Gao R, Lu Z, Liu J, et al. A result of interpreting from deep seismic reflection profile: Revealing fine structure of the crust and tracing deep process of the mineralization in Luzong deposit area[J]. Acta Petrologica Sinica, 2010, 26(9): 2543-2552.

[49] Garcia X, Boerner D, Pedersen L B. Electric and magnetic galvanic distortion decomposition of tensor CSAMT data. Application to data from the Buchans Mine (Newfoundland, Canada) [J].

Geophysical Journal International, 2003, 154(3): 957 - 969.

[50] García X, Jones A G. A new methodology for the acquisition and processing of audio-magnetotelluric (AMT) data in the AMT dead band[J]. Geophysics, 2005, 70(5): G119 - G126.

[51] Garcia X, Jones A G. Atmospheric sources for audio-magnetotelluric (AMT) sounding[J]. Geophysics, 2002, 67(2): 448 - 458.

[52] Goubau W M., Gamble T D, Clarke J. Magnetotelluric data analysis: removal of bias[J]. Geophysics, 1978, 43(6): 1157 - 1166.

[53] Groom R W, Bailey R C. Decomposition of magnetotelluric impedance tensors in the presence of local three - dimensional galvanic distortion[J]. Journal of Geophysical Research: Solid Earth (1978—2012). 1989, 94(B2): 1913 - 1925.

[54] Hattingh M. The use of data adaptive filtering for noise removal on magnetotelluric data[J]. Physics of the earth and planetary interiors, 1989, 53(3): 239 - 254.

[55] Hayakawa M, Ohta K, Nickolaenko A P, et al. Anomalous effect in Schumann resonance phenomena observed in Japan, possibly associated with the Chi-chi earthquake in Taiwan[J]. Annales Geophysicae, 2005, 23(4): 1335 - 1346.

[56] He Z, Hu W, Dong W. Petroleum Electromagnetic Prospecting Advances and Case Studies in China[J]. Surveys in Geophysics, 2010, 31(2): 207 - 224.

[57] Heckman S J, Williams E, Boldi B. Total global lightning inferred from Schumann resonance measurements[J]. Journal of Geophysical Research Atmospheres, 1998, 103(D24): 31775 - 31779.

[58] Hermance J F, Thayer R E. The telluric-magnetotelluric method[J]. Geophysics. 1975, 40(4): 664 - 668.

[59] Huber P J. Robust Statistics[M]. New York: Wiley, 1981.

[60] Iliceto V, Santarato G. On the interference of man-made EM fields in the magnetotelluric 'dead band'[J]. Geophysical Prospecting, 1999, 47(5): 707 - 719.

[61] Jiang L, Xu Y. Multi-station superposition for magnetotelluric signal[J]. Studia Geophysica Et Geodaetica, 2013, 57(2): 276 - 291.

[62] Jones A G, Chave A D, Egbert G, et al. A comparison of techniques for magnetotelluric response function estimation[J]. Journal of Geophysical Research: Solid Earth, 1989, 94(B10): 14201 - 14213.

[63] Junge A. Characterization of and correction for cultural noise[J]. Surveys in Geophysics, 1996, 17(4): 361 - 391.

[64] Kao D W, Rankin D. Enhancement of signal-to-noise ratios in magnetotelluric data[J]. Geophysics, 1977, 42(1): 103 - 110.

[65] Kappler K N. A data variance technique for automated despiking of magnetotelluric data with a remote reference[J]. Geophysical Prospecting, 2012, 60(1): 179 - 191.

[66] Kaufman A A, Keller G V. The magnetotelluric sounding method. Method in Geochemistry and Geophysics[M]. New York: Elsevier Scientific, 1981.

[67] Kelbert A, Meqbel N, Egbert G D, et al. ModEM: a modular system for inversion of

electromagnetic geophysical data[J], Computers & Geosciences, 2014, 66: 40 – 53.

[68] Krzysztof, N. Estimation of magnetotelluric transfer functions in the time domain over a wide frequency band[J]. Geophysical Journal International, 2004, 158(158): 32 – 41.

[69] Larsen J C, Mackie R L, Manzella A, et al. Robust smooth magnetotelluric transfer functions [J]. Geophysical Journal International, 1996, 124(3): 801 – 819.

[70] Lesniak A, Danek T, Wojdya M. Application of Kalman Filter to Noise Reduction in Multi channel Data[J]. Schedae Informaticae, 2009, 17(18): 63 – 73.

[71] Li G, Xiao X, Tang J T, et al. Near-source noise suppression of AMT by compressive sensing and mathematical morphology filtering[J]. Applied Geophysics, 2017, 14(4): 581 – 589.

[72] Li G, Liu X, Tang J, et al. De-noising low-frequency magnetotelluric data using mathematical morphology filtering and sparse representation [J]. Journal of Applied Geophysics, 2020, 172: 103919.

[73] Li J, Cai J, Tang J T, et al. Magnetotelluric signal-noise separation method based on SVM-CEEMDWT[J]. Applied Geophysics, 2019, 16(2): 160 – 170.

[74] Li J, Zhang X, Gong J Z, et al. Signal-noise identification of magnetotelluric signals using fractal-entropy and clustering algorithm for targeted de-noising [J]. Fractals, 2018, 26 (2): 1840011.

[75] Li J, Zhang X, Tang J T, et al. Audio magnetotelluric signal-noise identification and separation based on multifractal spectrum and matching pursuit[J]. Fractals, 2019, 27(1): 1940007.

[76] Liu H, Liu C, Huang Y. Adaptive feature extraction using sparse coding for machinery fault diagnosis [J]. Mechanical Systems & Signal Processing, 2011, 25(2): 558 – 574.

[77] Lv Q, Yan J, Shi D, et al. Reflection seismic imaging of the Lujiang-Zongyang volcanic basin, Yangtze Metallogenic Belt: an insight into the crustal structure and geodynamics of an ore district[J]. Tectonophysics, 2013, 606: 60 – 77.

[78] Mallat S G, Zhang Z. Matching pursuits with time-frequency dictionaries [J]. IEEE Transactions on signal processing, 1993, 41(12): 3397 – 3415.

[79] Manoj C, Nagarajan N. The application of artificial neural networks to magnetotelluric time-series analysis[J]. Geophysical journal international, 2003, 153(2): 409 – 423.

[80] Marques E C, Maciel N, Naviner L A B, et al., A Review of Sparse Recovery Algorithms [J]. IEEE Access, 2019, preprint edition.

[81] Martí A, Queralt P, Ledo J. WALDIM: A code for the dimensionality analysis of magnetotelluric data using the rotational invariants of the magnetotelluric tensor[J]. Computers & Geosciences, 2009, 35(12): 2295 – 2303.

[82] Meju M A, Fontes S L, Oliveira M, et al. Regional aquifer mapping using combined VES – TEM – AMT/EMAP methods in the semiarid eastern margin of Parnaiba Basin, Brazil[J]. Geophysics. 1999, 64(2): 337 – 356.

[83] Muñoz G, Ritter O. Pseudo-remote reference processing of magnetotelluric data: a fast and efficient data acquisition scheme for local arrays[J]. Geophysical Prospecting, 2013, 61(s1):

300 – 316.

[84] Neukirch M, Garcia X. Nonstationary magnetotelluric data processing with instantaneous parameter[J]. Journal of Geophysical Research: Solid Earth, 2014, 119(3): 1634 – 1654.

[85] Needell D, Tropp J A. CoSaMP: Iterative signal recovery from incomplete and inaccurate samples [J]. Applied and Computational Harmonic Analysis, 2009, 26(3): 301 – 321.

[86] Newman G A, Alumbaugh D L. Three-dimensional magnetotelluric inversion using non-linear conjugate gradients [J]. Geophysical Journal International, 2000, 140(2): 410 – 424.

[87] Oettinger G, Haak V, Larsen J C. Noise reduction in magnetotelluric time-series with a new signal-noise separation method and its application to a field experiment in the Saxonian Granulite Massif. Geophysical Journal International, 2001, 146(3): 659 – 669.

[88] Olshausen B A, Field D J. Emergence of simple-cell receptive field properties by learning a sparse code for natural images [J]. Nature, 1996, 381: 607 – 609.

[89] Parker R L. The inverse problem of electromagnetic induction: existence and construction of solutions based on incomplete data[J]. Journal of Geophysical Research: Solid Earth(1978— 2012), 1980, 85(B8): 4421 – 4428.

[90] Parker R L, Booker J R. Optimal one-dimensional inversion and bounding of magnetotelluric apparent resistivity and phase measurements[J]. Physics of the Earth & Planetary Interiors, 1996, 98(3 – 4): 269 – 269.

[91] Parker R L, Whaler K A. Numerical methods for establishing solutions to the inverse problem of electromagnetic induction[J]. Journal of Geophysical Research: Solid Earth (1978—2012), 1981, 86(B10): 9574 – 9584.

[92] Parker R L. Can a 2 – D MT frequency response always be interpreted as a 1 – D response? [J]. Geophysical Journal International, 2010, 181(1): 269 – 274.

[93] Parker R L. New analytic solutions for the 2 – D TE mode MT problem[J]. Geophysical Journal International, 2011, 186(3): 980 – 986.

[94] Pellerin L, Alumbaugh D L, Reinemann D J, et al. Power line induced current in the earth determined by magnetotelluric techniques[J]. Applied Engineering in Agriculture, 2004, 20 (5): 703 – 706.

[95] Plumbley M D, Abdallah S A, Blumensath T, et al. Sparse representations of polyphonic music [J]. Signal Processing, 2006, 86(3): 417 – 431.

[96] Pomposiello M C, Booker J R, Favetto A. A discussion of bias in magnetotelluric responses[J]. Geophysics. 2009, 74(4): F59 – F65.

[97] Reddy I K, Rankin D. Coherence functions for magnetotelluric analysis[J]. Geophysics, 1974, 39(3): 312 – 320.

[98] Rikitake T. Notes on the Electromagnetic Induction within the Earth[J]. Bulletin of Earthquake Research Institute of Tokyo University, 1948, 24: 1 – 9.

[99] Risk G F, Caldwell T G, Bibby H M. Use of magnetotelluric signals from 50 Hz power lines for resistivity mapping of geothermal fields in New Zealand[J]. Geophysical Prospecting. 1999, 47

(6): 1091 -1104.

[100] Ritter O, Junge A, Dawes G J. New equipment and processing for magnetotelluric remote reference observations[J]. Geophysical Journal International, 1998, 132(3): 535 - 548.

[101] Rooney D, Hutton V R S. A Magnetotelluric And Magnetovariational Study Of The Gregory Rift Valley, Kenya[J]. Geophysical Journal of the Royal Astronomical Society, 2007, 51(1): 91 -119.

[102] Rousseeuw P J, Leroy A M. Robust regression and outlier detection[M]. Wiley, 2005.

[103] Schumann W O. Über die strahlungslosen Eigenschwingungen einer leitenden Kugel die von einer Luftschicht und einer Ionosphärenhülle umgeben ist[J]. Zeitschrift Naturforschung Teil A, 1952, 7a: 149 -154.

[104] Shalivahan N, Bhattacharya B B. How remote can the far remote reference site for magnetotelluric measurements be? [J] Journal of Geophysical Research Solid Earth, 2002, 107(B6): 1 -7.

[105] Siegel A F. Robust regression using repeated medians[J]. Biometrika, 1982, 69(1): 242 -244.

[106] Simpson F, Bahr K. Practical magnetotellurics[M]. Cambridge: Cambridge University Press, 2005.

[107] Sims W E, Bostick Jr F X, Smith H W. The estimation of magnetotelluric impedance tensor elements from measured data[J]. Geophysics, 1971, 36(5): 938 -942.

[108] Siripunvaraporn W S. Three-Dimensional Magnetotelluric Inversion: An Introductory Guide for Developers and Users[J]. Surveys in Geophysics, 2012, 33(1): 5 -27.

[109] Slankis J A, Telford W M, Becker, A. 8 - hz telluric and magnetotelluric prospecting[J]. Geophysics, 1972, 37(5): 862 -878.

[110] Smirnov M Y. Magnetotelluric data processing with a robust statistical procedure having a high breakdown point[J]. Geophysical Journal International, 2003, 152(1): 1 -7.

[111] Smirnov M Y, Egbert G D. Robust principal component analysis of electromagnetic arrays with missing data[J]. Geophysical Journal International, 2012, 190(3): 1423 -1438.

[112] Smith J T, Booker J R. Rapid inversion of two and three dimensional magnetotelluric data [J]. Journal Geophysical Research, 1991, 96 (B3): 3905 -3922.

[113] Sokolova E Y, Varentsov M I, Group E P W. The RRMC technique fights highly coherent EM noise[M] // Ritter O., Brasse H. 21. Kolloquium Elektromagnetische Tiefenforschung. Holle, Germany, 2005, 10(3): 124 -136.

[114] Soyer W, Brasse H. A magneto-variation array study in the central Andes of N Chile and SW Bolivia[J]. Geophysical Research Letters, 2001, 28(15): 3023 -3026.

[115] Spratt J E, Jones A G, Nelson K D, et al. Crustal structure of the India-Asia collision zone, southern Tibet, from INDEPTH MT investigations[J]. Physics of the Earth and Planetary Interiors, 2005, 150(1): 227 -237.

[116] Sutarno D. Development of robust magnetotelluric impedance estimation: A review[J]. Indonesian Journal of Physics, 2008, 16(3): 79 -89.

[117] Swift C M. A magnetotelluric investigation of an electrical conductivity anomaly in the southwestern United States[D], Massachusetts: Massachusetts Institute of Technolog, 1967.

[118] Tang J T, Li G, Zhou C, et al. Power-line noise suppression of magnetotelluric data based on frequency domain sparse decomposition [J]. Journal of Central South University, 2018, 25 (9): 2150 –2163.

[119] Tang J T, Zhou C, Wang X, et al. Deep electrical structure and geological significance of Tongling ore district[J]. Tectonophysics, 2013, 606: 78 –96.

[120] Tikhonov A N. On determining electrical characteristics of the deep layers of the Earth's crust [J]. Doklady Akademii Nauk, USSR. 1950, 73(2): 295 –297.

[121] Toledo-Redondo S, Salinas A, Portí J, et al. Study of Schumann resonances based on magnetotelluric records from the western Mediterranean and Antarctica [J]. Journal of Geophysical Research Atmospheres, 2010, 115(D22): 1842 –1851.

[122] Torres-Verdin C, Bostick Jr F X. Principles of spatial surface electric field filtering in magnetotellurics: Electromagnetic array profiling (EMAP) [J]. Geophysics, 1992, 57(4): 603 –622.

[123] Trad D O, Travassos J M. Wavelet filtering of magnetotelluric data[J]. Geophysics, 2000, 65 (2): 482 –491.

[124] Tropp J A, Gilbert A C. Signal recovery from random measurements via orthogonal matching pursuit [J]. IEEE Transactions on information theory, 2007, 53(12): 4655 –4666.

[125] Tuman V S. The telluric method of prospecting and its limitations under certain geologic conditions[J]. Geophysics, 1951, 16(1): 102 –114.

[126] Tzanis A, Beamish D. A high-resolution spectral study of audiomagnetotelluric data and noise interactions[J]. Geophysical Journal International, 1989, 97(3): 557 –572.

[127] Tzanis A, Beamish D. Audiomagnetotelluric sounding using the Schumann resonances[J]. Journal of Geophysics, 1987, 61(2): 97 –109.

[128] Varentsov I M. Arrays of simultaneous electromagnetic soundings: design, data processing and analysis[J]. Electromagnetic Sounding of the Earth's Interior, 2006, 40: 259 –273.

[129] Varentsov I M, Sokolova E Y, Martanus E R, et al. System of electromagnetic field transfer operators for the BEAR array of simultaneous soundings: Methods and results[J]. Izvestiya Physics of the solid earth, 2003, 39(2): 118 –148.

[130] Vozoff K. The magnetotelluric method in exploration of sedimentary basins[J]. Geophysics, 1972, 37(1): 98 –141.

[131] Warren R K. A few case histories of subsurface imaging with EMAP as an aid to seismic processing and interpretation1[J]. Geophysical Prospecting. 2006, 44(6): 923 –934.

[132] Weckmann U, Magunia A, Ritter O. Effective noise separation for magnetotelluric single site data processing using a frequency domain selection scheme [J]. Geophysical Journal International, 2005, 161(3): 635 –652.

[133] Weckmann U, Ritter O, Haak V. Images of the magnetotelluric apparent resistivity tensor[J].

Geophysical Journal International, 2003, 155(2): 456 – 468.

[134] Wei Q, Pedersen L B. Industrial interference magnetotellurics: an example from the Tangshan area, China[J]. Geophysics, 1991, 56(2): 265 – 273.

[135] Weidelt P. The inverse problem of geomagnetic induction[J]. Zeitschrift Für Geophysik, 1972, 38: 257 – 289.

[136] Weidelt P, Kaikkonen P. Local 1 – D interpretation of magnetotelluric B – polarization impedances[J]. Geophysical Journal International. 1994, 117(3): 733 – 748.

[137] Widrow B. A Review of Adaptive Antennas[M]. Underwater Acoustics and Signal Processing, 1981, 287 – 306.

[138] Zhang Y, Paulson K V. Enhancement of signal-to-noise ratio in natural-source transient magnetotelluric data with wavelet transform[J]. Pure and applied geophysics, 1997, 149(2): 405 – 419.

[139] Chave A D, Thomson D J. A bounded influence regression estimator based on the statistics of the hat matrix[J]. Journal of the Royal Statistical Society, 2003, 52(3): 307 – 322.

[140] 白大为, 底青云, 王光杰, 等. Hilbert-Huang 变换与 ELF 信号处理[J]. 地球物理学进展, 2009, 24(3): 1032 – 1038.

[141] 常印佛, 刘湘培, 吴言昌. 长江中下游铜铁成矿带[M]. 北京: 地质出版社, 1991: 1 – 147.

[142] 陈海燕, 魏文博, 景建恩, 等. 广义 S 变换及其在大地电磁测深数据处理中的应用[J]. 地球物理学进展, 2012, 27(3): 988 – 996.

[143] 陈清礼, 胡文宝. 长距离远参考大地电磁测深试验研究[J]. 石油地球物理勘探, 2002, 37(2): 145 – 148.

[144] 仇根根, 方慧, 钟清, 等. 长江中下游重要成矿区带及邻区大地电磁测深三维反演研究[J]. 地球物理学进展, 2014, 29(6): 2730 – 2737.

[145] 崔璇, 武亮. 主成分分析(PCA)在地学研究中的应用进展[J]. 中山大学研究生学刊: 自然科学, 2009, 30(4): 41 – 48.

[146] 戴前伟, 陈勇雄, 侯智超. 大地电磁测深数据互参考处理的应用研究. 物探化探计算技术, 2013, 35(2): 147 – 154.

[147] 戴世坤, 徐世浙. MT 二维和三维连续介质快速反演[J]. 石油地球物理勘探, 1997, 32(3): 305 – 317.

[148] 邓居智, 陈辉, 殷长春, 等. 九瑞矿集区三维电性结构研究及找矿意义[J]. 地球物理学报, 2015, 58(12): 4465 – 4477.

[149] 董树文, 高锐, 吕庆田, 等. 庐江—枞阳矿集区深部结构与成矿[J]. 地球学报, 2009, 30(3): 279 – 284.

[150] 董树文, 项怀顺, 高锐, 等. 长江中下游庐江—枞阳火山岩矿集区深部结构与成矿作用[J]. 岩石学报, 2010, 26(9): 2529 – 2542.

[151] 董树文. 长江中下游铁铜矿带成因之构造分析[J]. 中国地质科学院院报, 1991, 23: 43 – 56.

［152］范翠松，李桐林，王大勇. 小波变换对 MT 数据中方波噪声的处理［J］. 吉林大学学报（地球科学版），2008，38（s1）：61 - 63.

［153］范翠松. 矿集区强干扰大地电磁噪声特点及去噪方法研究［D］. 长春：吉林大学，2009.

［154］费晓琪，孟庆丰，何正嘉. 基于冲击时频原子的匹配追踪信号分解及机械故障特征提取技术［J］. 振动与冲击，2003，22（2）：26 - 29.

［155］高文利，孔广胜，潘和平，等. 庐枞盆地科学钻探地球物理测井及深部铀异常的发现［J］. 地球物理学报，2015，58（12）：4522 - 4533.

［156］国家石油和化学工业局. 石油大地电磁测深法技术规程（SY - T 5820—1999）［S］. 北京：石油工业出版社，1999.

［157］何继善. 可控源音频大地电磁法［M］. 长沙：中南工业大学出版社，1991.

［158］何兰芳，王绪本. 应用小波分析提高 MT 资料信噪比［J］. 成都理工学院学报，1999，26（3）：299 - 302.

［159］胡家华，陈清礼，严良俊，等. MT 资料的噪声源分析及减小观测噪声的措施［J］. 石油天然气学报，1999，21（4）：69 - 71.

［160］景建恩，魏文博，陈海燕，等. 基于广义 S 变换的大地电磁测深数据处理［J］. 地球物理学报，2013，55（12）：4015 - 4022.

［161］雷达，张国鸿，黄高元，等. 张量可控源音频大地电磁法的应用实例［J］. 工程地球物理学报，2014，11（3）：286 - 294.

［162］李金铭. 地电场与电法勘探［M］. 北京：地质出版社，2005.

［163］李晋，汤井田，肖晓，等. 基于组合广义形态滤波的大地电磁资料处理［J］. 中南大学学报：自然科学版，2014，45（1）：173 - 185.

［164］李晋，汤井田，王玲，等. 基于信号子空间增强和端点检测的大地电磁噪声压制［J］. 物理学报，2014，63（1）：019101.

［165］李晋，汤井田. 大地电磁信号和强干扰的数学形态学分析与应用［M］. 中南大学出版社，2015.

［166］李晋，汤井田，蔡剑华，等. 利用多尺度形态学和递归图分离辨识大地电磁微弱信号［J］. 中南大学学报（自然科学版），2016，47（11）：3890 - 3898.

［167］李晋，汤井田，徐志敏，等. 基于信噪辨识的矿集区大地电磁噪声压制［J］. 地球物理学报，2017a，60（2）：722 - 737.

［168］李晋，汤井田，燕欢，等. 基于递归分析和聚类的大地电磁信噪辨识及分离［J］. 地球物理学报，2017b，60（5）：1918 - 1936.

［169］李晋，燕欢，汤井田，等. 基于匹配追踪和遗传算法的大地电磁噪声压制［J］. 地球物理学报，2018，61（7）：3086 - 3101.

［170］李晋，张贤，蔡锦. 利用变分模态分解（VMD）和匹配追踪（MP）联合压制音频大地电磁（AMT）强干扰［J］. 地球物理学报，2019，62（10）：3866 - 3884.

［171］李桐林，刘福春. 50 万伏超高压输电线的电磁噪声的研究［J］. 长春科技大学学报，2000，30（1）：80 - 83.

［172］林品荣，郑采君，石福升，等. 电磁法综合探测系统研究［J］. 地质学报，2006，80（10）：

1539 – 1548.

[173] 凌振宝, 王沛元, 万云霞等. 强人文干扰环境的电磁数据小波去噪方法研究. 地球物理学报, 2016, 59(9): 3436 – 3447.

[174] 刘宏, 何兰芳, 王绪本, 等. 小波分析在 MT 去噪处理中的适定性[J]. 石油地球物理勘探, 2004, 39(3): 338 – 341.

[175] 刘彦, 吕庆田, 严加永, 等. 庐枞矿集区结构特征重磁研究及其成矿指示[J]. 岩石学报, 2012, 28(10): 3125 – 3138.

[176] 柳建新, 严家斌, 何继善, 等. 基于相关系数的海底大地电磁阻抗 Robust 估算方法[J]. 地球物理学报, 2003, 46(2): 241 – 245.

[177] 罗皓中, 王绪本, 张伟, 等. 基于经验模态分解法与小波变换的长周期大地电磁信号去噪方法[J]. 物探与化探, 2012, 36(3): 452 – 456.

[178] 吕庆田, 董树文, 汤井田, 等. 多尺度综合地球物理探测: 揭示成矿系统、助力深部找矿——长江中下游深部探测(SinoProbe – 03)进展[J]. 地球物理学报, 2015a, 58(12): 4319 – 4343.

[179] 吕庆田, 刘振东, 董树文, 等. "长江深断裂带"的构造性质: 深地震反射证据[J]. 地球物理学报, 2015b, 58(12): 4344 – 4359.

[180] 吕庆田, 刘振东, 汤井田, 等. 庐枞矿集区上地壳结构与变形: 综合地球物理探测结果[J]. 地质学报, 2014, 88(4): 447 – 465.

[181] 祁光, 吕庆田, 严加永, 等. 基于先验信息约束的三维地质建模: 以庐枞矿集区为例[J]. 地质学报, 2014, 88(4): 466 – 477.

[182] 强建科, 王显莹, 汤井田, 等. 淮南—溧阳大地电磁剖面与地质结构分析[J]. 岩石学报, 2014, 30(4): 957 – 965.

[183] 孙洁, 晋光文, 白登海, 等. 大地电磁测深资料的噪声干扰[J]. 物探与化探, 2000, 24(2): 119 – 127.

[184] 覃庆炎, 王绪本, 罗威. EMD 方法在长周期大地电磁测深资料去噪中的应用[J]. 物探与化探, 2011, 35(1): 113 – 117.

[185] 谭捍东, 齐伟威, 郎静. 大地电磁法中的 RHOPLUS 理论及其应用研究[J]. 物探与化探, 2004, 28(6): 532 – 535.

[186] 谭洁. Rhoplus 理论及 AMT"死频带"校正[D]. 长沙: 中南大学, 2014.

[187] 汤井田, 何继善. 可控源音频大地电磁法及其应用[M]. 长沙: 中南大学出版社. 2005.

[188] 汤井田, 何继善. 水平电偶源频率测深中全区视电阻率定义的新方法[J]. 地球物理学报, 1994, 37(4): 543 – 552.

[189] 汤井田, 化希瑞, 曹哲民, 等. Hilbert-Huang 变换与大地电磁噪声压制[J]. 地球物理学报, 2008a, 51(2): 603 – 610.

[190] 汤井田, 黄磊, 余灿林, 等. CSAM 法中极化层的视电阻率响应[J]. 工程地球物理学报, 2009, 5(6): 648 – 651.

[191] 汤井田, 李广, 肖晓, 等. 基于压缩感知重构算法的大地电磁强干扰分离. 地球物理学报, 2017, 60(9): 3642 – 3654.

[192] 汤井田, 李广, 周聪, 等. 基于字典学习的音频大地电磁数据处理[J]. 地球物理学报, 2018, 61(9): 3835-3850.

[193] 汤井田, 李晋, 肖晓, 等. 数学形态滤波与大地电磁噪声压制[J]. 地球物理学报, 2012b, 55(5): 1784-1793.

[194] 汤井田, 刘子杰, 刘峰屹, 等. 音频大地电磁法强干扰压制试验研究[J]. 地球物理学报, 2015b, 58(12): 4636-4647.

[195] 汤井田, 任政勇, 周聪, 等. 浅部频率域电磁勘探方法综述[J]. 地球物理学报, 2015a, 58(8): 2681-2705.

[196] 汤井田, 徐志敏, 肖晓, 等. 庐枞矿集区大地电磁测深强噪声的影响规律[J]. 地球物理学报, 2012a, 55(12): 4147-4159.

[197] 汤井田, 张弛, 肖晓, 等. 大地电磁阻抗估计方法对比[J]. 中国有色金属学报, 2013, 23(9): 2351-2358.

[198] 王大勇, 朱威, 范翠松, 等. 矿集区大地电磁噪声处理方法及其应用[J]. 物探与化探, 2015, 39(4): 823-829.

[199] 王大勇. 长江中下游矿集区综合地质地球物理研究[D]. 长春: 吉林大学, 2010.

[200] 王辉, 魏文博, 金胜, 等. 基于同步大地电磁时间序列依赖关系的噪声处理[J]. 地球物理学报, 2014, 57(2): 531-545.

[201] 王书明, 王家映. 高阶统计量在大地电磁测深数据处理中的应用研究[J]. 地球物理学报, 2004, 47(5): 928-934.

[202] 王通. 大地电磁测深信号的高阶谱估计及应用研究[D]. 长沙: 中南大学, 2007.

[203] 魏文博, 金胜, 叶高峰, 等. 中国大陆岩石圈导电性结构研究—大陆电磁参数"标准网"实验(SinoProbe-01)[J]. 地质学报, 2010, 84(6): 788-800.

[204] 吴明安, 候明金, 赵文广. 安徽省庐枞地区成矿规律及找矿方向[J]. 资源调查与环境, 2007, 28(14): 269-276.

[205] 吴明安, 汪青松, 郑光文, 等. 安徽庐江泥河铁矿的发现及意义[J]. 地质学报, 2011, 85(5): 802-809.

[206] 吴明安, 张千明, 汪祥云, 等. 安徽庐江龙桥铁矿[M]. 北京: 地质出版社, 1996.

[207] 肖晓, 王显莹, 汤井田, 等. 安徽庐枞矿集区大地电磁探测与电性结构分析[J]. 地质学报, 2014, 88(4): 478-495.

[208] 熊识仲. 远参考道大地电磁测深的实际应用[J]. 石油地球物理勘探, 1990, 25(5): 594-599.

[209] 徐义贤, 王家映. 基于连续小波变换的大地电磁信号谱估计方法[J]. 地球物理学报, 2000, 43(5): 677-683.

[210] 徐志敏, 辛会翠, 吕扶君. 庐枞矿集区大地电磁法的远参考效果研究. 地球物理学进展, 2014, 29(4): 1822-1830.

[211] 严加永, 吕庆田, 陈向斌, 等. 基于重磁反演的三维岩性填图试验—以安徽庐枞矿集区为例[J]. 岩石学报, 2014, 30(4): 1041-1053.

[212] 严家斌, 刘贵忠. 基于小波变换的脉冲类电磁噪声处理[J]. 煤田地质与勘探, 2007, 35

（5）：61 − 65.

[213] 杨生，鲍光淑，张全胜. 远参考大地电磁测深法应用研究[J]. 物探与化探，2002，26
（1）：27 − 31.

[214] 杨生，鲍光淑，张少云. MT 法中利用阻抗相位资料对畸变视电阻率曲线的校正[J]. 地
质与勘探，2001，37（6）：42 − 45.

[215] 于彩霞. 海洋可控源电磁法数据处理研究[D]，北京：中国地质大学（北京），2010.

[216] 余路，曲建岭，高峰，等. 基于改进稀疏编码的微弱振动信号特征提取算法[J]. 仪器仪
表学报. 2017，38（3）：711 − 717.

[217] 张弛. 大地电磁数据质量评价与阻抗估计[D]. 长沙：中南大学，2013.

[218] 张刚，庹先国，王绪本，等. 磁场相关性在远参考大地电磁数据处理中的应用. 石油地球
物理勘探，2017，52（6）：1333 − 1343.

[219] 张季生，高锐，李秋生，等. 庐枞火山岩盆地及其外围重、磁场特征[J]. 岩石学报，
2010，26（9）：2613 − 2622.

[220] 张昆，严加永，吕庆田，等. 安徽泥河玢岩铁矿电磁法探测试验[J]. 地质学报，2014，
88（4）：496 − 506.

[221] 张全胜，杨生. 大地电磁测深资料去噪方法应用研究[J]. 石油物探，2002，41（4）：
493 − 499.

[222] 中华人民共和国地质矿产部. 大地电磁测深法技术规程（DZ_T 0173—1997）[S]. 北京：
中华人民共和国地质矿产部，1997.

[223] 周聪，汤井田，庞成，等. 时空阵列混场源电磁法理论及模拟研究[J]. 地球物理学报，
2019，62（10）：3827 − 3842.

[224] 周聪，汤井田，任政勇，等. 音频大地电磁法"死频带"畸变数据的 Rhoplus 校正[J]. 地
球物理学报，2015，58（12）：4648 − 4660.

[225] 周聪. 时空阵列电磁法及试验研究兼论庐枞矿集区三维电性结构[D]. 长沙：中南
大学，2016.

[226] 周涛发，范裕，袁峰. 长江中下游成矿带成岩成矿作用研究进展[J]. 岩石学报. 2008，
24（8）：1665 − 1678.

[227] 朱会杰，王新晴，芮挺，等. 基于移不变稀疏编码的单通道机械信号盲源分离[J]. 振动
工程学报，2015，28（4）：625 − 632.